职业教育"十三五"规划教材
高等职业教育自动化类专业规划教材

PLC应用技术

主编 陈 斗
副主编 何志杰 蒋逢灵 刘志东

電子工業出版社
Publishing House of Electronics Industry
北京·BEIJING

内 容 简 介

本书是高等职业教育自动化类专业规划教材，是为适应国家高职高专示范院校建设和电气自动化技术、机电一体化技术、电气化铁道技术等专业的教学改革即“过程导向、任务驱动”的需要而编写的理实一体化教材。

全书内容共6个项目，以最新的三菱FX_{3U}系列PLC为典型机型，主要内容有：PLC的基础知识（包括2个任务：认识PLC、认识三菱FX_{3U}系列PLC），PLC的编程元件和基本逻辑指令（包括5个任务：连接驱动指令及其应用，串/并联指令及其应用，多重输出与主控指令及其应用，脉冲指令及其应用，置位、复位指令及其应用），PLC步进顺控指令及其应用（包括3个任务：简单流程的程序设计、循环与跳转程序设计、选择性分支与并行分支程序设计），典型功能指令及其应用（包括6个任务：功能指令概述、程序流控制指令及其应用，比较类指令与传送类指令及其应用，算术与逻辑运算类指令及其应用，移位指令与数据处理指令及其应用，高速处理指令及其应用），PLC模拟量控制和通信（包括2个任务：模拟量控制及其应用，FX_{3U}系列PLC的联网通信），PLC应用系统设计（1个任务：PLC应用系统设计）。每个任务基本包含任务引入与分析、基础知识、任务实施、考核标准、拓展与提高、思考与练习部分，书末附有部分参考答案。本书在内容编排上按由浅入深、由易到难的顺序进行讲授，每个项目自成一个系统。全书内容结合国家维修电工职业技能鉴定规范，融入了大量技能抽查和典型工程应用的实训项目和实例等，配有大量的实物图解和图表，介绍了技术领域的有关新知识和新技术，既有利于培训讲解，也有利于自学。同时，本书还配套有电子课件。

本书可以作为高职高专和各类职业学校的电气自动化技术、机电一体化技术、电气化铁道技术、应用电子技术和计算机应用技术等相关专业的规划教材、技能抽查指导书、实训指导书、岗位实习辅助教材，也可作为成人教育教材和工程技术人员的参考用书，还可作为职业技能鉴定机构、再就业转岗培训等机构的参考用书。

图书在版编目（CIP）数据

PLC应用技术/陈斗主编．—北京：电子工业出版社，2018.7
ISBN 978-7-121-34175-5
Ⅰ．①P… Ⅱ．①陈… Ⅲ．①PLC技术-高等学校-教材 Ⅳ．①TM571.6

中国版本图书馆CIP数据核字（2018）第099202号

策划编辑：贺志洪（hzh@phei.com.cn）
责任编辑：贺志洪　　特约编辑：吴文英　徐　堃
印　　刷：北京七彩京通数码快印有限公司
装　　订：北京七彩京通数码快印有限公司
出版发行：电子工业出版社
　　　　　北京市海淀区万寿路173信箱　邮编　100036
开　　本：787×1092　1/16　印张：16.25　字数：416千字
版　　次：2018年7月第1版
印　　次：2023年1月第6次印刷
定　　价：41.00元

凡所购买电子工业出版社图书有缺损问题，请向购买书店调换。若书店售缺，请与本社发行部联系，联系及邮购电话：（010）88254888，88258888。

质量投诉请发邮件至zlts@phei.com.cn，盗版侵权举报请发邮件至dbqq@phei.com.cn。
本书咨询联系方式：（010）88254609，hzh@phei.com.cn。

前　言

本书是高等职业教育自动化类专业规划教材，是为适应国家高职高专示范院校建设和电气自动化技术、机电一体化技术、电气化铁道技术等专业的教学改革，即为“过程导向、任务驱动”的需要而编写的理实一体化教材。

目前，市面上有关PLC的教材及参考书品种繁多，但大多数为本科类教材，并不完全适用于高职高专类学校，而且基本上还没有以最新的三菱FX_{3U}系列PLC机型为例的PLC应用技术课改教材，也没有结合技能抽查的教材。本书结合高职高专教育的教学目标和学生的特点，遵循“以能力培养为核心，以技能训练为主线，以理论知识为支撑”的原则，采用“项目导向、任务驱动、理实一体”的模式编写，在传统知识体系的基础上，以最新的三菱FX_{3U}系列PLC为典型机型，结合国家维修电工职业技能鉴定规范，引入大量技能抽查和典型工程应用的实训项目和实例等，介绍了技术领域的有关新知识和新技术。这样既可以避免任务驱动型教材的局限性和传统理论教材不注重应用的弊端，又可以提高学生的技能和持续发展能力。

全书内容共6个项目19个任务，每个任务来源于技能抽查和实际生产的典型案例，主要内容有：PLC的基础知识（包括2个任务：认识PLC、认识三菱FX_{3U}系列PLC），PLC的编程元件和基本逻辑指令（包括5个任务：连接驱动指令及其应用，串/并联指令及其应用，多重输出与主控指令及其应用，脉冲指令及其应用，置位、复位指令及其应用），PLC步进顺控指令及其应用（包括3个任务：简单流程的程序设计、循环与跳转程序设计、选择性分支与并行分支程序设计）、典型功能指令及其应用（包括6个任务：功能指令概述、程序流控制指令及其应用、比较类指令与传送类指令及其应用、算术与逻辑运算类指令及其应用、移位指令与数据处理指令及其应用、高速处理指令及其应用），PLC模拟量控制和通信（包括2个任务：模拟量控制及其应用、FX_{3U}系列PLC的联网通信），PLC应用系统设计（1个任务：PLC应用系统设计）。每个任务基本包含任务引入与分析、基础知识、任务实施、考核标准、拓展与提高、思考与练习部分，书末附有部分参考答案。本书在内容编排上按由浅入深、由易到难的顺序进行讲授，每个项目自成一个系统。本书通俗易懂，阐述简练，融入了大量技能抽查和典型工程应用的实训项目和实例等，配有大量的实物图解和图表，介绍了技术领域的有关新知识和新技术。既有利于培训讲解，也有利于自学，符合职业教育面向岗位突出技能培养的要求，满足工学结合课程改革的需求，使学生能够使用可编程控制器解决生产实际问题。在使用的过程中，可根据专业需要和自身的实际情况，对内容适当进行删减。

本书力求使读者通过学习，掌握PLC技术应用的技术与技能，形成综合职业能力，并有助于读者通过相关升学考试、技能抽查考试和维修电工职业资格证书的考试。

本书可以作为高职高专和各类职业学校的电气自动化技术、机电一体化技术、电气化铁道技术、应用电子技术和计算机应用技术等相关专业的规划教材、技能抽查指导书、实训指导书、岗位实习辅助教材，也可作为成人教育教材和工程技术人员的参考用书，还可作为职业技能鉴定机构、再就业转岗培训等机构的参考用书。

本书由湖南铁路科技职业技术学院副教授陈斗主编，湖南化工职业技术学院副教授何志杰、湖南铁路科技职业技术学院的实验室主任刘志东、专业负责人蒋逢灵为副主编，湖南铁路科技职业技术学院的李玲、徐美清、贺国方参编。其中，项目 1 和附录由蒋逢灵编写；项目 2 由徐美清编写，项目 3 由李玲编写，项目 4 由刘志东编写，项目 5 由何志杰编写，项目 6 由贺国方编写；全书由陈斗负责统稿、修改和主审。在编写过程中，编者参考了一些书刊，并引用了相关资料，在此对这些文献资料的作者一并表示衷心感谢。

由于编者水平有限，编写时间仓促，书中难免有疏漏和不妥之处，殷切希望广大读者批评指正，以便修订时改进，并致谢意！

编　者

2018 年 6 月

目　　录

项目 1　PLC 的基础知识

任务 1.1　认识 PLC

1.1.1　任务引入和分析

在传统工业自动化控制领域，长期占据主导地位的是继电器-接触器控制系统，这种控制方式常见于电动机的手动控制和自动控制。可编程控制器（Programmable Controller）是为工业控制应用而设计的，是一种以 CUP 为核心的计算机工业控制装置。早期的可编程控制器称为可编程逻辑控制器（Programmable Logic Controller），简称 PLC，用它来代替继电器实现逻辑控制。随着微电子、计算机、通信等技术的飞速发展，可编程控制器的功能已大大超过了逻辑控制的范围。

1.1.2　基础知识

1. 可编程控制器的产生

在可编程序控制器问世以前，工业控制领域中以继电器控制占主导地位。这种由继电器构成的控制系统有着明显的缺点：体积大、耗电多、可靠性差、寿命短、运行速度不高，尤其是对生产工艺多变的系统适应性更差，一旦生产任务和工艺发生变化，就必须重新设计，并改变硬件结构，这造成了时间和资金的严重浪费。

1968 年，美国通用汽车公司（GM 公司）为了在每次汽车改型或改变工艺流程时不改动原有继电器柜内的接线，以便降低生产成本，缩短新产品的开发周期，而提出了研制新型逻辑顺序控制装置，并提出了该装置的研制指标要求，即 10 项招标技术指标。

（1）编程简单，可在现场修改程序。

（2）维护方便，采用插件式结构。

（3）可靠性高于继电器控制系统。

（4）体积小于继电器控制系统。

（5）数据可以直接送入计算机。

（6）成本可与继电器控制系统竞争。

（7）输入可为市电（PLC 主机电源可以是 115V 电压）。

（8）输出可为市电（115V 交流电压，电流达 2A 以上），能直接驱动电磁阀、接触器等。

（9）通用性强、易于扩展。

（10）用户存储器容量大于 4K 字节。

美国数字设备公司，于1969年研制出了世界上第一台可编程序控制器，并应用于通用汽车公司的生产线上。当时叫可编程逻辑控制器PLC（Programmable Logic Controller），目的是用来取代继电器，以执行逻辑判断、计时、计数等顺序控制功能。紧接着，美国MODICON公司也开发出同名的控制器，1971年，日本从美国引进了这项新技术，很快研制成了日本第一台可编程控制器。1973年，西欧国家也研制出他们的第一台可编程控制器。

2. PLC的发展

1968年，美国最大的汽车制造厂家通用汽车公司（GM公司）提出研制的设想。

1969年，美国数字设备公司研制出了世界上第一台PC，型号为PDP-14。

20世纪70年代初出现了微处理器，很快被引入可编程控制器，使PLC增加了运算、数据传送及处理等功能，成为真正具有计算机特征的工业控制装置。

20世纪70年代中末期，可编程控制器进入了实用化发展阶段，计算机技术已全面引入可编程控制器中，使其功能发生了飞跃。

20世纪80年代初，可编程控制器在先进工业国家中已获得了广泛的应用。

20世纪末期，可编程控制器的发展特点是更加适应于现代工业控制的需要。

21世纪初的几年，可编程控制器重点发展网络通信能力。

3. PLC控制器的特点

PLC能如此迅速发展的原因，除了工业自动化的客观需要外，还有许多独特的优点。它较好地解决了工业控制领域中普遍关心的可靠、安全、灵活、方便、经济等问题。其主要特点如下：

（1）编程方法简单易学。梯形图是可编程序控制器使用最多的编程语言，其电路符号和表达方式与继电器电路原理图相似。梯形图语言形象直观，易学易懂，熟悉继电器电路图的电气技术人员只要花几天时间就可以熟悉梯形图语言，并用来编制用户程序。梯形图语言实际上是一种面向用户的高级语言，可编程序控制器在执行梯形图程序时，应先用解释程序将它“翻译”成汇编语言后再去执行。

（2）功能强，性能价格比高。一台小型可编程序控制器内有成百上千个可供用户使用的编程元件，可以实现非常复杂的控制功能。与相同功能的继电器系统相比，它具有很高的性能价格比。可编程序控制器可以通过通信联网，实现分散控制与集中管理。

（3）硬件配套齐全，用户使用方便，适应性强。可编程序控制器产品已经标准化、系列化、模块化，配备有品种齐全的各种硬件装置供用户选用，用户能灵活方便地进行系统配置，组成不同功能、不同规模的系统。可编程序控制器的安装接线也很方便，一般用接线端子连接外部接线。可编程序控制器有较强的带负载能力，可以直接驱动一般的电磁阀和交流接触器。硬件配置确定后，可以通过修改用户程序，方便快速地适应工艺条件的变化。

（4）可靠性高，抗干扰能力强。传统的继电器控制系统中使用了大量的中间继电器、时间继电器。由于触点接触不良，容易出现故障。可编程序控制器用软件代替大量的中间继电器和时间继电器，仅剩下与输入和输出有关的少量硬件，接线可减少到继电器控制系统的1/10~1/100，因触点接触不良造成的故障大为减少。可编程序控制器采取了一系列硬件和软件抗干扰措施，具有很强的抗干扰能力，平均无故障时间达到数万小时以上，可以直接用于有强烈干扰的工业生产现场。可编程序控制器已被广大用户公认为是最可靠的工业控制设备之一。

（5）系统的设计、安装、调试工作量少。可编程序控制器用软件功能取代了继电器控制系统中大量的中间继电器、时间继电器、计数器等器件，使控制柜的设计、安装、接线工作量大大减少。

可编程序控制器的梯形图程序一般采用顺序控制设计法。这种编程方法很有规律，容易掌握。对于复杂的控制系统，梯形图的设计时间比继电器系统电路图的设计时间要少得多。

（6）维修工作量小，维修方便。可编程序控制器的故障率很低，且有完善的自诊断和显示功能。可编程序控制器或外部的输入装置和执行机构发生故障时，可以根据可编程序控制器上的发光二极管或编程器提供的信息迅速地查明产生故障的原因，用更换模块的方法迅速地排除故障。

（7）体积小，能耗低。对于复杂的控制系统，使用可编程序控制器后，可以减少大量的中间继电器和时间继电器，小型可编程序控制器的体积仅相当于几个继电器的大小，因此可将开关柜的体积缩小到原来的 1/2～1/10。

可编程序控制器的配线比继电器控制系统的配线少得多，故可以省下大量的配线和附件，减少大量的安装接线工时，加上开关柜体积的缩小，可以节省大量的费用。

4. 可编程控制器的分类

1）PLC 硬件结构的类型

可编程序控制器发展很快，目前，全世界有几百家工厂正在生产几千种不同型号的 PLC。为了便于在工业现场安装，便于扩展，方便接线，其结构与普通计算机有很大区别。通常从组成结构形式上将这些 PLC 分为两类：一类是一体化整体式 PLC，另一类是结构化模块式 PLC。

（1）一体化整体式 PLC。从结构上看，早期的可编程序控制器是把 CPU、RAM、ROM、I/O 接口及与编程器或 EPROM 写入器相连的接口、输入/输出端子、电源、指示灯等都装配在一起的整体装置。一个箱体就是一个完整的 PLC。它的特点是结构紧凑，体积小，成本低，安装方便，缺点是输入/输出点数是固定的，不一定能适合具体的控制现场的需要。这类产品有 OMRON 公司的 C20P、C40P、C60P，三菱公司的 FX 系列，东芝公司的 EX20/40 系列等。

（2）结构化模块式 PLC。模块式结构又叫积木式结构。这种结构形式的特点是把 PLC 的每个工作单元都制成独立的模块，如 CPU 模块、输入模块、输出模块、电源模块、通信模块等。另外，机器上有一块带有插槽的母板，实质上就是计算机总线。把这些模块按控制系统需要选取后，都插到母板上，就构成了一个完整的 PLC。这种结构的 PLC 的特点是系统构成非常灵活，安装、扩展、维修都很方便，缺点是体积比较大。常见产品有 OMRON 公司的 C200H、C1000H、C2000H，西门子公司的 S5-115U、S7-300、S7-400 系列等。

2）PLC 的分类

为了适应不同工业生产过程的应用要求，可编程序控制器能够处理的输入/输出信号数是不一样的。一般将一路信号叫做一个点，将输入点数和输出点数的总和称为机器的点。按照 I/O 点数的多少，可将 PLC 分为超小（微）、小、中、大、超大 5 种类型，如表 1.1.1 所示。

表 1.1.1　按 I/O 点数分类

分类	超小型	小型	中型	大型	超大型
I/O 点数	64 点以下	64~128 点	128~512 点	512~8192 点	8192 点以上

按功能分类可分为低档机、中档机、高档机，如表 1.1.2 所示。

表 1.1.2　按功能分

分类	主要功能	应用场合
低档机	具有逻辑运算、定时、技术、移位、自诊、按功能自诊断、监控等基本功能，有的还具备 AI/AO、数据传送、运算、通信等功能	开关量控制、顺序控制、定时/计数控制、少量模拟量控制等
中档机	除上述低档机的功能外，还有数制转换、子程序调用、通信联网功能，有的还具备中断控制、PID 回路控制等	过程控制、位置控制等
高档机	除上述中档机的功能外，还有较强的数据处理功能、模拟调节、函数运算、监控、智能控制、通信联网功能等	大规模过程控制系统，构成分布式控制系统，实现全局自动化网络

5. 可编程控制器的应用

PLC 作为自动化领域重要的控制设备，应用非常广泛。其用途大致可以归纳为以下几个方面。

1）开关量的逻辑控制

这是 PLC 最基本、最广泛的应用领域。PLC 具有“与”“或”“非”等逻辑指令，可以实现触点和电路的串、并联，代替继电器进行组合逻辑控制、定时控制与顺序逻辑控制，可用于单片机控制、多机群控、自动化生产线的控制等。例如注塑机、印刷机、电梯的控制、饮料灌装生产流水线、汽车、化工、造纸、轧钢自动生产线的控制等。

2）模拟量控制

在工业控制过程中，有许多连续变化的量，如温度、压力、流量、液位和速度等都是模拟量。为了使 PLC 处理模拟量，必须实现模拟量和数字量之间的 A/D 转换及 D/A 转换。PLC 制造厂商都有配套的 A/D 和 D/A 模块，使 PLC 可以很方便地用于模拟量控制。

3）过程控制

过程控制是指温度、压力、流量等连续变化的模拟量的闭环控制。PID 控制功能是一般闭环控制系统中用得较多的调节方法。目前的大中型 PLC 都有 PID 模块，许多小型 PLC 也具有 PID 功能。PID 控制功能一般是运行专用的 PID 子程序。过程控制在钢铁冶金、精细化工、锅炉控制、热处理等场合有非常广泛的应用。

4）数据处理

现代的 PLC 具有数学运算（包括四则运算、矩阵运算、函数运算、字逻辑运算以及求反、循环、移位、浮点数运算）、数据传送、转换、排序和查表、位操作等功能，可以完成数据的采集、分析及处理。这些数据可以与储存中的参考值比较，完成一定的控制操作，也可以利用通信功能传送到别的智能装置，或将它们打印制表。数据处理通常用于大、中型控制系统，如柔性制造系统、机器人的控制系统。

5）通信联网

PLC 的通信包括主机与远程 I/O 之间的通信、多台 PLC 之间的通信、PLC 和其他智能控制设备（如计算机、变频器、数控装置）之间的通信。PLC 与其他智能控制设备一起，可以组成“集中管理、分散控制”的分布式控制系统，以满足工厂自动化系统发展的需要。单个 PLC 或远程 I/O 按功能各自放置在生产现场分散控制，然后采用网络连接构成集中管理信息的分布式网络系统。

6. 可编程控制器的结构

1）可编程控制器的结构

工业控制计算机，其硬件系统都大体相同，主要由中央处理器模块、存储器模块、输入输出模块、编程器和电源等几部分构成，如图 1.1.1 所示。

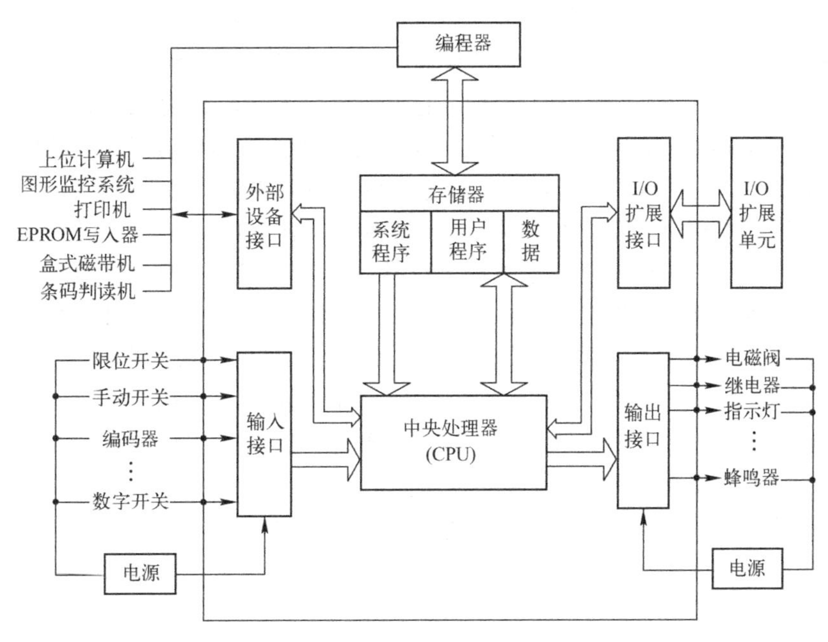

图 1.1.1　PLC 结构

(1) 中央处理器（CPU）。CPU 是 PLC 的核心部件，主要用来运行用户程序、监控输入/输出接口状态以及进行逻辑判断和数据处理。CPU 用扫描的方式读取输入装置的状态或数据，从内存逐条读取用户程序，通过解释后按指令的规定产生控制信号，然后分时、分渠道地执行数据的存取、传送、比较和变换等处理过程，完成用户程序所设计的逻辑或算术运算任务，并根据运算结果控制输出设备响应外部设备的请求以及进行各种内部诊断。

(2) 存储器。可编程控制器的存储器由只读存储器 ROM、随机存储器 RAM 和可电擦写的存储器 EEPROM 三大部分构成，主要用于存放系统程序、用户程序及工作数据。只读存储器ROM用以存放系统程序，可编程控制器在生产过程中将系统程序固化在ROM中，用户程序是不可改变的。用户程序和中间运算数据存放的随机存储器RAM中，RAM存储器是一种高密度、低功耗、价格便宜的半导体存储器，可用锂电池做备用电源。它存储的内容是易失的，掉电后内容丢失；当系统掉电时，用户程序可以保存在只读存储器EEPROM或由高能电池支持的RAM中。EEPROM兼有ROM的非易失性和RAM的随机存取优点，用来存放需要长期保存的重要数据

(3) 电源。PLC的电源是指为CPU、存储器和I/O接口等内部电子电路工作所配备的直流开关电源。电源的交流输入端一般都有脉冲吸收电路，交流输入电压范围一般都比较宽，抗干扰能力比较强。电源的直流输电压多为直流5V和直流24V。直流5V电源供PLC内部使用，直流24V电源除供内部使用外还可以供输入/输出单元和各种传感器使用。

(4) 输入/输出接口。输入/输出接口电路即I/O单元。PLC内部输入电路作用是将PLC外部电路（如行程开关、按钮、传感器等）提供的符合PLC输入电路要求的电压信号，通过光电耦合电路送至PLC内部电路。输入电路有直流输入电路、交流输入电路和交直流输入电路。输入电路通常以光电隔离和阻容滤波的方式提高抗干扰能力，输入响应时间一般在0.1~15ms。根据输入信号形式的不同，可分为模拟量I/O单元、数字量I/O单元两大类。根据输入单元形式的不同，可分为基本I/O单元、扩展I/O单元两大类。PLC内部输出电路作用是将输出映像寄存器的结果通过输出接口电路驱动外部的负载（如接触器线圈、电磁阀、指示灯等）。输出电路用于把用户程序的逻辑运算结果输出到PLC外部，输出电路具有隔离PLC内部电路和外部执行元件的作用，还具有功率放大的作用。输出电路有晶体管输出型、可控硅输出型和继电器输出型三种。功能模块是一些智能化的输入/输出电路，如温度检测模块、位置检测模块、位置控制模块和PID控制模块等。

(5) 外部设备接口。外设接口电路用于连接编程器或其他图形编程器、文本显示器、触摸屏、变频器等并能通过外设接口组成PLC的控制网络。PLC通过PC/PPI电缆或使用MPI卡通过RS-485接口与计算机连接，可以实现编程、监控、联网等功能。

(6) I/O扩展接口。扩展接口用于扩展输入/输出单元，它使PLC的控制规模配置更加灵活，这种扩展接口实际上为总线形式，可以配置开关量的I/O单元，也可配置模拟量和高速计数等特殊I/O单元及通信适配器等。

(7) 编程器。编程器是PLC的重要外围设备。利用编程器将用户程序送入PLC的存储器，还可以用编程器检查程序，修改程序，监视PLC的工作状态。现在手持式编程器已逐渐被笔记本计算机所取代。

7. 可编程控制器的工作原理

PLC有两种基本的工作模式，即运行（RUN）模式与停止（STOP）模式。在运行模式时，PLC通过反复执行用户程序来实现控制功能。为了使PLC的输出及时地响应随时可能变化的输入信号，用户程序不是只执行一次，而是不断地重复执行，直至PLC停机或切换到STOP模式。PLC重复执行用户程序都是以循环扫描方式完成的。

1) 扫描工作方式

所谓扫描就是CPU依次对各种规定的操作项目进行访问和处理。PLC运行时用户程序中有许多操作需要执行，但CPU每一时刻只能执行一个操作而不能同时执行多个操作。因

此，CPU 只能按照程序规定的顺序依次执行各个操作，这种需要处理多个作业时依次按顺序处理的工作方式称为扫描工作方式。

扫描是周而复始、不断循环的，每扫描一个循环所用的时间称为扫描周期。

循环扫描工作方式是 PLC 的基本工作方式，具有简单直观、方便用户进行程序设计，先扫描的指令执行结果马上可被后面扫描的指令利用，可通过 CPU 设置定时器监视每次扫描时间是否超过规定，避免进入死循环等优点，为 PLC 的可靠运行提供了保障。

2）可编程控制器的工作过程

PLC 的工作过程基本上是用户程序的执行过程，它是在系统软件的控制下，依次扫描各输入点状态（输入采样），按用户程序解算控制逻辑（程序执行），然后顺序地向各输出点发出相应的控制信号（输出刷新）。除此之外，为提高工作的可靠性和及时接收外部控制命令，每个扫描周期还要进行故障自诊断（自诊断），处理与编辑器、计算机的通信请求（与外设通信）。PLC 的扫描工作过程如图 1.1.2 所示。

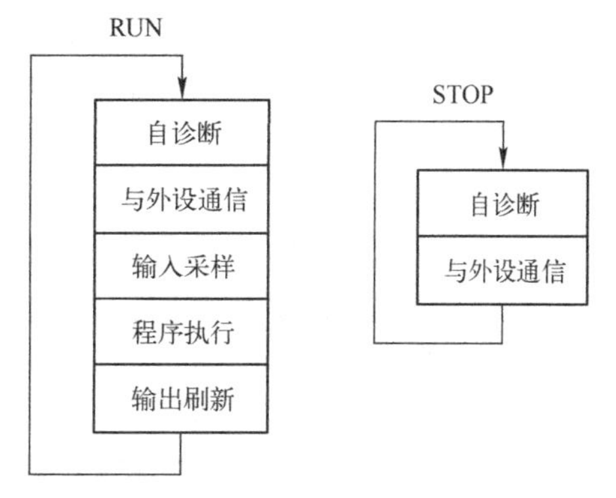

图 1.1.2　扫描过程

（1）自诊断。PLC 每次扫描用户程序前，对 CPU、存储器、I/O 模块等进行故障诊断，发现故障或异常情况则转入处理程序，保留现行工作状态，关闭部分输出，停机并显示出错误信息。

（2）与外设通信。在自诊断正常后，PLC 对编程器、上位机等通信接口进行扫描，如有请求便响应处理。

（3）输入采样。完成前两部工作后，PLC 扫描各输入点，将各点状态和数据（开关的通/断、A/D 转换值、BCD 码数据等）读入到寄存器输入状态的输入映像寄存器中存储，这个过程称为采样。在一个扫描周期内，即便外部输入状态已发生改变，输入映像寄存器中的内容也不改变。

（4）程序执行。PLC 从用户程序存储器的最低地址（0000H）开始顺序扫描（无跳转情况），并分别从输入映像寄存器和输出映像寄存器中获得所需的数据进行运算、处理，再将程序执行的结果写入输入映像寄存器中进行保存，但这个结果在全部程序执行完毕之前不会送到输出端口上。

（5）输出刷新。在执行完用户所有程序后，PLC 将输出映像寄存器中的内容送到寄存输出状态的输出锁存器中，再去驱动用户设备，这个过程称为输出刷新。

PLC 重复执行上述 5 个步骤，按循环扫描方式工作，实现对生产过程和设备的连续控制。直至接受到停止命令、停电、出现故障等才停止工作。

设上述 5 步操作所需时间分别为 T_1、T_2、…、T_5，则 PLC 的扫描周期为 5 步操作时间之和，用 T 表示

$$T=T_1+T_2+T_3+T_4+T_5$$

不同型号的 PLC，各步工作时间也不同，根据使用说明书提供的数据和具体的应用程序可计算出扫描时间。

总之，采用循环扫描的工作方式，是 PLC 区别于微机和其他控制设备的最大特点，使用者对此应给予足够的重视。

1.1.3　任务实施

PLC 是一种工业控制计算机，不光有硬件，软件也必不可少。PLC 的编程语言目前主要有以下几种：梯形图编程语言、助记符语言、顺序功能图编程语言、功能块图编程语言和某些高级语言等。

1. 梯形图编程语言

该语言习惯上叫梯形图。梯形图在形式上沿袭了传统的继电器控制电路的形式，或者说，梯形图编程语言是在电气控制系统中常用的继电器、接触器逻辑控制基础上简化了符号演变而来的，它形象、直观、实用，电气技术人员容易接受，是目前用得最多的一种 PLC 编程语言。梯形图的画法如图 1.1.3 所示。

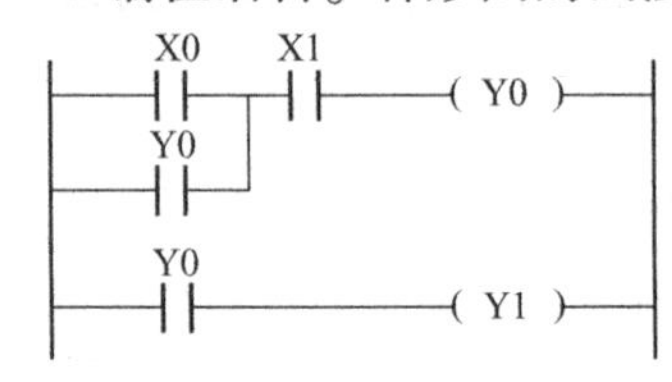

图 1.1.3　梯形图

梯形图中的输入触点只有两种：常开触点（┤├）和常闭触点（┤/├），这些触点可以是 PLC 的外接开关对应的内部映像触点，也可以是 PLC 内部继电器触点，或内部定时、计数器的触点。每一个触点都有自己特殊的符号，以示区别。同一编号的触点可以有常开和常闭两种状态，使用次数不限。因为梯形图中使用的“继电器”对应 PLC 内的存储区某字节或某位，所用的触点对应于该位的状态，可以反复读取。PLC 有无数个常开和常闭触点，梯形图中的触点可以任意地串联、并联。

梯形图的格式要求如下：

（1）梯形图按行从上至下编写，每一行从左往右顺序编写。PLC 程序执行顺序与梯形的编写顺序一致。

（2）图 1.1.3 所示梯形图的左、右两边垂直线称为起始母线、终止母线。每一逻辑行必须从起始母线开始画起，终止于继电器线圈或终止母线，PLC 终止母线也可以省略。

（3）梯形图起始母线与线圈之间一定要有触点，而线圈与终止母线之间则不能有任何触点。

2. 助记符语言

助记符语言又称指令语句表达式语言，它常用一些助记符来表示 PLC 的某种操作。它类似微机中的汇编语言，但比汇编语言更直观易懂。用助记符语言编写的程序较难阅读，其中逻辑关系很难一眼看出，所以在设计时一般使用梯形图语言。如果使用手持编程器，则必须将梯形图转换成助记符语言后再写入 PLC。下面以三菱公司 FX 系列的指令语句来说明。

```
LD   X0   逻辑行开始,输入 X0 常开触点
OR   Y0   并联 Y0 的自保触点
AND  X1   串联 X1 的常开触点
OUT  Y0   输出 Y0 逻辑行结束
LD   Y0   输入 Y0 常开触点逻辑行开始
OUT  Y1   输出 Y1 逻辑行结束
```

指令语句表是由若干条语句组成的程序。语句是程序的最小独立单元。每个操作系统由一条或几条语句执行。PLC 的语句表达形式与一般微机编程语言的语句表达式类似，也是由操作码和操作数两部分组成的。操作码用助记符表示（如 LD 表示取，AND 表示与等），用来说明要执行的功能，操作数一般由标识符和参数组成。标识符表示操作数的类型，例如表明输入继电器、输出继电器、定时器、计数器、数据寄存器等。参数表明操作数的地址或一个预先设定值。

3. 顺序功能图编程语言

顺序功能图（SFC）常用来编制顺序控制程序，它主要由步、有向连线、转换、转换条件和动作（或命令）组成。顺序功能图法可以将一个复杂的控制过程分解为一些小的工作状态。对于这些小状态的功能依次处理后再把这些小状态依一定顺序控制要求连接成组合整体的控制程序。图 1. 1. 4 所示为采用顺序功能图编制的程序段。

4. 功能块图编程语言

功能块图是一种类似于数字逻辑电路的编程语言，用类似与门、或门的方框来表示逻辑运算关系，方块左侧为逻辑运算的输入变量，右侧为输出变量，输入端、输出端的小圆点表示“非”运算，信号自左向右流动。类似于电路一样，方框被“导线”连接在一起。国内很少有人使用功能块图编程语言。图 1. 1. 5 所示为功能块图示例。

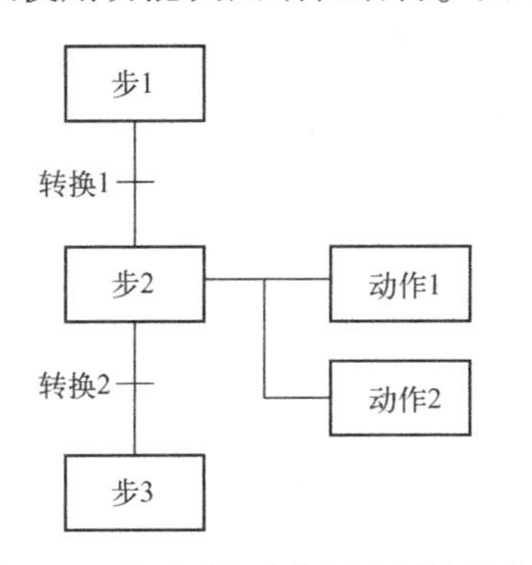

图 1. 1. 4　采用顺序功能图编制的程序段

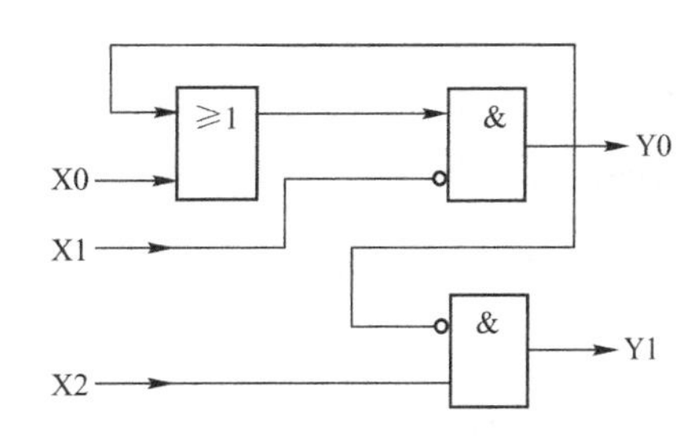

图 1. 1. 5　功能块图示例

1. 1. 4　考核标准

本课程以任务考核取代期末考试。每个任务所占权重，任课教师可根据情况进行分配。考核是全方位和全过程的，要求师生共同参与；本任务考核内容涵盖知识掌握、工作原理与编程语言和职业素养三个方面。考核采取自评、互评和师评相结合的方法，具体考核内容与分值占比如表 1. 1. 3 所示。

表 1. 1. 3　考核内容与分值占比

考核项目	考核内容	分值	考核要求及评分标准	得分
知识掌握	PLC 的基础知识	40	掌握 PLC 的产生、特点、现状及发展趋势，分类及应用范围	

续表

考核项目	考核内容	分值	考核要求及评分标准	得分
工作原理与编程语言	工作原理与编程语言的理解	50	熟悉 PLC 的工作原理、扫描方式、工作过程、编程语言等的知识	
职业素养	6S 规范	10	正确使用设备，具有安全用电意识，操作者符合规范要求 操作过程中无不文明行为，具有良好的职业操守 作业完成后清理、清扫工作现场	

1.1.5　拓展与提高

1. PLC 的故障类型

1）偶发性故障

偶发性故障是由于外界环境恶劣如电磁干扰、超高温、超低温、过电压、欠电压、振动等引起的故障。这类故障，一旦环境条件恢复正常，系统部件没有损坏，系统也随之恢复。但对 PLC 而言，受外界环境影响后，内部存储的信息可能被破坏，需要重新下载程序。

2）永久性故障

永久性故障是由于元器件不可恢复的破坏而引起的故障。如果能限制偶发性故障的发生条件，使 PLC 在恶劣环境中不受影响或能把影响的后果限制在最小范围，使 PLC 在恶劣条件小时候自动恢复正常，这样就能提高平均故障间隔时间；如果能在 PLC 上增加一些自诊断措施和适当的保护手段，在永久性故障出现时，能很快查出故障发生点，并将故障限制在局部，就能降低 PLC 的平均修复时间。

2. PLC 采取的故障措施

各 PLC 的生产厂商在硬件和软件方面采取了多种措施，使 PLC 除了本身具有较强的自诊断能力，能及时给出出错信息，停止运行等待修复外，还使 PLC 具有了很强的抗干扰能力。采取的措施体现在硬件和软件两方面。

1）硬件措施

硬件措施主要体现在设计和制作两方面。设计方面主要体现在功能模块均采用大规模或超大规模集成电路，大量开关动作由无触点的电子存储器完成，I/O 系统设计有完善的通道保护和信号调制电路。具体措施如下：

（1）屏蔽。对电源变压器、CPU、编程器等主要部件，采用导电、导磁性能良好的材料进行屏蔽，以防外界干扰。

（2）滤波。对供电系统及输入线路采用多种形式的滤波，如 LC 或Π型滤波网络，以消除或抑制高频干扰，也削弱了各种模块之间的相互影响。

（3）电源调整与保护。对微处理器这个核心部件所需的+5V/3.3V 电源，采用多级滤波，并用集成电压调整器进行调整，以适应交流电网的波动和过电压、欠电压的影响。

（4）隔离。在微处理器与 I/O 电路之间，采用光电隔离措施，有效地隔离 I/O 接口与

CPU 之间的电联系，减少故障和误动作，各 I/O 口之间也彼此隔离。

(5) 采用模块式结构。模块式结构有助于在故障情况下短时修复。一旦查出某一模块出现故障，能迅速更换，使系统恢复正常工作，同时也有助于加快查找故障原因。

2) 软件措施

软件方面主要用了极强的自检及软件保护功能。

(1) 故障检测。软件定期地检查外界环境，如掉电、欠电压、锂电池电压过低及强干扰信号等，以便及时进行处理。

(2) 信号保护与恢复。PLC 在检测到故障条件时，立即把当前的状态信息存入存储器，系统软件配合对存储器进行封闭，禁止对存储器进行任何操作，以防存储信息被冲掉。一旦故障条件消失，就可恢复正常，继续原来的程序工作。

(3) 设置警戒时钟 WDT（看门狗）。如果程序每循环扫描周期执行时间超过了 WDT 规定的时间，预示程序进入死循环，立即进行报警。

(4) 程序检查。PLC 加强了对程序的检查和校验，一旦程序有错，立即报警，并停止执行。停电后，利用后备电池供电，有关状态及信息就不会丢失。

(5) 抗干扰测试。PLC 的出厂试验项目中，有一项就抗干扰试验。要求在承受幅值为 1000V，上升时间为 1ns，脉冲宽度为 1 μs 的干扰脉冲的情况下，系统程序运行正常。

1.1.6　思考与练习

1. 填空题

(1) 可编程控制器按硬件结构分为__________、__________和__________三类。

(2) 工业控制计算机，其硬件系统都大体相同，主要由______、______、______、______和电源等几部分构成。

(3) PLC 有两种基本的工作模式，即__________与__________。

2. 问答题

可编程控制器常用的编程语言有哪些？各有何特点？

任务 1.2　认识三菱 FX_{3U}系列 PLC

1.2.1　任务引入和分析

三菱 PLC 是由日本三菱电机股份有限公司设计生产，在全球 PLC 市场中，特别是在中小型 PLC 市场占有重要位置。三菱 PLC 包括 MELSEC IQ－R 系列、MELSEC Q 系列、MELSECL 系列、MELSEC QS/WS 系列、MELSEC FX 系列等几个系列产品。其中 L 和 Q 系列属于中大型 PLC，FX 系列属于小型 PLC。

FX_{3U}系列 PLC 是三菱电机公司新近推出的新型第三代 PLC，取代了 FX_{2N}系列。其基本性能大幅提升，使用更加方便。

1.2.2　基础知识

1. FX 系列 PLC 的硬件结构

1）基本单元、扩展单元和扩展模块

FX 系列 PLC 采用整体式结构，基本单元有 CPU、输入/输出电路和电源，扩展单元只有输入/输出电路和电源，基本单元和扩展单元用扁平电缆连接。

基本单元有一个 RS-422 编程接口和 RUN/STOP 开关，FX_{1S}、FX_{1N}和 FX_{3G}系列有两个内置的设置参数用的小电位器。

2）功能扩展板与显示模块

功能扩展板的价格便宜。可以将功能扩展板或微型设定显示模块安装在基本单元内。功能扩展板有开关量输入、输出板，模拟量输入、输出板、8 点电位器板和多种通信板。

3）特殊模块

特殊模块有模拟量输入/输出模块、高速计数器模块、脉冲输出模块、定位单元/模块和通信模块等。

4）存储器

PLC 的存储器分为系统程序存储器和用户程序存储器。

（1）随机访问存储器（RAM）。RAM 的工作速度高、价格便宜、改写方便。芯片断电后储存的信息将会丢失。FX_{2N}、FX_{3U}等系列用 RAM 和锂电池来实现断电时程序和数据的保存。需要更换锂电池时，基本单元面板上的“电池电压过低”发光二极管亮，同时特殊辅助继电器 M8005 的常开触点接通。FX_{2N}、FX_{3U}等系列可以用 EEPROM 存储器盒来扩展存储器容量。

（2）只读存储器（ROM）。ROM 的内容只能读出，不能写入。断电后储存的信息不会丢失。ROM 用来存放系统程序。

（3）E^2PROM（可以电擦除可编程的只读存储器）。E^2PROM 的数据可以读出和改写，断电后信息不会丢失。写入数据的时间比 RAM 长，写入的次数有限制。FX_{1S}、FX_{1N}和 FX_{3G}等系列使用 E^2PROM 来保存用户程序。

2. FX 系列 PLC

1）三菱 FX 系列 PLC

在 PLC 的正面，一般都有表示该 PLC 型号的文字符号，通过阅读该符号即可以获得该 PLC 的基本信息。FX 系列 PLC 的型号名称的含义和基本格式如下。

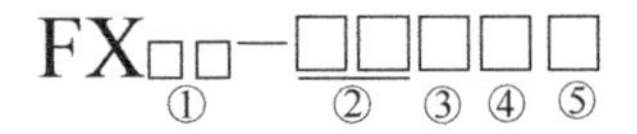

① 子系列名称，例如 1S、1N、2N 等。

② 输入/输出的总数。

③ 单元类型：M 为基本单元，E 为输入、输出混合扩展模块，EX 为输入专用模块，EY 为输出专用扩展模块。

④ 输出形式：分别用 R、T 和 S 来表示继电器输出、晶体管输出和双向晶闸管输出。

⑤ 电源和输入、输出类型等特性：无标记为 DC 输入，AC 电源；D 为 DC 输入，DC 电

源；UA1/UL 为 AC 输入，AC 电源。

例如 FX_{1N}-60MT-D 属于 FX_{1N}系列，具有 60 个 I/O 点的基本单元，晶体管输出型，DC 电源、漏型输入/输出型。

2）FX_{3U}系列可编程控制器

（1）FX_{3U}系列 PLC 的基本构成。FX_{3U}PLC 具有超强的功能和扩展性，最多可连接 4 个电压/电流输入、电压/电流输出、PT100 输入、热电偶输入的模拟量适配器，大幅提高了基本功能，通过基本指令 0. 065usec、PCMIX 值实现了约 4. 5 倍的高速度，远远超过了很多大型可编程控制器。

输入/输出分别为 8/8 点、16/16 点、24/24 点、32/32 点、40/40 点和 64/64 点的基本单元，最多可以扩展到 384 个 I/O 点。

基本单元内置 6 点 100kHz 的高速计数器，3 轴独立最高 100kHz 的定位功能，可以同时输出最高 100kHz 的脉冲。内置高速输入适配器的计数频率为 200kHz。

最多可以连接 4 个模拟量输入/输出和温度输入适配器，16 位 500μs A/D 转换。

最多可以同时使用 3 个通信口，可以连接两个通信适配器和使用通信功能扩展板，可以通过内置的编程口连接计算机或 GOT1000 系列人机界面。通过 RS-485 通信接口，可以控制 8 台三菱的变频器。表 1. 2. 1 和表 1. 2. 2 所列为 FX_{3U}系列 PLC 的基本单元与扩展单元。

表 1. 2. 1　FX_{3U}系列基本单元

型　　号	输出类型	输入点数	输出点数
FX_{3U}-16MR/E8-A	继电器输出	8	8
FX_{3U}-32MR/E8-A	继电器输出	16	16
FX_{3U}-48MR/E8-A	继电器输出	24	24
FX_{3U}-64MR/E8-A	继电器输出	32	32
FX_{3U}-80MR/E8-A	继电器输出	40	40
FX_{3U}-128MR/E8-A	继电器输出	84	84
FX_{3U}-16MT/E8-A	晶体管输出	8	8
FX_{3U}-32MT/E8-A	晶体管输出	16	16
FX_{3U}-48MT/E8-A	晶体管输出	24	24
FX_{3U}-80MT/E8-A	晶体管输出	32	32
FX_{3U}-64MT/E8-A	晶体管输出	40	40
FX_{3U}-128MT/E8-A	晶体管输出	84	84

表 1. 2. 2　FX_{3U}系列扩展单元

型　　号	输出类型	输入点数	输出点数
FX_{2N}-32ER	继电器输出	16	16
FX_{2N}-32ET	晶体管输出	16	16
FX_{2N}-48ER	继电器输出	24	24
FX_{2N}-48ET	晶体管输出	24	24

FX_{3U}系列的存储器容量和软元件的数量有较大幅度的提高，增加了大量的指令，FX_{3U}系列 PLC 还有一些特殊的功能模块，具备丰富的扩展性，使用时可以参考 FX_{3U}系列 PLC 产品手册。

(2) FX_{3U}系列可编程控制器的外部结构。FX_{3U}系列 PLC 的硬件结构由基本单元、通信模块、扩展模块、显示模块等构成。

图 1.2.1 所示为 FX_{3U}系列外部结构图，图中表示出了主机扩展的方式，通信接口位置，扩展模块连接等。

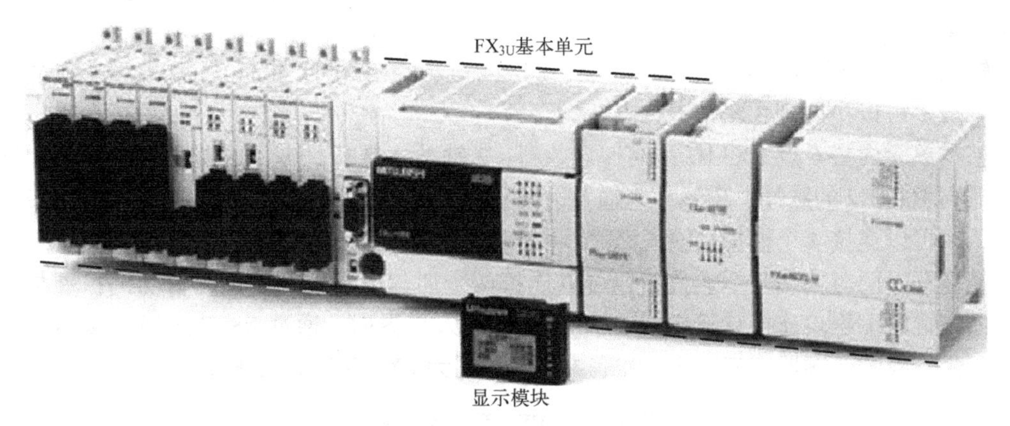

图 1.2.1　FX_{3U}系列 PLC 主机、通信模块、显示模块、扩展模块等外形图

3) FX_{3U} 系列元件介绍

可编程控制器内部有许多具有不同功能的器件，实际上这些器件是由电子电路和储存器组成的。例如输入继电器 X 是由输入电路和映像输入接点的存储器组成的；输出继电器 Y 是由输出电路和映像输出接点的存储器组成的；定时器 T、计数器 C、辅助继电器 M、状态继电器 S、数据寄存器 D、变址寄存器 V/Z 等都是由存储器组成的。为了把它们和通常的硬件区分开来，通常把上面的器件称为虚拟软元件，并非实际的物理器件。从工作过程看，我们只注重器件的功能，按器件的功能给出名称，例如输入继电器 X、输出继电器 Y 等。而每个器件都有确定的地址编号，这对编程十分重要。

需要指出的是，不同的厂家；甚至同一厂家的不同型号的可编程控制器编程元件的数量和种类都不一样。表 1.2.3 为 FX_{3U}型号 PLC 软元件一览表。

表 1.2.3　FX_{3U}型号 PLC 软元件一览表

软元件名	内容		
输入输出继电器			
输入继电器	X000～X367	248 点	软元件的编号为 8 进制编号 输入输出合计为 256 点
输出继电器	Y000～Y367	248 点	
辅助继电器			
一般用［可变］	M0～M499	500 点	通过参数可以更改保持/非保持的设定
保持用［可变］	M500～M1023	524 点	
保持用［固定］	M1024～M7679	6656 点	
特殊用	M8000～M8511	512 点	

续表

软元件名	内容		
状态			
初始化状态（一般用[可变]）	S0~S9	10 点	通过参数可以更改保持/非保持的设定
一般用［可变］	S10~S499	490 点	
保持用［可变］	S500~S899	400 点	
信号报警器用（保持用［可变］）	S900~S999	100 点	
保持用［固定］	S1000~S4095	3096 点	
定时器			
100ms	T0~T191	192 点	0.1~3276.7 秒
100ms［子程序、中断子程序］	T192~T199	8 点	0.1~3276.7 秒
10ms	T200~T245	46 点	0.01~327.67 秒
1ms 累计型	T246~T249	4 点	0.001~32.767 秒
100ms 累计型	T250~T255	6 点	0.1~3276.7 秒
1ms	T256~T511	256 点	0.001~32767 秒
计数器			
一般用增计数(16 位)[可变]	C0~C99	100 点	0~32767 的计数器 通过参数可以更改保持/非保持的设定
保持用增计数（16 位）[可变]	C100~C199	100 点	
一般用双方向（32 位）[可变]	C200~C219	20 点	-2147483648~+2147483647 计数器 通过参数可以更改保持/非保持的设定
保持用双方向（32 位）[可变]	C220~C234	15 点	
高速计数器			
单相单计数的输入 双方向（32 位）	C235~C245	C235~C255 中最多可以使用 8 点［保持用］ 通过参数可以更改保持/非保持的设定 -2147483648~+2147483647 的计数器	
单相双计数的输入 双方向（32 位）	C246~C250		
双相双计数的输入 双方向（32 位）	C251~C255		
数据寄存器（成对使用 32 位）			
一般用（16 位）[可变]	D0~D199	200 点	通过参数可以更改保持/非保持的设定
保持用（16 位）[可变]	D200~D511	312 点	
保持用（16 位）[固定] <文件寄存器>	D512~D7999 <D1000~D7999>	7488 点 <7000 点>	通过参数可以将寄存器 7488 点中 D1000 以后的软元件以每 500 点为单位设定文件寄存器
特殊用（16 位）	D8000~D8511	512 点	
变址用（16 位）	V0~V7，Z0~Z7	16 点	
扩展寄存器·扩展文件寄存器			
扩展寄存器（16 位）	R0~R32767	32768 点	通过电池进行停电保持
扩展文件寄存器（16 位）	ER0~ER32767	32768 点	仅在安装寄存器盒时可用
指针			

续表

软元件名	内容		
JUMP、CALL 分支用	P0~P4095	4096 点	CJ 指令、CALL 指令用
输入中断 输入延迟中断	I0□□~I5□□	6 点	
定时器中断	I6□□~I8□□	3 点	
计数器中断	I010~I060	6 点	HSCS 指令用
嵌套			
主控用	N0~N7	8 点	MC 指令用
常数			
10 进制数（K）	16 位	-32768~+32767	
	32 位	-2147483648~+2147483647	
16 进制数（H）	32 位	0~FFFF	
	32 位	0~FFFFFFFF	
实数（E）	32 位	$-1.0\times2^{128}\sim-1.0\times2^{-126}$，0，$1.0\times2^{-126}\sim1.0\times2^{128}$ 可以用到小数点和指数形式表示	
字符串（“ ”）	字符串	用“ ”引起来的字符进行指定 指令上的常数中，最多可使用到半角的 32 个字符	

（1）输入继电器（X）。输入继电器（X）与 PLC 的输入端相连，是 PLC 接受外部开关信号的接口。与输入端子连接的输入继电器是光电隔离的电子继电器，其线圈、常开接点、常闭接点与传统硬继电器表示方法一样。这里可提供无数个常开接点、常闭接点供编程使用。图 1.2.2 中常开触点 X1 即输入继电器应用的例子。

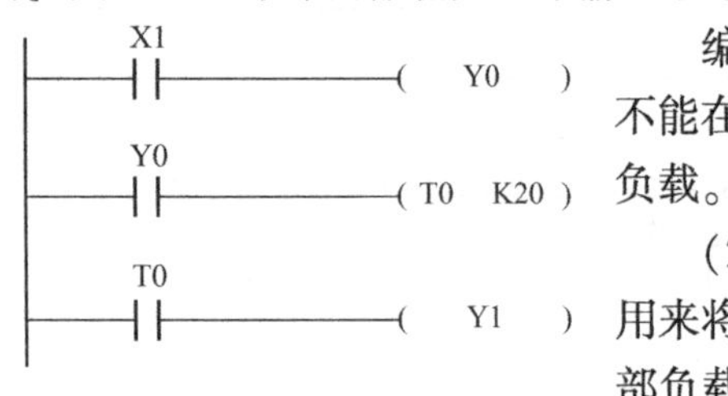

图 1.2.2　输入输出

编程时应注意，输入继电器只能由外部信号驱动，而不能在程序内部由指令驱动，其接点也不能直接输出带动负载。

（2）输出继电器 Y。输出继电器（Y）是 PLC 中专门用来将运算结果经输出接口电路及输出端子送达并控制外部负载的虚拟继电器。它在 PLC 内部直接与输出接口电路相连。它有无数个常开触点与常闭触点，这些常开与常闭触点可在 PLC 编程时随意使用。外部信号无法直接驱动输出继电器，它只能在程序内部由指令驱动。FX 系列 PLC 的输出继电器采用八进制数编号。

（3）辅助继电器 M。PLC 内有很多辅助继电器，和输出继电器一样，只能由程序驱动。每个辅助继电器也有无数对常开和常闭触电供编程使用，其作用相当于继电器控制线路中的中间继电器。辅助继电器的接点在 PLC 内部编程时可以任意使用，次数不限。但是，这些触点不能直接驱动外部负载，外部负载的驱动必须由输出继电器执行。在逻辑运算中经常需要一些中间继电器作为辅助运算用。这些元件不直接对外输入、输出，但经常用做状态暂存、移位运算。它的数量比软元件 X、Y 多。内部辅助继电器中还有一类特殊辅助继电器，它有各种特殊功能，如定时时钟、进/借位标志、启动/停止、单步运行、通信状态、出错标志等。

（4）内部状态继电器 S。内部状态继电器（S）是 PLC 在顺序控制系统中实现控制的重要元件。它与后面介绍的步进顺序控制指令STL配合使用。运用顺序功能图可以编制高效易懂的程序。状态继电器与辅助继电器一样，有无数个常开触点和常闭触点，在顺序控制程序内可任意使用。通常状态继电器软元件有下面5种类型，其编号级点数如下：

- 初始状态继电器：S0~S9（十点）。
- 回零状态继电器：S10~S19（十点）。
- 通用状态继电器：S20~S499（480点）。
- 保持状态继电器：S500~S899（400点）。
- 报警状态继电器：S899~S999（100点）。

不用步进阶梯指令时，内部状态继电器S作为辅助继电器M在程序中使用。

（5）内部定时器T。内部定时器（T）在PLC中相当于一个时间继电器，它有一个设定值寄存器（一个字长）、一个当前值寄存器（一个字长）以及无数个触点（一个位）。对于每一个定时器，这三个量使用同一个名称，但使用场合不一样，其所指意义也不一样。通常在一个可编程控制器中有几十个至数百个定时器，可用于定时操作。

常数K可以作为定时器的设定值，也可以用数据寄存器（D）的内容来设置定时器。

- 通用的定时器。表1.2.4所示为各系列的定时器个数和元件编号。100ms定时器的定时范围为0.1~276.7s，10ms定时器的定时范围为0.01~27.67s，1ms定时器的定时范围为0.001~2.767s，10ms定时器的定时范围为0.01~327.67s，1ms定时器的定时范围为0.001~32.767s。

表1.2.4 各系列的定时器个数和元件编号

PLC	FX_{1s}	FX_{1n}，FX_{2n}/FX_{2nc}
100ms定时器	63点，T0~T62	200点，T0~T199
10ms定时器	31点，T32~T62	46点，T200~T245
1ms定时器	1点，T63	—
1ms定时器	—	4点，T200~T249
100ms定时器	—	6点，T250~T255

图1.2.3（a）为通用定时器在梯形图中使用的情况。当X1的常开触点接通时，T10的当前值计数器从零开始，对100ms时钟脉冲进行累加计数。当前值等于设定值20时，定时器的常开触点接通，常闭触点断开，即T10的输出触点在其线圈被驱动100ms×20=2s后动作，Y10置1。X1的常开触点断开后，定时器被复位，它的常开触点断开，常闭触点接通，当前值恢复为零。

通用定时器没有保持功能，在输入电路，断开或停电时被复位。

- 积算定时器100ms，积算定时器T250~T255的定时范围为0.1~3276.7s。在图1.2.3（b）中，当X1的常开触点接通时，T250的当前值计数器对100ms时钟脉冲进形累积计数。X1的常开触点断开或停电时停止定时，当前值保持不变。X1的常开触点再次接通或重上电时继续定时，积累时间（t_1+t_2）为100ms×345等于34.5s时，T250的触点动作，Y1置1。因为积算定时器的线圈断电时不会复位，需要用复位指令使T250强制复位。当X2接通执行“RST T250”指令时，T250当前寄存器置0，触点复位。

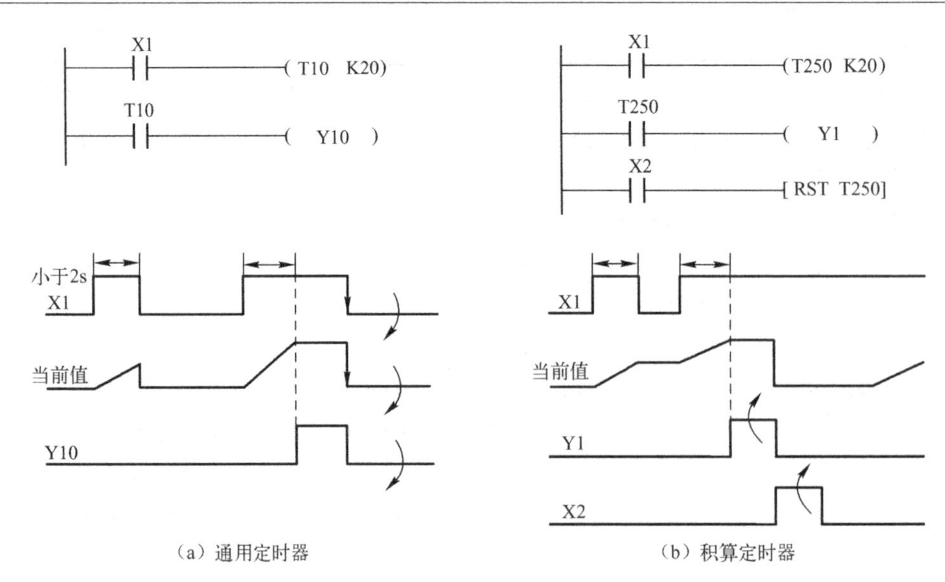

图 1.2.3　定时器的应用

(6) 内部计数器 C。内部计数器 C 是 PLC 的重要部件，在程序中用做计数控制。它是在执行扫描操作时对内部元件 X、Y、M、S、T、C 的信号进行计数的。当计数达到设定值时，计数器触点动作。计数器的常开、常闭触点，同样可以无限制使用。计数器分为 16 位加计数器，32 位双向计数器和高速计数器。

16 位二进制加计数器，其设定值为 k 1～k32767（十进制常数）。如果切断可编程控制器的电源，则通过计数器的计数值被清除，而停电保持用的计数器可存储停电前的计数值，因此计数器可按上一次数值累计计数。32 位二进制加计数减/计数加的设定值范围为 -2147483648～+147483647（十进制常数）。利用特殊的辅助继电器 M8200，到 M8234 确定加计数/减计数的方向。如果特殊辅助继电器接通时为减计数，否则为加计数。根据常数 k 和数据寄存器 d 的内容，设定值可正可负。若将连号的数据寄存器的内容视为一对，可作为 32 位的数据处理。因此，在指定 D0 时，D1 和 D0 两项作为 32 位设定值处理。FX2n 系列 PLC 内有 21 个高速计数器，其地址号为 C235～C255。高速记数信号从 X0～X5 有 6 个端子输入，每一个端子只能作为一个高速计数器的输入，所以最多只能同时用 6 个高速计数器工作。PLC 内的 21 个高速计数器又分为 4 种类型，即 C235～C240 为 1 相无启动/复位端子高速计数器、C241～C245 为 1 相带启动/复位端子高速计数器、C246～C250 为 1 相双向输入高数计数器 C251～C255 为 2 相输入（A-B 型）高速计数器。有关计数器的应用，将在项目 4 中进行介绍，这里不再叙述。

(7) 数据寄存器 D。可编辑控制器用于模拟量控制、位置控制、数据 I/O 时，需要许多数据寄存器存储参数及工作数据。这类寄存器的数量随着机型不同而不同。

每个数据寄存器的都是 16 位的，其中最高位为符号位，可以用两个数据寄存器合并起来存放 32 位数据（最高位为符号位）。

- 通用数据寄存器 D0～D199。只要不写入数据，数据将不会变化，直到再次写入，这类寄存器内的数据，一旦 PLC 状态由运行（RUN）转成（STOP）时全部数据均清零。
- 停电保持数据寄存器 D200～D7999。除非改写，否则数据不会发生变化。即使 PLC

状态变化或断电，数据仍可以保持。

- 特殊数据寄存器 D8000~D8255。这类数据寄存器用于监视 PLC 内各种元件的运行方式，其内容在电源接通（ON）时，写入初始化值（全部清零，然后由系统 ROM 安排写入初始值）。
- 文件寄存器 D1000~D7999。文件寄存器实际上是一类专用数据寄存器，用于存储大量的数据，例如采集数据、统计计算数据、多组控制参数等。其数量由 CPU 的监视软件决定。在 PLC 运行中，用 BMOV 指令可以将文件寄存器中的数据读到通用数据寄存器中，但不能用指令将数据写入文件寄存器。

(8) 变址寄存器（V/Z)。变址寄存器除了和普通寄存器有相同的使用方法外，还常用于修改器件的地址编号，V、Z 都是 16 位的寄存器，可进行数据的读写。当进行 32 位操作时，将 V、Z 合并使用，指定 Z 为最低位。

(9) 内部指针（P/I)。内部指针是 PLC 在执行程序时用来改变执行流向的元件。它有分支指令专用指针 P 和中断用指针 I 两大类。

- 分支指令专用指针 P0~P63。分支指令专用指针在应用时，要与相应的应用指令 CJ、CALL、FEND、SRET 及 END 配合使用，P63 为结束跳转使用。
- 中断用指针 I。中断用指针是应用指令 IRET 中断返回、EI 开中断、DI 关中断配合使用的指令。

(10) 常数（K/H)。常数也作为器件对待，它在存储器中占有一定的空间，十进制常数用 K 表示，如图 1.2.3 中表示为 K20；十六进制常数用 H 表示，如 18 表示为 H12。

1.2.3　任务实施

1. 编程软件与仿真软件使用入门

1) 安装软件

首先安装 MELSOFT 通用环境软件，在程序安装过程中有一个准备阶段，程序自动运行，直到出现如图 1.2.4 所示的“欢迎进入设置程序 Environment of MELSOFT”，根据安装向导单击“下一步”按钮，完成安装。然后安装编程软件 GX Developer，提示出现“欢迎进入设置程序 SWnD5-GPPW”界面，如图 1.2.5 所示，根据安装向导单击“下一步”按钮，完成软件的安装。

图 1.2.4　通用环境的安装

图 1.2.5　GX Developer 软件安装

注：编程软件 GX Developer 过程中，根据提示依次输入产品序列号，选中“结构化文本（ST）语言编辑功能”，千万不能选中“监视专用 GX Developer”，依次单击“下一步”按钮完成软件的安装。

2）编程软件使用入门

（1）编程软件的启动与创建新工程。安装成功后，双击桌面上的 图标，或者进入“开始”菜单，单击 图标，打开编程软件。也可以通过“开始”→“所有程序”→“MELSIFT 应用程序”→“GX Developer”菜单命令打开。启动软件界面如图 1.2.6 所示。单击工具条中的“新建项目”按钮 ，或执行菜单命令“工程”→“创建新工程”，打开“创建新工程”对话框，如图 1.2.7 所示，设置 PLC 的系列和类型，程序类型、标签设定、生成和程序名同名的软元件内存数据，选中“设置工程名”复选框，如图 1.2.8 所示，设置完成，单击“确定”按钮，创建的工程如图 1.2.9 所示，编程界面介绍如表 1.2.5 所示。

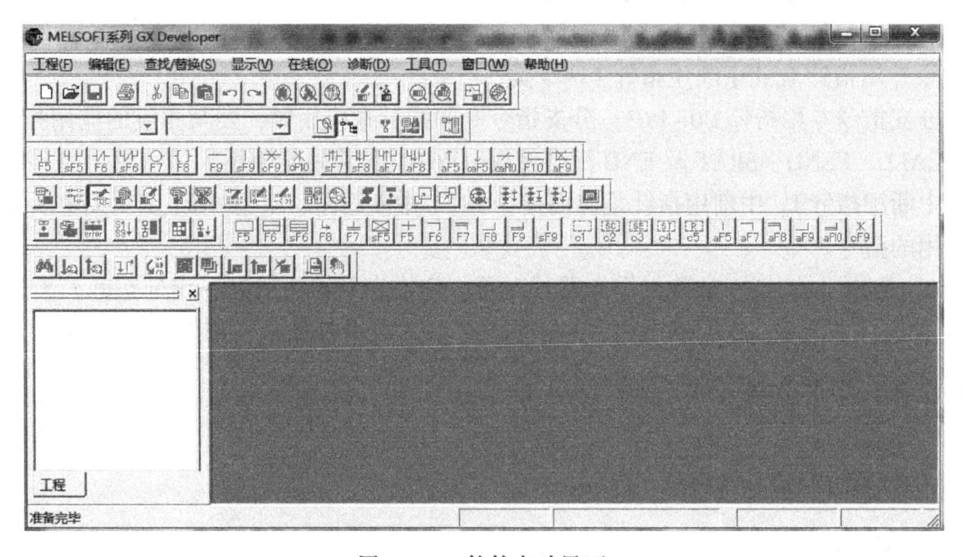

图 1.2.6　软件启动界面

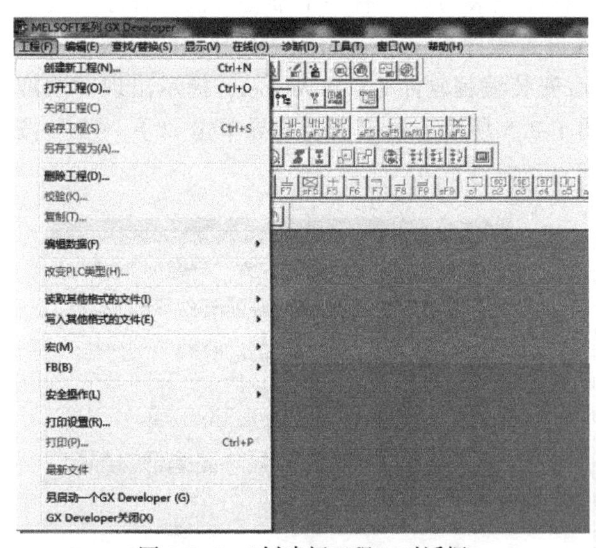

图 1.2.7　“创建新工程”对话框

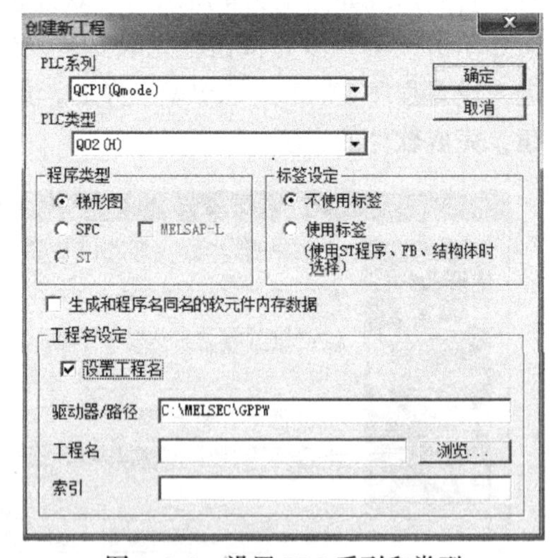

图 1.2.8　设置 PLC 系列和类型

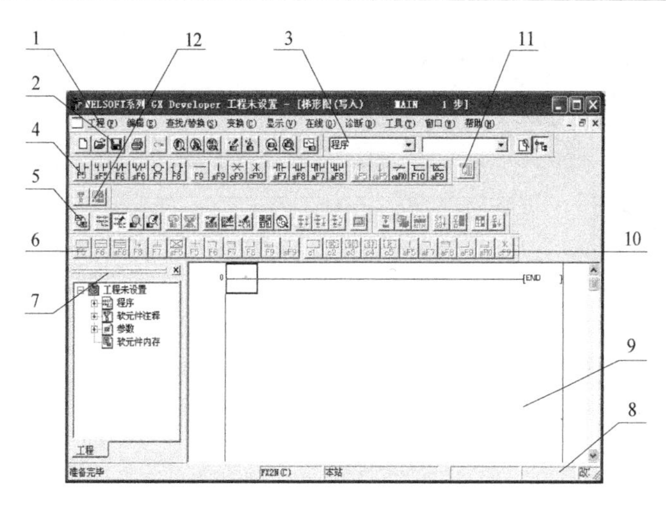

图 1.2.9　示例工程 1

表 1.2.5　编程界面简介

序号	名　称	内容
1	下拉菜单	包含工程、编辑、查找/替换、交换、显示、在线、诊断、工具、窗口、帮助，共 10 个菜单
2	标准工具条	由工程菜单、编辑菜单、查找/替换菜单、在线菜单、工具菜单中常用的功能组成
3	数据切换工具条	可在程序菜单、参数、注释、编程元件内存这 4 个项目中切换
4	梯形图标记工具条	包含梯形图编辑所需要使用的常开触点、常闭触点、应用指令等内容
5	程序工具条	可进行梯形图模式，指令表模式的转换；进行读出模式、写入模式、监视模式、监视写入模式的转换
6	SFC 工具条	可对 SFC 程序进行块变换、块信息设置、排序、块监视操作
7	工程参数列表	显示程序、编程元件注释、参数、编程元件内存等内容，可实现这些项目的数据的设定
8	状态栏	提示当前的操作：显示 PLC 类型以及当前操作状态等
9	操作编辑区	完成程序的编辑、修改、监控等的区域
10	SFC 符号工具条	包含 SFC 程序编辑所需要使用的步、块启动步、选择合并、平行等功能键
11	编程元件内存工具条	进行编程元件的内存的设置
12	注释工具条	可进行注释范围设置或对公共/各程序的注释进行设置

（2）输入用户程序和程序的变换。在操作编辑区根据任务要求编辑程序，用鼠标单击编辑区，再单击“梯形图标记”工具条中的“指令符号”，F5 sF5 F6 sF6 F7 F8 F9 sF9 cF9 cF10 sF7 sF8 aF7 aF8 aF5 caF5 caF10 F10 aF9 或者按 Enter 键，会出现指令选择界面，根据要求选择指令及正确的指令名称如图 1.1.15 所示，单击“确定”按钮完成指令输入，依此方法输入其他指令。执行程序变换则单击工具条中的“程序变换/编译”按钮，或执行菜单命令“变换”→“变换”，系统首先对用户程序进行语法检查，如果没有错误，将用户程序转换为可以下载的代码格式。变换成功后梯形图中灰色的背景消失如图 1.2.11 所示。

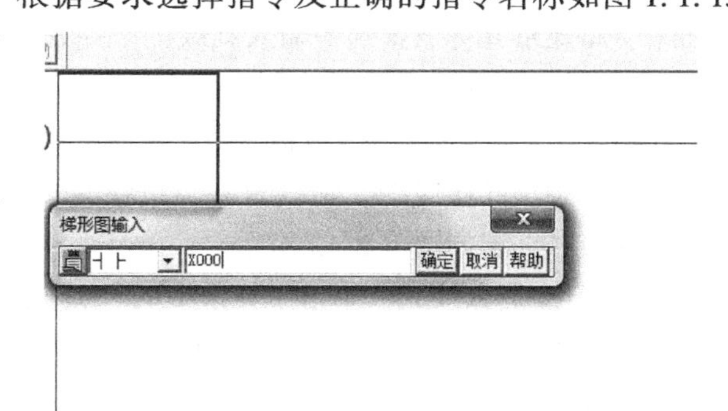

图 1.2.10　程序编辑

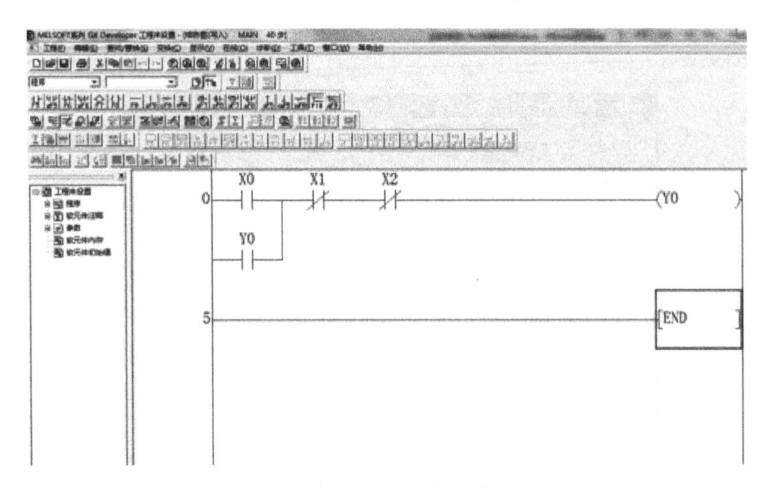

图 1.2.11　程序变换

单击工具条中的“程序批量变换/编译”按钮，可批量变换所有的程序。

如果要删除线圈，可以执行“变换”命令，出现提示错误信息的对话框如图 1.2.12 所示。

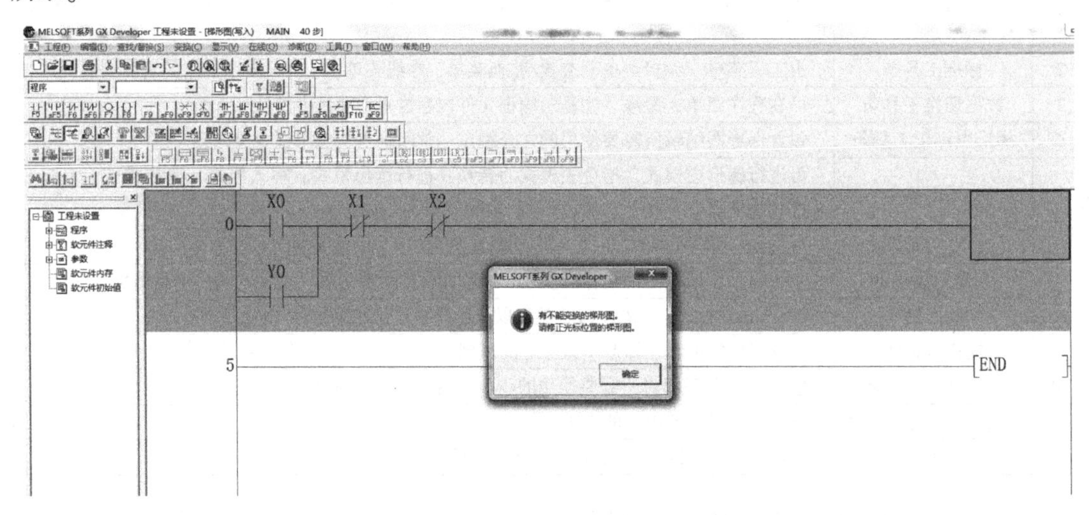

图 1.2.12　编译出错

(3) 与串联电路并联的触点的画法和分支电路的画法。单击工具条中的“画线输入”按钮，将矩形光标放置到要输入画线的起始位置，按住鼠标左键，移动鼠标，在梯形图上画出一条折线。串联电路并联的触点的画法，使用“画线输入”按钮将并联部分连接上，如图 1.2.12 所示，按住鼠标左键，从 Y0 常开触点的尾端拖动到 X0 常开触点的末端。分支电路的画法同样使用“画线输入”按钮，按住鼠标左键，往下拖动与 X4 的常开触点首端连接在一起如图 1.2.13 所示。

(4) 读出/写入模式。单击工具条中的“读入/写入”按钮，切换这两种模式。读出模式可用于查找软元件。写入模式可用于修改梯形图。

(5) 改写/插入模式。在写入模式（按〈Insert〉键）下，状态栏将交替显示“改写”和“插入”。

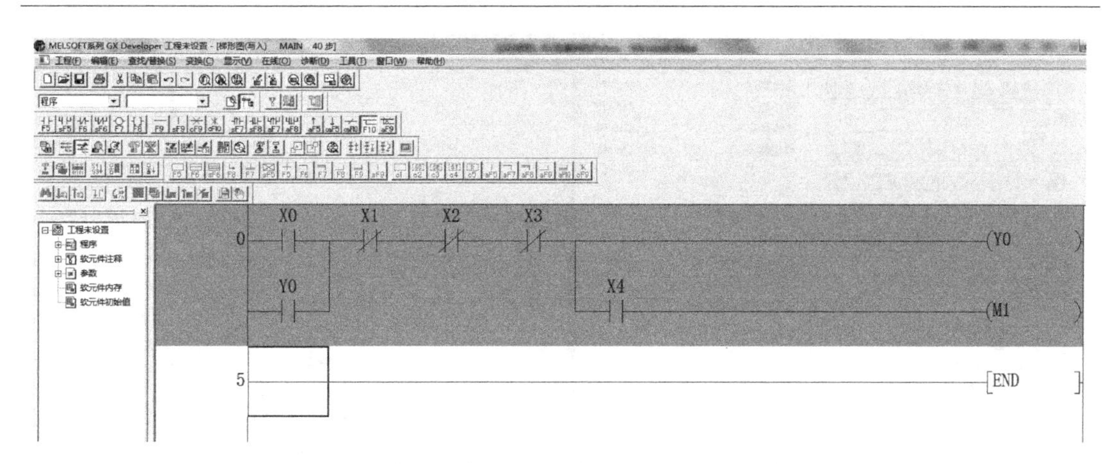

图 1.2.13　串联电路并联的触点的画法和分支电路的画法

(6) 剪贴板的使用。在写入模式的梯形图中，按住鼠标左键移动鼠标，可以选中一个长方形区域。在最左边的步序号区按住鼠标左键，上下移动鼠标，可以选中一个或多个电路，如图 1.2.14 所示。

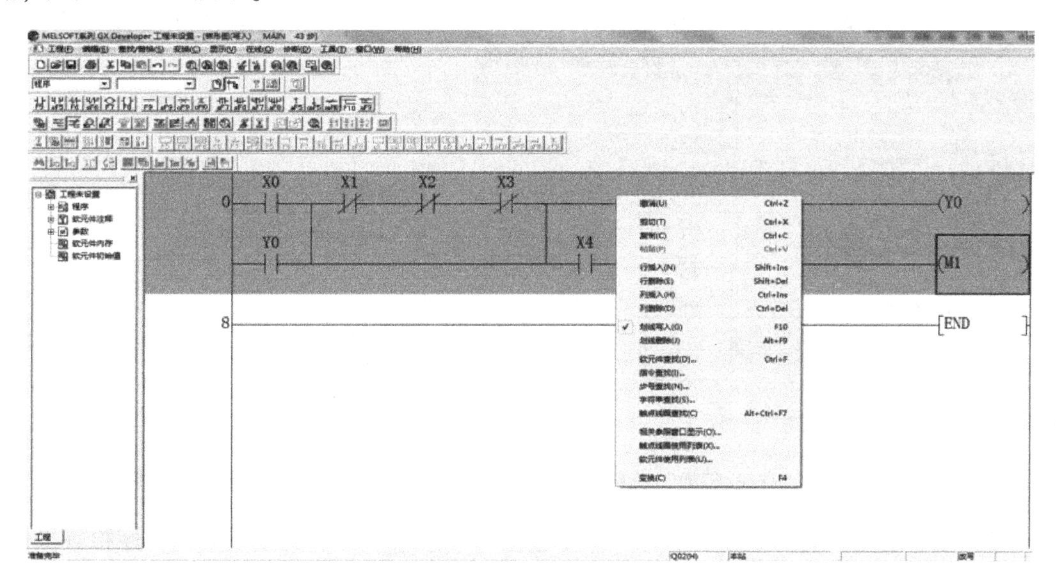

图 1.2.14　剪贴板的使用

可以用删除键删除选中的部分，或用剪贴板功能复制和剪切选中的部分，将它粘贴到其他地方或同时打开的其他项目。

(7) 程序区的放大/缩小。执行菜单命令“显示”→“放大/缩小”如图 1.2.15 所示，可以设置显示的倍率如图 1.2.16 所示。也可以用工具条中的按钮可以改变显示倍率。如果选中“自动倍率”，将根据程序区的宽度自动确定倍率。

(8) 查找与替换功能。在读出模式，可以用“查找/替换”菜单中的命令如图 1.2.17 所示，或在工具栏中单击“软元件查找”按钮，出现软元件的查找界面如图 1.2.18 所示，查找软元件、指令、步序号、字符串、触点/线圈和注释。

在写入模式执行菜单“查找/替换”中的命令，可以完成各种替换操作。

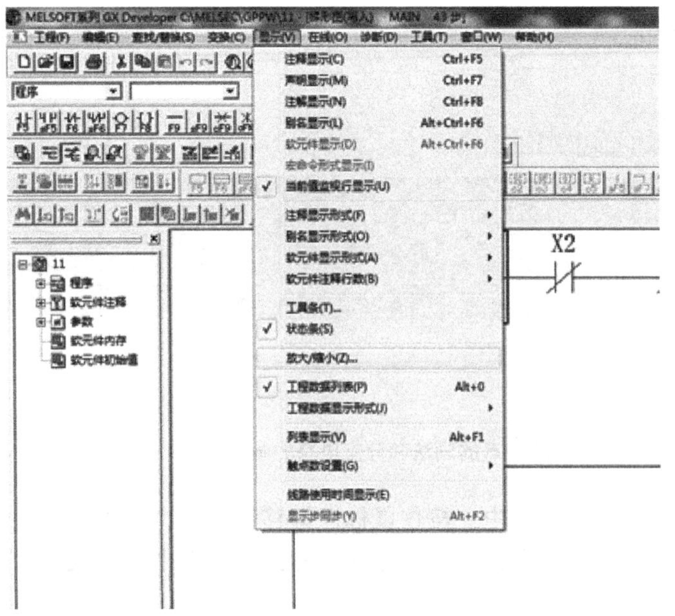

图 1.2.15　显示放大/缩小

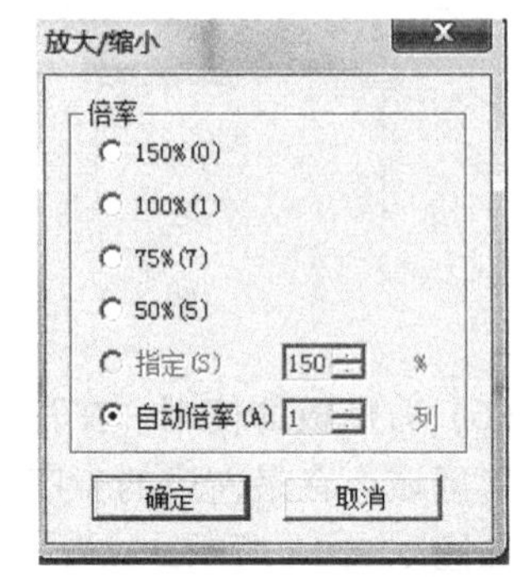

图 1.2.16　放大/缩小设置

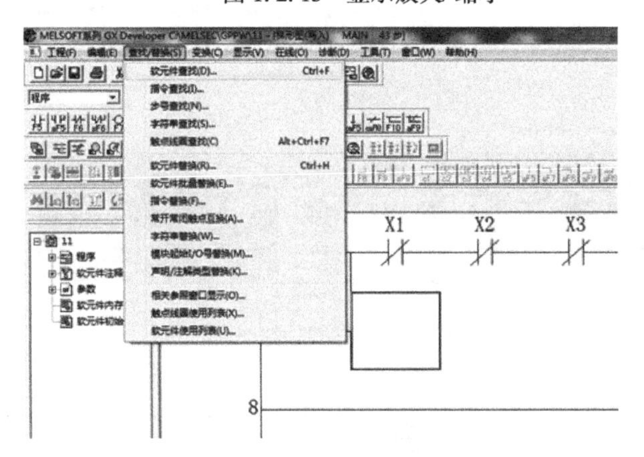

图 1.2.17　“查找/替换”菜单

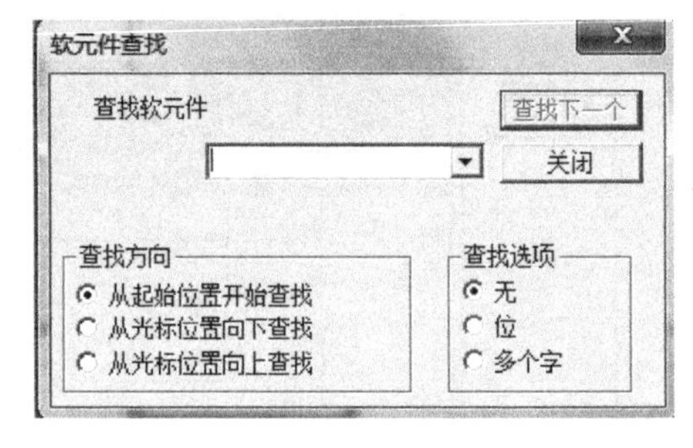

图 1.2.18　“软元件查找”对话框

(9) 程序检查。单击工具条中的“程序检查”按钮，可以完成设置的程序检查操作。

3) 生成与显示注释、声明和注解

(1) 生成和显示软元件注释。

- 生成软元件注释。双击软件左边窗口的“软元件注释”文件夹中的“COMMENT”(注释) 如图 1.2.19 所示，右边出现输入继电器注释视图，输入 X0、X1 和 Y0 的注释。

在写入模式单击工具条中的“注释编辑”按钮，进入注释编辑模式。双击梯形图中的某个触点或线圈，可以用出现的“注释输入”对话框输入注释或修改已有的注释。

- 显示软元件注释。打开程序，执行菜单命令“显示”→“注释显示”，可以显示或关闭梯形图中软元件下面的注释，如图 1.2.20 所示。

(2) 设置注释的显示方式。执行菜单命令“显示”→“注释显示形式”，可以设置注释的显示形式。

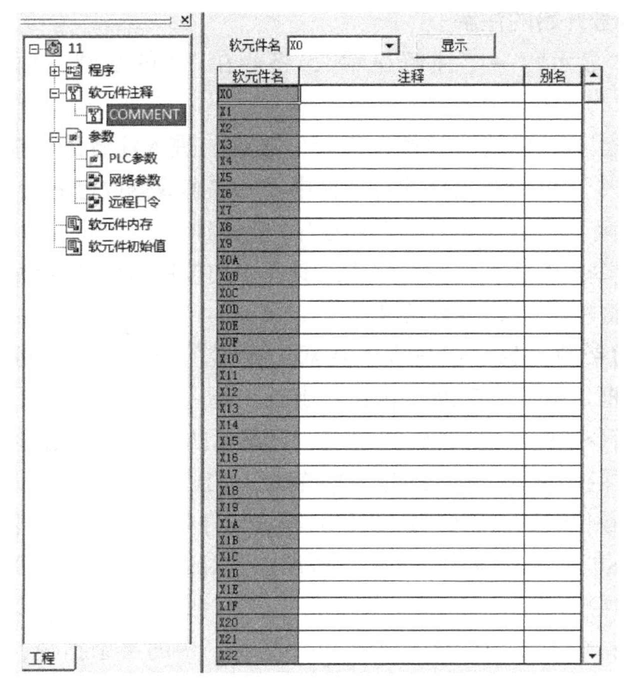

图 1.2.19　软元件的注释

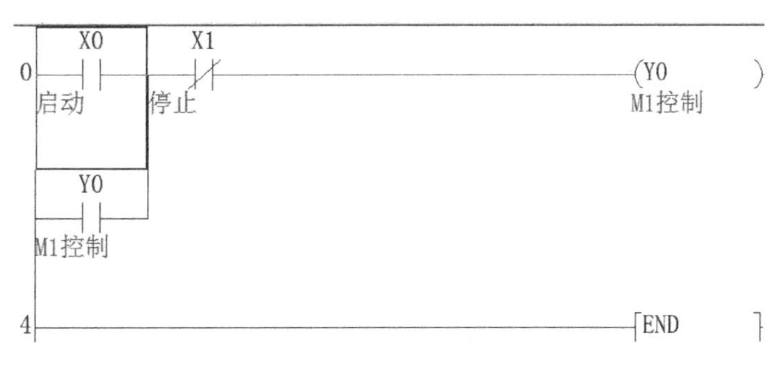

图 1.2.20　注释显示

执行菜单命令“显示”→“软元件注释行数”，可选 1~4 行。建议设置显示格式为 4×8 和一行，最多显示 8 个字符或 4 个汉字。

执行菜单命令“显示”→“当前值监视行显示”，建议将“显示方式”设为“仅在监视时显示”。在 RUN 模式单击工具条中的“监视模式”按钮，将会在应用指令的操作数和定时器、计数器的线圈下面的“当前值监视行”显示监视值。

(3) 生成和显示声明。双击步序号所在处，用出现的“梯形图输入”对话框输入声明。声明必须以英文的分号开始。

执行菜单命令“显示”→“声明显示”，将会在电路上面显示或关闭输入的声明。在写入模式单击工具条中的“声明编辑”按钮，进入或退出声明编辑模式。双击梯形图中的某个步序号或某块电路，可以用出现的对话框输入声明或修改已有的声明。

双击显示出的声明，可以用出现的对话框编辑它，也可以删除选中的声明。

(4) 生成和显示注解。双击 Y0 的线圈，在出现的“梯形图输入”对话框的 Y000 的后面，输入以英文的分号开始的注解。

执行菜单命令“显示”→“注解显示”，将会在 Y0 的线圈上面显示或关闭输入的注解。

在写入模式单击工具条中的“注解项编辑”按钮，进入注解编辑模式。双击梯形图中的某个线圈或输出指令，可以在出现的对话框中输入注解或修改已有的注解。

双击显示出的注解，可以在出现的对话框中进行编辑注解，也可以删除选中的注解。

（5）梯形图与指令表的相互切换。单击工具条中的按钮可以切换梯形图和指令表显示。

4）指令的帮助信息与 PLC 参数设置

（1）特定指令的帮助信息。在写入模式双击梯形图中的某条指令，会出现该指令的“梯形图输入”对话框。单击“帮助”按钮，出现“指令帮助”对话框。单击“详细”按钮，出现“详细的指令帮助”对话框。“说明”区显示的是指令功能的详细说明。“可以使用的软元件”列表中的“S”行表示的是源操作数，“D”行表示的是目标操作数。“数据型”列的 BIN16 是 16 位的二进制整数，X、Y 等软元件列中的“ * ”表示可以使用对应的软元件，“-”表示不能使用对应的软元件，可以在该对话框中输入指令的操作数。

（2）任意指令的帮助信息。打开“指令帮助”对话框中的“指令选择”选项卡。用“类型一览表”选择指令的类型，双击“指令一览表”中的某条指令，打开该指令“详细的指令帮助”对话框。

（3）PLC 参数设置。双击左边工程数据列表的参数文件夹中的“PLC 参数”，打开“Q 参数设置”对话框，如图 1.2.21 所示，可以设置 PLC 的参数。

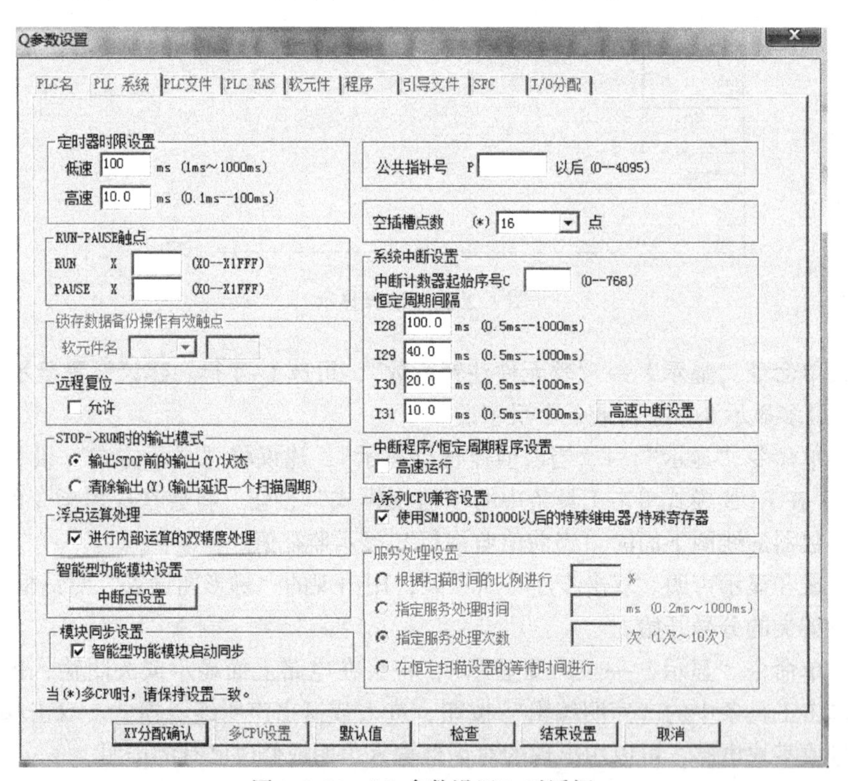

图 1.2.21　“Q 参数设置”对话框

5）程序的下载与上载

可以使用型号为 USB-SC-09 或 FX-USB-AW 的编程电缆，来连接计算机的 USB 接口和 FX 系列的 RS-422 编程接口。

（1）安装 USB-SC-09 的驱动程序。将 USB-SC-09 电缆插入计算机的 USB 接口，自动打开“找到新的硬件向导”。选中“从列表或指定位置安装（高级）”单选按钮。

单击“下一步”按钮，然后单击打开的对话框中的“浏览”按钮，选中驱动程序的文件夹“\USB-SC-09 驱动\驱动\98ME_2kXP”，安装驱动程序。安装结束后，出现的对话框中显示“该向导已经完成了下列设备的软件安装：Prolific USB-to-Serial Bridge”。

（2）设置通信参数。用通信电缆连接计算机的 USB 接口和 PLC 的编程接口。用 GX Developer 打开一个项目，执行“在线”菜单中的“传输设置”命令，双击出现的“传输设置”对话框中的“串行 USB”图标，在弹出的“PC I/F 串口详细设置”对话框中设置通信端口（COM 端口）和波特率，如图 1.2.22 所示。

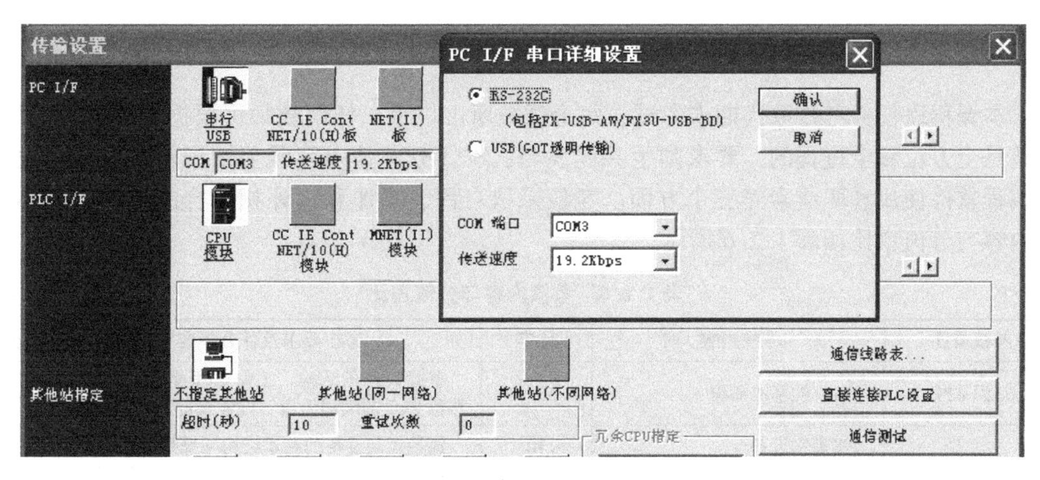

图 1.2.22　通信参数设置

（3）下载程序到 PLC。单击工具条中的“PLC 写入”按钮，或执行菜单命令“在线”→“PLC 写入”，如图 1.2.23 所示，在出现的“PLC 写入”对话框中选中 MAIN（主程序）和其他要下载的对象。单击“执行”按钮，再单击“是”按钮，将程序写入 PLC。

（4）用软件切换 PLC 的运行模式。执行菜单命令“在线”→“远程操作”如图 1.2.23 所示，打开“远程操作”对话框。在“操作”选择框中设置 STOP/RUN 模式，然后单击“执行”按钮。

（5）读取 PLC 中的程序。单击工具条中的“PLC 读取”按钮，或执行菜单命令“在线”→“PLC 读取”，如图 1.2.23 所示，打开“PLC 读取”对话框。选中要读取的对象，单击“执行”按钮，读取 PLC 中的程序。

6）梯形图与指令显示切换

单击“显示”→“列表显示”，将显示方式切换成指令显示，或者单击工具栏中的“梯形图/指令表切换”按钮，切换显示梯形图与指令表，如图 1.2.24 所示。

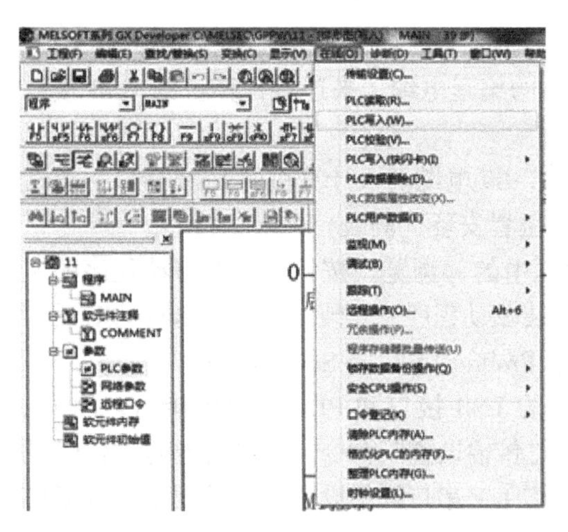

图 1.2.23　PLC 的写入

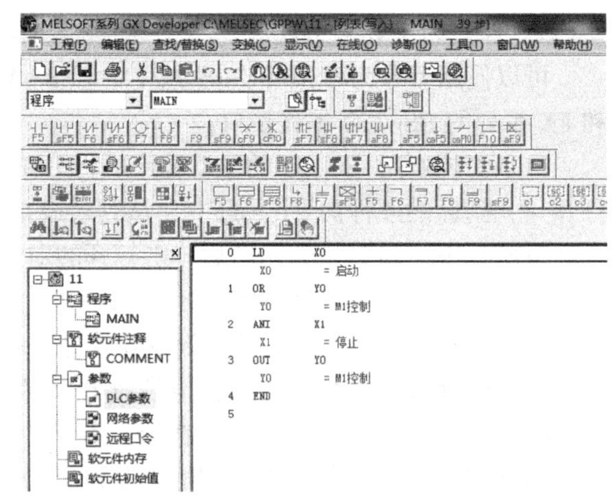

图 1.2.24　梯形图与指令显示切换

1.2.4　考核标准

本课程以任务考核取代期末考试，每个任务所占权重，任何教师可根据情况进行分配。考核是全方位和全过程的，要求师生共同参与；本任务考核内容涵盖知识掌握、编程设备与编程软件使用和职业素养三个方面。考核采取自评、互评和师评相结合的方法，具体考核内容与分值占比如表 1.2.6 所示。

表 1.2.6　考核内容与分值占比

考核项目	考核内容	分值	考核要求及评分标准	得分
知识掌握	PLC 的基本知识	60	掌握 PLC 的结构、工作原理及编程元件，熟悉 PLC 的编程语言、性能指标及特点	
编程设备与编程软件使用	实训室设备	10	熟悉实训设备的基本结构与操作方法	
	系统接线	5	根据教材中提供的梯形图程序，会连接输入、输出线和电源线，且操作规范	
	用编程软件编写梯形图程序并下载到 PLC	5	熟练操作编程软件，会输入梯形图程序，会下载程序到 PLC	
	运行调试程序	10	会通电运行，会观察运行结果	
职业素养	6S 规范	10	正确使用设备，具有安全用电意识，操作者符合规范要求 操作过程中无不文明行为，具有良好的职业操守 作业完成后清理、清扫工作现场	

1.2.5　拓展与提高

1. 开关量输入电路

图 1.2.25 所示中的外接触点接通或传感器的 NPN 型输出晶体管饱和导通时，电流使光耦合器中的发光二极管发光，光敏三极管饱和导通，CPU 在输入阶段读入的是二进制数 1；外接触点断开或传感器的输出晶体管处于截止状态时，光耦合器中的发光二极管熄灭，光

敏三极管截止，CPU 读入的是二进制数 0。

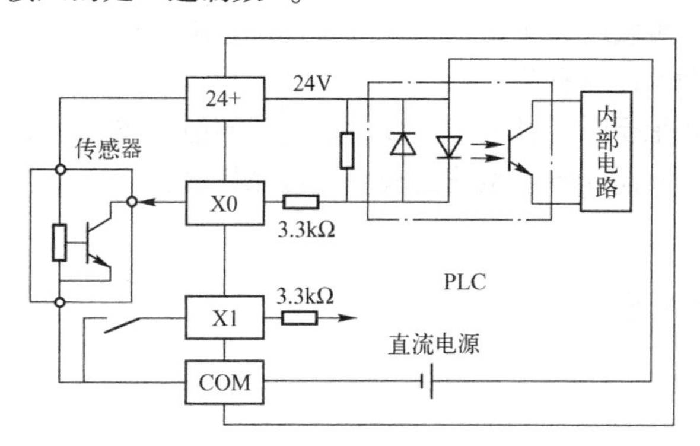

图 1.2.25　直流输入电路示意图

图 1.2.26 中的外接触点接通时，电流经反并联的两个发光二极管和阻容元件形成通路，光敏三极管饱和导通，CPU 读入的是二进制数 1；反之读入的是二进制数 0。

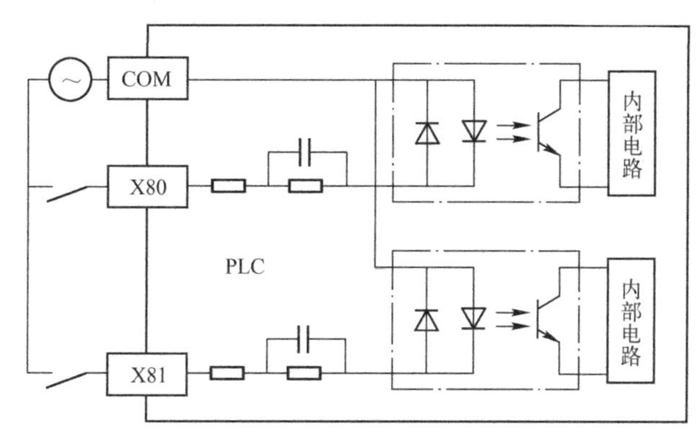

图 1.2.26　交流输入电路示意图

基本单元的 X0～X17 有内置的数字滤波器，X20 开始的输入继电器的 RC 滤波电路的延迟时间固定为 10ms。

2. 开关量输出电路

将输出点分为若干组，每一组各输出点的公共点名称为 COM1、COM2 等，各组可以使用不同类型的电源。

继电器输出电路可以驱动交流负载和直流负载。负载电源由外部现场提供。梯形图中输出继电器的线圈“通电”时，硬件继电器的线圈通电，它的常开触点闭合，外部负载得电工作。继电器同时起隔离和功率放大作用，每一路只提供一对常开触点。

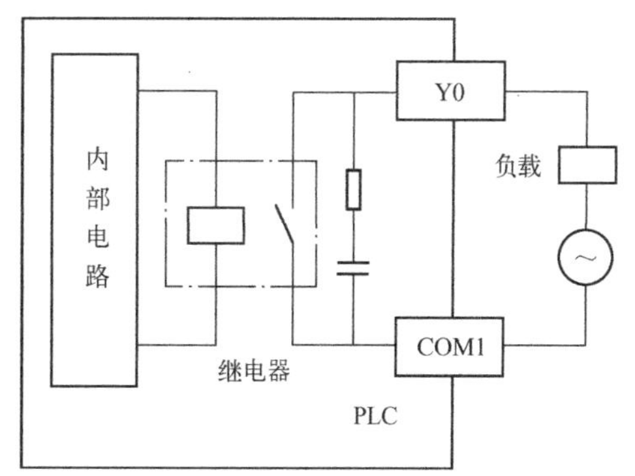

图 1.2.27　继电器输出电路

图 1.2.27 所示的是晶体管继电器输出电路，各组的公共点接外部直流电源的负极。输出信号送给内部电路中的输出锁存器，再经光

电耦合器送给输出晶体管，后者的饱和导通状态与截止状态相当于触点的接通和断开。

FX_{3U}还有用于交流负载的双向晶闸管输出电路，它用光电晶闸管实现隔离。输出点的输出电流额定值与负载的性质有关。

继电器型输出模块承受瞬时过电压和瞬时过电流的能力较强，动作速度较慢，触点寿命有限制。晶体管型与双向晶闸管型输出模块的可靠性高，反应速度快，寿命长，过载能力稍差。

1.2.6 思考与练习

1. 填空题

（1）可编程控制器内部有许多具有不同功能的器件，实际上这些器件是由电子电路和储存器组成的，为了把它们和通常的硬件区分开来，通常把这些器件称为________，并非实际的__________。

（2）输入继电器（X）与 PLC 的输入端相连，是 PLC 接收________的接口。

2. 问答题

FX_{3U}PLC 有哪些软元件？与实际物理器件有何区别？

项目 2　PLC 的编程元件和基本逻辑指令

任务 2.1　连接驱动指令及其应用

2.1.1　任务引入与分析

可编程控制器内部有许多具有一定功能的器件，这些器件一般是由不同的电子电路构成的，它们具有继电器的功能，习惯上也称为继电器，但它们是无实际触点的继电器，称为“元件”。这些元件都有无数的动合触点和动断触点。PLC 的指令一般都是针对其内部的某一个元件状态而言的，这些元件的功能是相互独立的，按每种元件的功能给出一个名称并用一个字母来表示。

FX 系列 PLC 中的主要元件表示如下：X 表示输入继电器，Y 表示输出继电器，T 表示定时器，C 表示计数器，M 表示辅助继电器，S 表示状态元件，D、V、Z 表示数据寄存器。为了编程方便，还必须给每个元件进行一定的编号，只有输入继电器、输出继电器采用八进制数编码，其他的继电器均采用十进制数编码。在编制用户程序时，必须按规定元件的功能及编号进行编制。

2.1.2　基础知识

1. 输入继电器

FX 系列 PLC 的输入继电器用 X 表示，采用八进制数编号，平排的尾数只有 0~7，在其编号中没有“8”“9”这样的数字。输入继电器是 PLC 接收外部输入开关量信号的窗口，PLC 通过光电耦合器，将外部信号的状态读入并存储在输入映像寄存器内，外部输入电路接通时对应的映像寄存器为 ON（1 状态）。每个输入继电器为内部控制电路提供编程用的无数对动合、动断触点，输入继电器只能由外部信号驱动。表 2.1.1 给出了 FX_{2N} 系列 PLC 输入继电器元件号。

表 2.1.1　FX_{2N} 系列 PLC 输入继电器元件号

型号	FX_{2N}-16M	FX_{2N}-32M	FX_{2N}-48M	FX_{2N}-64M	FX_{2N}-80M	FX_{2N}-128M	扩展时
输入	X0~X7 8 点	X0~X17 16 点	X0~X27 24 点	X0~X37 32 点	X0~X47 40 点	X0~X77 64 点	X0~X267 184 点

2. 输出继电器

FX 系列 PLC 的输出继电器是 PLC 向外部负载发送信号的窗口（采用八进制数编号）。输出继电器的线圈只能由程序驱动，每个输出继电器为内部控制电路提供编程用的无数对动合、动断触点，还为输出电路提供一个动合触点与输出接线端连接，以驱动外部负载。表 2.1.2 给出了 FX_{2N}系列 PLC 输出继电器元件号。

表 2.1.2 FX_{2N}系列 PLC 输出继电器元件号

型号	FX_{2N}-16M	FX_{2N}-32M	FX_{2N}-48M	FX_{2N}-64M	FX_{2N}-80M	FX_{2N}-128M	扩展时
输出	Y0~Y7 8 点	Y0~Y17 16 点	Y0~Y27 24 点	Y0~Y37 32 点	Y0~Y47 40 点	Y0~Y77 64 点	Y0~Y267 184 点

3. 连接驱动指令

1）取指令 LD

功能： 用于动合触点逻辑运算的开始，将触点接到左母线上。此外，还可用于分支电路的起点。

操作元件： 输入继电器 X，输出继电器 Y，辅助继电器 M，定时器 T，计数器 C，状态器 S 等软元件的触点。

2）取反指令 LDI

功能： 用于动断触点逻辑运算的开始，将触点接到左母线上。此外，还可用于分支电路的起点。

操作元件： 输入继电器 X，输出继电器 Y，辅助继电器 M，定时器 T，计数器 C，状态器 S 等软元件的触点。

3）输出指令 OUT

功能： 线圈驱动指令，通常作为一个逻辑行的结束。

操作元件： 输出继电器 Y，辅助继电器 M，定时器 T，计数器 C，状态器 S 等软元件的线圈。由于输入继电器 X 的通断只能由外部信号驱动，不能用程序指令驱动，所以，OUT 指令不能驱动输入继电器 X 线圈。

注意： OUT 指令可以连续使用多次，相当于线圈的并联。

LD、LDI、OUT 指令的应用如图 2.1.1 所示。

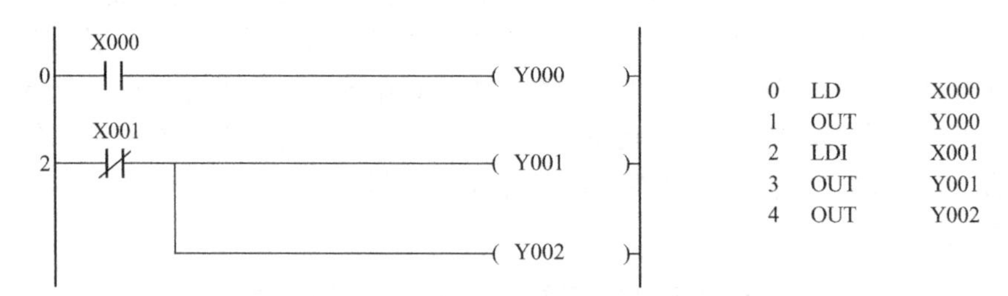

图 2.1.1 连接驱动指令的使用

2.1.3 任务实施

1. 门铃控制

如图 2.1.2 所示为一个门铃控制系统，只有当门铃按钮按下时，门铃才响。

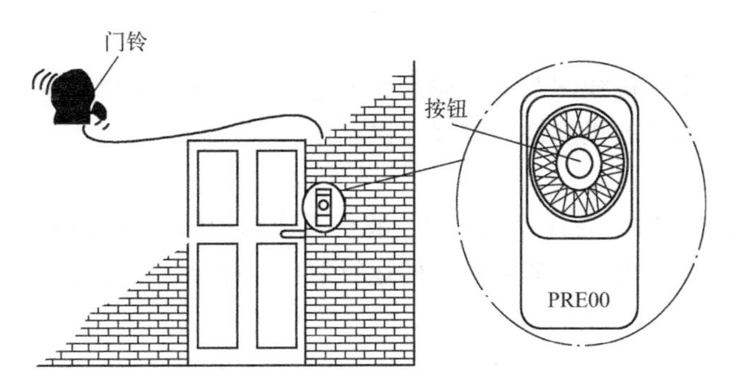

图 2.1.2　门铃控制系统

1) I/O 地址分配

采用端口（I/O）地址分配表来确定输入、输出与实际元件的控制关系，如表 2.1.3 所列。按钮对应输入继电器 X0，门铃对应输出继电器 Y0。

表 2.1.3　门铃控制电路的 I/O 地址分配表

输入（I）			输出（O）		
元件	功能	地址编号	元件	功能	地址编号
按钮	启动	X0	门铃	提醒	Y0

2) 系统接线图

根据 I/O 地址分配表得到门铃控制系统接线图，如图 2.1.3 所示。

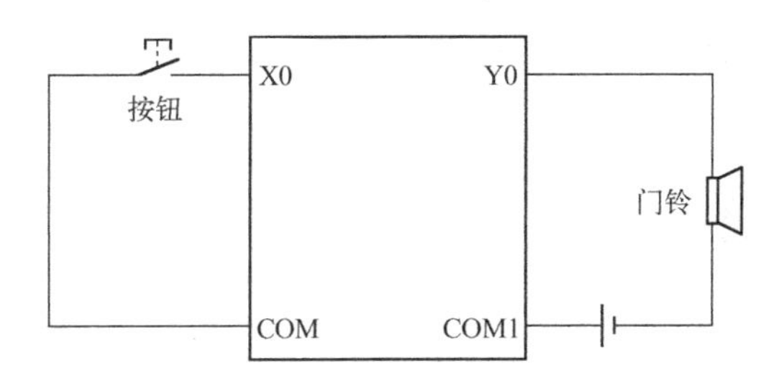

图 2.1.3　门铃控制系统接线图

3) 控制程序

图 2.1.4 所示的控制程序可实现门铃控制系统功能。按下按钮，X0 输入信号，X0 动合触点闭合，Y0 线圈得电，送出电信号，接通电源，门铃发出响声。松开按钮，X0 断开，Y0 线圈失电，切断电源，门铃响声停止。

图 2.1.4　门铃控制梯形图及指令语句表

4) 安装接线

根据接线图，在实物控制配线板上进行元件的安装及线路的连接。

(1) 检查元件。根据任务要求配齐元件，检查元件的规格是否符合要求，并用万用表检测元件是否完好。

(2) 固定元件。

(3) 配线安装。根据接线图及配线原则和工艺要求，进行配线安装。

(4) 自检。检查电路的正确性，确保无误。

5) 运行调试

(1) 程序下载。将 PLC 与计算机连接，将仿真成功的程序写入 PLC 中。

(2) 通电调试。接通电源，监视程序的运行情况，确保功能正常实现。

2. 水池水位控制

如图 2.1.5 所示，一个注水水池的自然状态是浮阀“悬空”。只要进水阀打开，水就流入注满容器，当容器逐渐地注满水时，浮阀的浮标抬起，浮阀发出信号，进水阀关闭，停止注水。要求完成该水池水位控制系统的设计与安装调试。

1) I/O 地址分配

采用端口（I/O）地址分配表来确定输入、输出与实际元件的控制关系，如表 2.1.4 所列。浮阀对应输入继电器 X0，进水阀对应输出继电器 Y0。

表 2.1.4　水池水位控制的 I/O 地址分配表

输入（I）			输出（O）		
元件	功能	地址编号	元件	功能	地址编号
浮阀	检测水位	X0	进水阀	注水通道控制	Y0

2) 系统接线图

根据 I/O 地址分配表得到水池水位控制系统接线图，如图 2.1.6 所示。

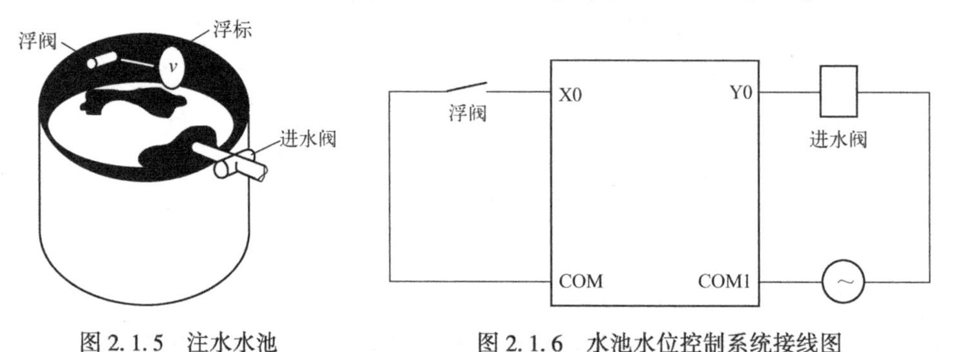

图 2.1.5　注水水池　　图 2.1.6　水池水位控制系统接线图

3) 控制程序

图 2.1.7 所示控制程序可实现水池水位控制系统功能。当浮阀“悬”空无信号时，X0 动断触点闭合，则 Y0 线圈得电，送出电信号，进水阀打开，水注满容器。当容器注满水，浮阀的浮标抬起，浮阀动作输入信号，X0 动断触点断开，Y0 线圈失电，进水阀关闭，停止注水。当水位降低时，浮标下降，浮阀复位，进水阀重新打开。

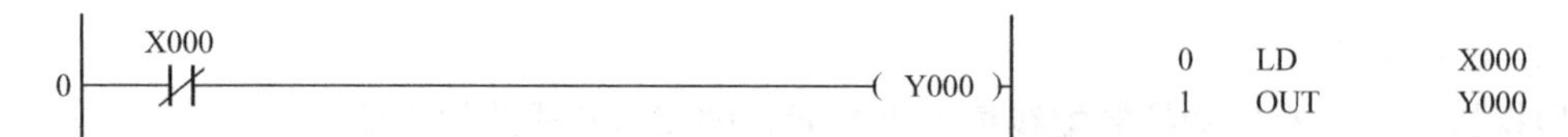

图 2.1.7　水池水位控制梯形图及指令语句表

4）安装接线

根据接线图，在实物控制配线板上进行元件的安装及线路的连接。

(1) 检查元件。根据任务要求配齐元件，检查元件的规格是否符合要求，并用万用表检测元件是否完好。

(2) 固定元件。

(3) 配线安装。根据接线图及配线原则和工艺要求，进行配线安装。

(4) 自检。检查电路的正确性，确保无误。

5）运行调试

(1) 程序下载。将 PLC 与计算机连接，将仿真成功的程序写入 PLC 中。

(2) 通电调试。接通电源，监视程序的运行情况，确保功能正常实现。

2.1.4　考核标准

针对上述门铃控制系统设计与安装调试，制定相应的考核评分细则，如表 2.1.5 所列。

表 2.1.5　考核评分细则

序号	考核内容	配分	评分标准	得分
1	职业素养与操作规范	10	(1) 未按要求着装，扣 2 分 (2) 未清点工具、仪表等，扣 2 分 (3) 操作过程中，工具、仪表随意摆放，乱丢杂物等，扣 2 分 (4) 完成任务后不清理台位，扣 2 分 (5) 出现人员受伤设备损坏事故，任务成绩为 0 分	
2	系统设计	20	(1) 列出 I/O 元件分配表，画出系统接线图，每处错误扣 2 分 (2) 写出控制程序，每处错误扣 2 分 (3) 运行调试步骤，每处错误扣 2 分	
3	安装与接线	20	(1) 安装时未关闭电源开关，用手触摸电器线路或带电进行电路连接或改接，本项成绩为 0 分 (2) 线路布置不整齐、不合理，每处扣 2 分 (3) 损坏元件扣 5 分 (4) 接线不规范造成导线损坏，每根扣 2 分 (5) 不按 I/O 接线图接线，每处扣 2 分	
4	系统调试	30	(1) 不会熟练操作软件输入程序，扣 5 分 (2) 不会进行程序删除、插入、修改等操作，每项扣 2 分 (3) 不会联机下载调试程序，扣 10 分 (4) 调试时造成元件损坏或熔断器熔断，每次扣 5 分	
5	功能实现	20	(1) 不能按控制要求调试系统，扣 5 分 (2) 不能达到系统功能要求，每处扣 5 分	
合计				

注意：

每项内容的扣分不得超过该项的配分。

任务结束前，填写、核实制作和维修记录单并存档。

2.1.5　拓展与提高

1. 梯形图特点

梯形图是一种以图形符号及其在图中的相互关系来表示控制关系的编程语言，是从继电器电路图演变过来的，是使用得最多的 PLC 图形编程语言。梯形图由触点、线圈和功能指令等组成，触点代表逻辑输入条件，如外部的开关、按钮和内部条件等；线圈和功能指令通常代表逻辑输出结果，用来控制外部的负载（如指示灯、交流接触器、电磁阀等）或内部的输出条件。梯形图中的继电器并非物理实体，而是“软继电器”，每个软继电器仅对应 PLC 存储单元中的一位。该位状态为“1”时，对应的继电器线圈接通，其动合触点闭合、动断触点断开；状态为“0”时，对应的继电器线圈不通，其动合、动断触点保持原态。

（1）梯形图是按从上到下的顺序绘制的，两侧的竖线类似于继电器电路图的电源线，通常称为母线（有的时候只画左母线），两母线之间是内部继电器常开、常闭触点以及继电器线圈或功能指令组成的一条条平行的逻辑行（或称梯级），每个逻辑行必须以触点与左母线连接开始，以线圈或功能指令与右母线连接结束。

（2）继电器电路中的左、右母线为电源线，中间各支路都加有电压，当支路接通时，有电流流过支路上的触点与线圈，而梯形图的左、右母线并未加电压，梯形图中的支路接通时，并没有真正的电流流动，只是为了分析方便而假想了一种“电流”，且只能从左向右流动。

（3）梯形图中使用的各种器件（即软元件），如输入继电器、输出继电器、定时器、计数器等，是按照继电器电路图中相应的名称称呼的，并不是真实的器件（即硬件继电器）。梯形图中的每个触点和线圈均与 PLC 存储器中元件映象寄存器的一个存储单元相对应，若该存储单元为“1”则表示动合触点闭合，动断触点断开，线圈得电；若为“0”，则表示动合触点断开，动断触点闭合，线圈失电。

（4）梯形图中输入继电器的状态唯一取决于对应输入电路中输入信号的通断状态，与程序的执行无关，因此，在梯形图中输入继电器不能被程序驱动。

（5）梯形图中辅助继电器相当于继电器电路图中的中间继电器，是用来保存运算的中间结果的，不对外驱动外部负载，外部负载只能由输出继电器来驱动。

（6）梯形图中各软元件的触点既可以是动合触点，又可以是动断触点，并且数量是无限的，也不会损坏，但 PLC 输入、输出继电器的硬触点是有限的，需要合理分配使用。

（7）根据梯形图中各触点的状态和逻辑关系，求出图中各线圈对应的软元件的逻辑状态，称为梯形图的逻辑运算。逻辑运算是按梯形图中从上到下、从左到右的顺序进行的，运算的结果可以马上被后面的逻辑运算所利用。逻辑运算是根据元件映像寄存器中的状态，而不是根据运算瞬时外部输入信号的状态来进行的。

2. 梯形图的编程规则

梯形图作为 PLC 程序设计的一种最常用的编程语言，被广泛应用于工程现场的系统设计。梯形图按行从上至下编写，每一行从左往右顺序编写，PLC 程序执行顺序与梯形图的编写顺序一致。梯形图左、右垂直线称为起始母线、终止母线，每一逻辑行必须从起始母线画起，终止于继电器线圈或终止母线（有些 PLC 终止母线可以省略）。为更好地使用梯形图语言，下面介绍梯形图的一些基本规则。

（1）线圈不能重复使用。在同一个梯形图中，如果同一元件的线圈使用两次或多次，这时前面的输出线圈对外输出无效，只有最后一次的输出线圈有效。所以，程序中一般不出现双线圈输出，所以图 2.1.8（a）所示的梯形图必须改为图 2.1.8（b）所示的梯形图。

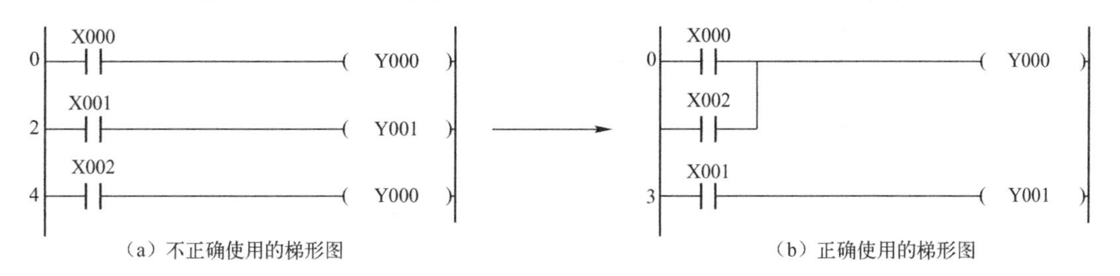

（a）不正确使用的梯形图　　（b）正确使用的梯形图

图 2.1.8　线圈不能重复使用的梯形图

（2）线圈右边无触点。梯形图中每一逻辑行从左至右排列，以触点与左母线的连接开始，以线圈、功能指令与右母线（可允许省略右母线）连接结束，触点不能接在线圈的右边，线圈也不能直接与左母线连接，必须通过触点连接，如图 2.1.9 所示。

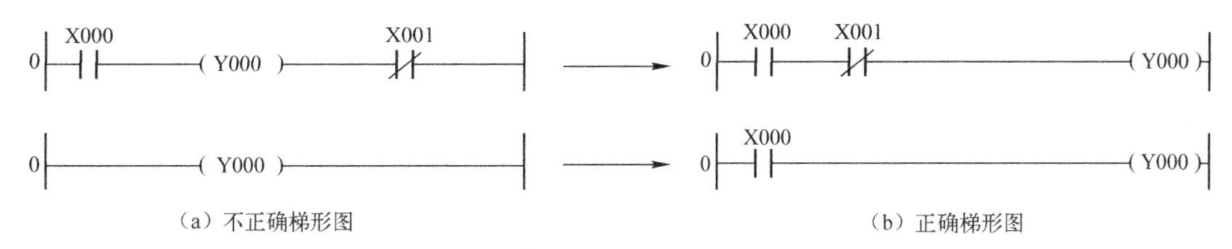

（a）不正确梯形图　　（b）正确梯形图

图 2.1.9　线圈右边无触点的梯形图

（3）触点水平不垂直。触点应画在水平线上，不能画在垂直线上。图 2.1.10（a）所示梯形图中的 X002 触点被画在垂直线上，因此很难正确识别它与其他触点的逻辑关系，应根据其逻辑关系改为如图 2.1.10（b）所示的梯形图。

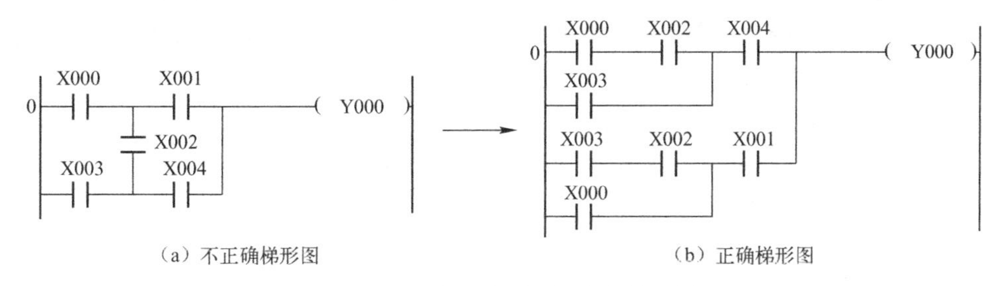

（a）不正确梯形图　　（b）正确梯形图

图 2.1.10　触点水平不垂直的梯形图

（4）左多右少，上多下少。几条支路并联时，串联触点多的应安排在上，如图 2.1.11（a）所示；几条支路串联时，并联触点多的应安排在左边，如图 2.1.11（b）所示，这样可以减少编程指令。

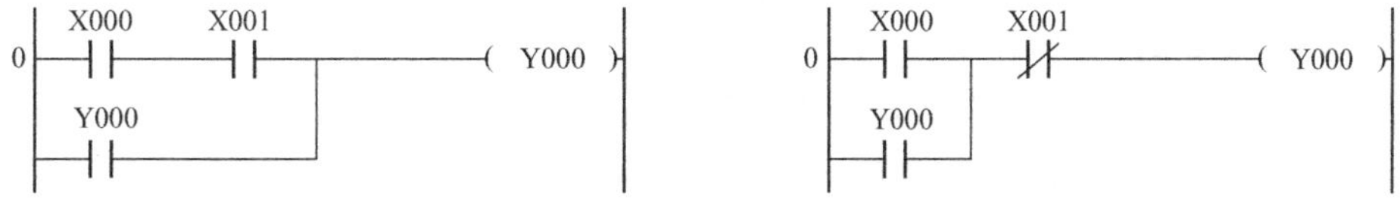

（a）触点串联　　（b）触点并联

图 2.1.11　触点串联、并联的梯形图

（5）多个线圈可并联输出，两个或两个以上的线圈可以并联输出，但不能串联输出，如图 2. 1. 12 所示。

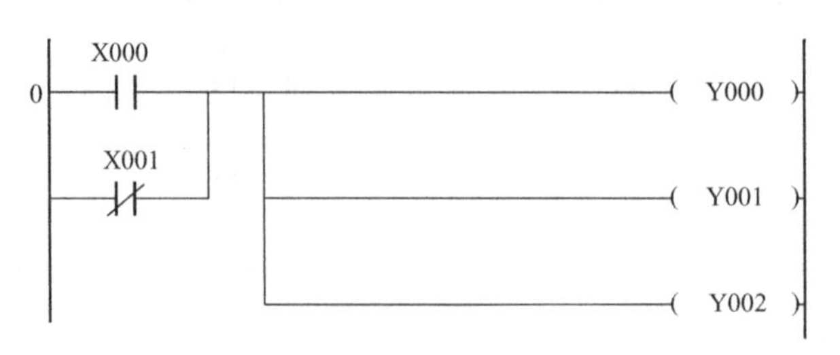

图 2. 1. 12　多个线圈并联输出的梯形图

2. 1. 6　思考与练习

1. 填空题

（1）在 FX 系列 PLC 中主要元件表示如下：X 表示__________，Y 表示__________，T 表示__________，C 表示__________，M 表示__________，S 表示__________、D、V、Z 表示__________。

（2）PLC 通过__________，将外部信号的状态读入并存储在输入映像寄存器内。

（3）PLC 的输入/输出继电器采用__________进制进行编号，其他所有软元件均采用__________进制进行编号。

（4）PLC 的输出指令 OUT 是对继电器的__________进行驱动的指令，但它不能用于__________。

（5）PLC 编程元件的使用主要体现在__________程序中。一般可以认为编程元件与继电接触器元件类似，具有线圈和常开常闭触点。而且触点的状态随着线圈的状态而变化，即当线圈被选中（得电）时，__________触点闭合，__________触点断开，当线圈失去选中条件（断电）时，__________触点闭合，__________触点断开。和继电接触器器件不同的是，作为计算机的存储单元，从实质上说，某个元件被选中，只是代表这个元件的存储单元置__________，失去选中条件只是代表这个元件的存储单元置__________。由于元件只不过是存储单元，可以无限次地访问，PLC 的编程元件可以有__________个触点。

（6）PLC 输入方式有两种类型：一种是__________，另一种是__________。

2. 判断题

（1）OUT 指令是驱动线圈指令，用于驱动各种继电器。（　　）

（2）PLC 的内部继电器线圈不能作为输出控制，它们只是一些逻辑控制用的中间存储状态寄存器。（　　）

（3）PLC 的所有继电器全部采用十进制数编号。（　　）

（4）编程时，程序应按自上而下，从左到右的方式编制。（　　）

（5）无论外部输入信号如何变化，输入映像寄存器的内容保持不变，直到下一个扫描周期的采样阶段，才重新写入输入端的新内容。（　　）

3. 选择题

(1) 在编程时，PLC 的内部触点（　　）。

A. 可作常开使用，但只能使用一次　　B. 可作常闭使用，但只能使用一次

C. 可作常开和常闭反复使用，无限制　　D. 只能使用一次

(2) 在梯形图中同一编号的（　　）在一个程序段中不能重复使用。

A. 输入继电器　　B. 定时器

C. 输出线圈　　D. 计时器

(3) 在输出扫描阶段，将（　　）寄存器中的内容复制到输出接线端子上。

A. 输入映像　　B. 输出映像

C. 变量存储器　　D. 内部存储器

(4) 梯形图程序执行的顺序是（　　）。

A. 从左到右，从上到下　　B. 从右到左，从上到下

C. 从右到左，从下到上　　D. 不分顺序同时执行

(5) PLC 一般采用（　　）与现场输入信号相连。

A. 光电耦合器　　B. 可控硅电路

C. 晶体管电路　　D. 继电器

任务 2.2　串/并联指令及其应用

2.2.1　任务引入与分析

工业电气控制系统，如果采用传统的实际配线法将多个按钮和接触器用电线连接起来，需先在图上将所有串、并联点编号，统计出两地之间需用哪几号线，再将已做好记号的引线穿入电线管，然后根据原理图再接线。这种方法虽然不难理解，但对大多数的工人，因他们实际上很少亲自配线，若电路图的复杂度增加，要使连线完全正确，必须非常仔细。

如果使用可编程控制器，不管多复杂的控制系统，不管按钮的连接方式是串联还是并联，不管按钮的连接位置在哪，其接线方法完全一样，那些复杂的控制过程，全部交给可编程控制器的内部程序进行处理。

2.2.2　基础知识

1. 辅助继电器

PLC 内部有很多的辅助继电器，其作用相当于继电-接触器控制电路中的中间继电器，其线圈与输出继电器一样，由 PLC 内各软元件的触点驱动。每个辅助继电器有无线对动合、动断触点，但辅助继电器的触点仅供内部编程使用，不能直接驱动外部负载。辅助继电器按照功能可分为以下三类。

(1) 通用型辅助继电器（M0～M499）：相当于中间继电器，用于存储运算中间的临时

数据，它与外部没有任何联系，只供内部编程使用，内部动断触点、动合触点的使用次数不受限制。采用十进制数编号。

（2）保持型辅助继电器（M500～M1023）：PLC 运行过程中若突然停电，通用型辅助继电器和输出继电器全部变为断开状态，而保持型辅助继电器在 PLC 停电时，依靠 PLC 后备锂电池供电，保持停电前的状态。

（3）特殊辅助继电器（M8000～M8255）：PLC 厂家提供给用户的具有特定功能的辅助继电器，通常又分为两大类。

① 只能利用触点的特殊辅助继电器：用户只能使用此类特殊辅助继电器触点，其线圈由 PLC 自行驱动。

M8000 为运行监控特殊辅助继电器，当 PLC 运行时 M8000 始终接通。

M8001 为运行监控特殊辅助继电器，当 PLC 运行时 M8000 始终断开。

M8002 为初始脉冲特殊辅助继电器，当 PLC 运行开始瞬间接通一个扫描周期。

M8003 为初始脉冲特殊辅助继电器，当 PLC 运行开始瞬间断开一个扫描周期。

M8011 为产生 10ms 时钟脉冲的特殊辅助继电器。

M8012 为产生 100ms 时钟脉冲的特殊辅助继电器。

M8013 为产生 1s 时钟脉冲的特殊辅助继电器。

M8014 为产生 1min 脉冲的特殊辅助继电器。

② 可驱动线圈的特殊辅助继电器：用户驱动此类特殊辅助继电器的线圈后，由 PLC 做特定动作。

M8033 为 PLC 停止时输出保持特殊辅助继电器。

M8034 为禁止输出特殊辅助继电器。

M8039 为定时扫描特殊辅助继电器。

注意：未定的特殊辅助继电器不可在用户程序中使用，辅助继电器的动合触点与动断触点在 PLC 内部可无限次自由使用。

2. 串联指令

1）与指令 AND

功能：用于一个动合触点的串联连接。

操作元件：输入继电器 X，输出继电器 Y，辅助继电器 M，定时器 T，计数器 C，状态器 S 等软元件的触点。

2）与非指令 ANI

功能：用于一个动断触点的串联连接。

操作元件：输入继电器 X，输出继电器 Y，辅助继电器 M，定时器 T，计数器 C，状态器 S 等软元件的触点。

AND、ANI 指令用于一个触点的串联，但串联触点的数量不限，这两个指令可以多次重复使用。若 OUT 指令之后，再通过触点对其他线圈使用 OUT 指令，称为纵向输出。这种输出情况下，若触点常开应使用 AND 指令，触点常闭使用 ANI 指令，如图 2.2.1 所示。

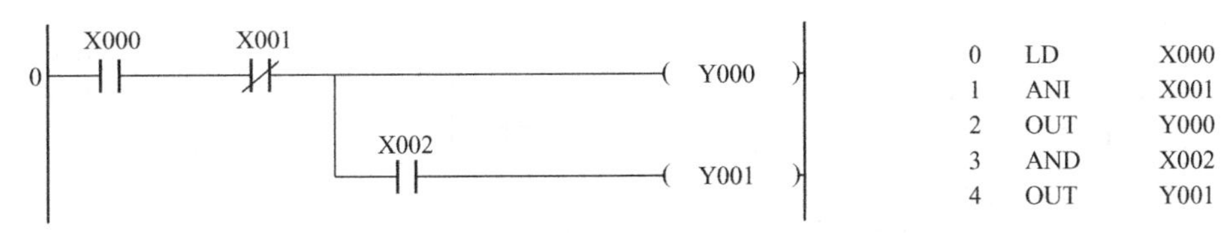

图 2.2.1　串联纵向输出

3. 并联指令

1）或指令 AND

功能：用于一个动合触点的并联连接。

操作元件：输入继电器 X，输出继电器 Y，辅助继电器 M，定时器 T，计数器 C，状态器 S 等软元件的触点。

2）或非指令 ANI

功能：用于一个动断触点的并联连接。

操作元件：输入继电器 X，输出继电器 Y，辅助继电器 M，定时器 T，计数器 C，状态器 S 等软元件的触点。

OR、ORI 指令用于一个触点的并联，但并联触点的数量不限，这两个指令可以多次重复使用。OR、ORI 指令是从该指令的当前步开始，对前面的 LD 或 LDI 指令进行并联的，如图 2.2.2 所示。

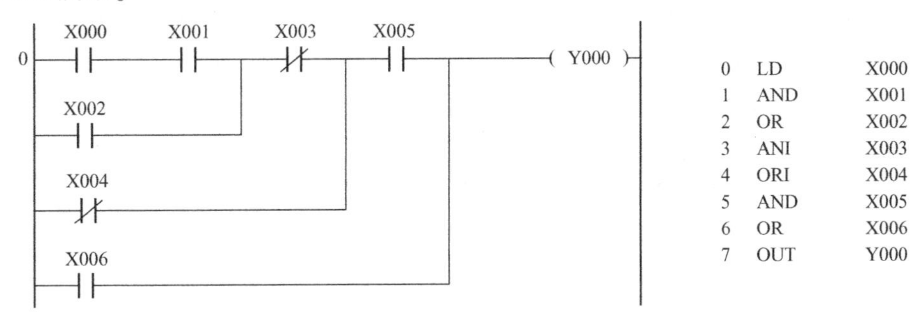

图 2.2.2　并联指令的使用

4. 串、并联块指令

1）与块指令 ANB

功能：用于并联回路块的串联连接。

操作元件：无操作元件。

ANB 指令用于两个或两个以上触点并联的回路块同两个或两个以上触点并联的回路块的串联连接，各回路块的起点使用 LD、LDI 指令，回路块结束后用 ANB 指令连接起来。

ANB 指令可以对每个回路块单独使用，也可以集中使用。多个回路块串联时，如果对每个回路块单独使用 ANB 指令，则串联回路块的个数没有限制。但是，如果将所有要串联的回路块依次写出，然后在这些回路块的末尾集中使用 ANB 指令，那么 ANB 指令的使用次数不得超过 8 次（因为 LD、LDI 指令的重复使用次数限制在 8 次以下）。图 2.2.3 所示的是 ANB 指令的一般使用，图 2.2.4 所示的是 ANB 指令的集中使用。

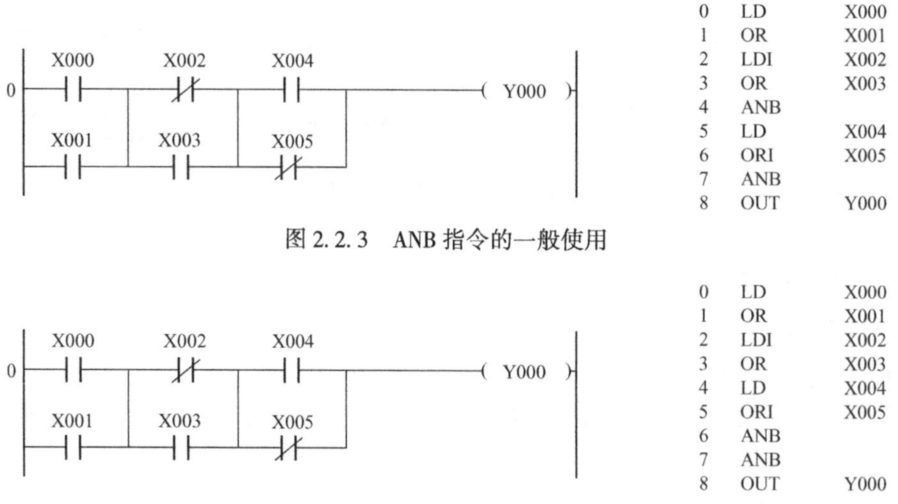

0	LD	X000
1	OR	X001
2	LDI	X002
3	OR	X003
4	ANB	
5	LD	X004
6	ORI	X005
7	ANB	
8	OUT	Y000

图 2.2.3　ANB 指令的一般使用

0	LD	X000
1	OR	X001
2	LDI	X002
3	OR	X003
4	LD	X004
5	ORI	X005
6	ANB	
7	ANB	
8	OUT	Y000

图 2.2.4　ANB 指令的集中使用

2）或块指令 ORB

功能：用于串联回路块的并联连接。

操作元件：无操作元件。

ORB 指令用于两个或两个以上触点串联的回路块同两个或两个以上触点串联的回路块的并联连接，各回路块的起点使用 LD、LDI 指令，回路块结束后用 ORB 指令连接起来。

ORB 指令可以对每个回路块单独使用，也可以集中使用。多个回路块并联时，如果对每个回路块单独使用 ORB 指令，则并联回路块的个数没有限制。但是，如果将所有要并联的回路块依次写出，然后在这些回路块的末尾集中使用 ORB 指令，那么 ORB 指令的使用次数不得超过 8 次（因为 LD、LDI 指令的重复使用次数限制在 8 次以下）。图 2.2.5 所示的是 ORB 指令的一般使用，图 2.2.6 所示的是 ORB 指令的集中使用。

0	LD	X000
1	AND	X001
2	LDI	X002
3	AND	X003
4	LD	X004
5	ANI	X005
6	ORB	
7	ORB	
8	OUT	Y000

图 2.2.5　ORB 指令的一般使用

0	LD	X000
1	AND	X001
2	LDI	X002
3	AND	X003
4	ORB	
5	LD	X004
6	ANI	X005
7	ORB	
8	OUT	Y000

图 2.2.6　ORB 指令的集中使用

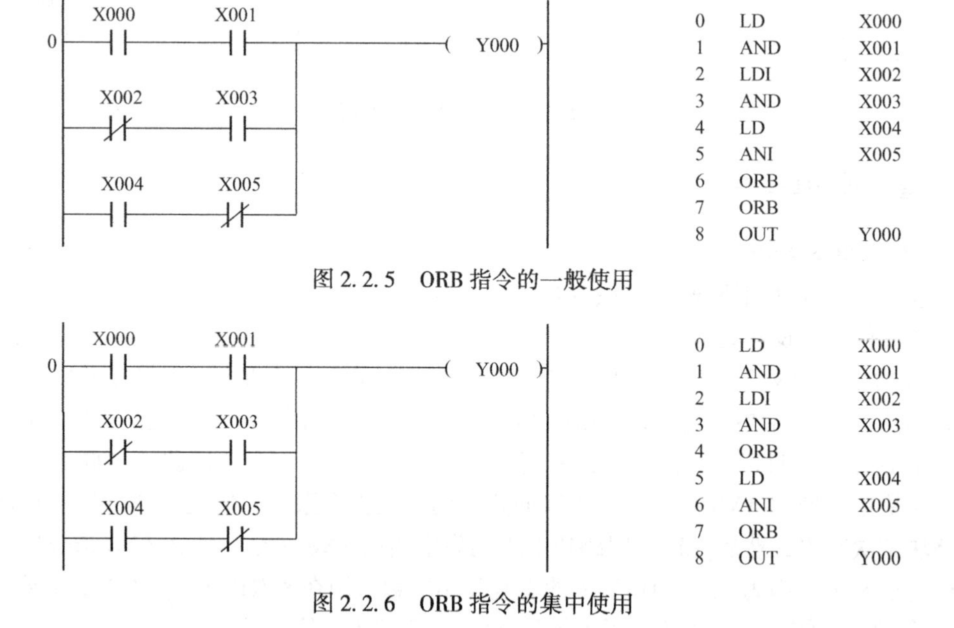

2.2.3　任务实施

1. 三相异步电动机启停控制

图 2.2.7 所示为单向运行的三相异步电动机继电—接触器控制电路图，请用 PLC 控制系统实现电动机的启停控制。

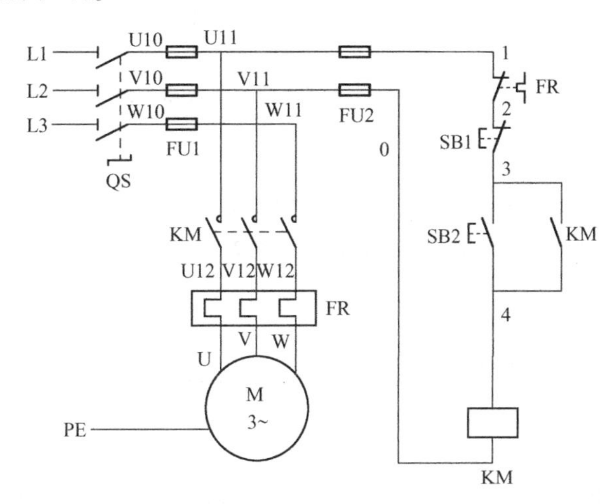

图 2.2.7　单向运行的异步电动机继电—接触器控制电路图

1) I/O 元件地址分配

采用端口（I/O）地址分配表来确定输入、输出与实际元件的控制关系，如表 2.2.1 所列。FR、SB1、SB2 为外部输入元件，对应 PLC 中的输入继电器 X0、X1、X2，KM 为输出元件，对应 PLC 中的输出继电器 Y0。

表 2.2.1　电动机启停控制的 I/O 地址分配表

输入（I）			输出（O）		
元件	功能	地址编号	元件	功能	地址编号
热继电器 FR	过载保护	X0	接触器 KM	运行	Y0
按钮 SB1	停止	X1			
按钮 SB2	启动	X2			

2) 系统接线图

根据 I/O 地址分配表得到三相异步电动机启停控制系统的 I/O 接线图，如图 2.2.8 所示。

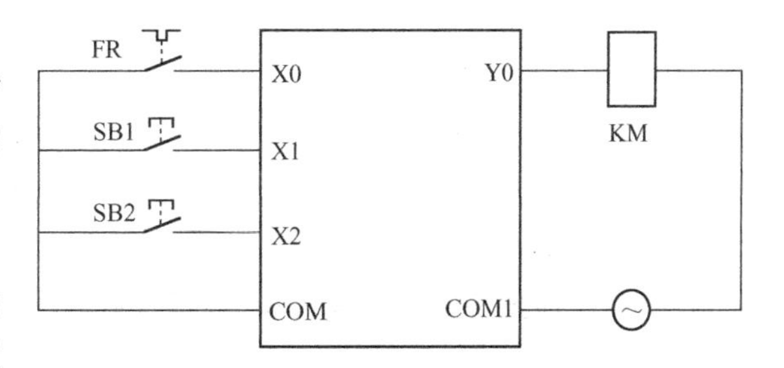

图 2.2.8　电动机启停控制系统接线图

3) 控制程序

图 2.2.9 所示控制程序可实现电动机启停控制系统功能。按下启动按钮 SB2，X2 输入信号，X2 动合触点闭合，Y0 线圈得电，输出电信号，接触器 KM 线圈得电，电动机开始运行。同时，Y0 动合触点闭

合，X2 动合触点自锁，即使松开 SB2，Y0 线圈始终得电，电动机保持运行。按下停止按钮 SB1，无输入信号，X1 动断触点断开，Y0 线圈失电，接触器 KM 线圈失电，电动机停止运行。

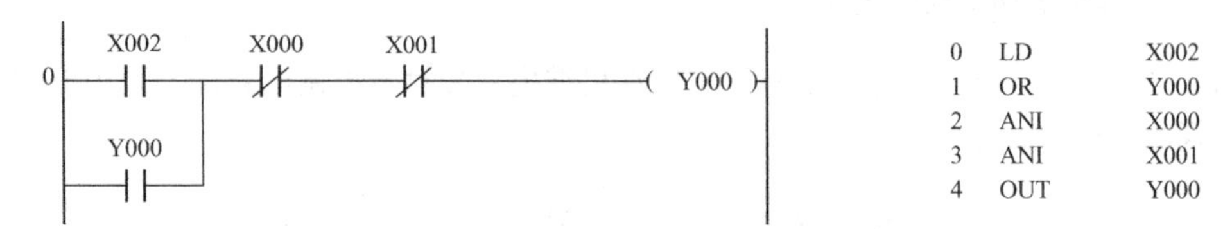

图 2. 2. 9　电动机启停控制梯形图及指令语句表

4）安装接线

根据接线图，在实物控制配线板上进行元件的安装及线路的连接。

（1）检查元件。根据任务要求配齐元件，检查元件的规格是否符合要求，并用万用表检测元件是否完好。

（2）固定元件。

（3）配线安装。根据接线图及配线原则和工艺要求，进行配线安装。

（4）自检。检查电路的正确性，确保无误。

5）运行调试

（1）程序下载。将 PLC 与计算机连接，将仿真成功的程序写入 PLC 中。

（2）通电调试。接通电源，监视程序运行情况，确保功能正常实现。

2. 楼梯照明控制

有一个三层楼，楼道里安装了一个照明灯，每层楼都安装了一个开关，要求任何一个开关都可以控制灯的亮灭，请用 PLC 控制系统实现该楼梯照明控制。

1）I/O 元件地址分配

采用端口（I/O）地址分配表来确定输入、输出与实际元件的控制关系，如表 2. 2. 2 所列。S1、S2、S3 为外部输入元件，对应 PLC 中的输入继电器 X0、X1、X2，EL 为输出元件，对应 PLC 中的输出继电器 Y0。

表 2. 2. 2　楼梯照明控制的 I/O 地址分配表

输入（I）			输出（O）		
元件	功能	地址编号	元件	功能	地址编号
开关 S1	控制灯	X0	EL	照明	Y0
开关 S2	控制灯	X1			
开关 S3	控制灯	X2			

2）系统接线图

根据 I/O 地址分配表得到楼梯照明控制系统的 I/O 接线图，如图 2. 2. 10 所示。

3）控制程序

图 2. 2. 11 所示控制程序可实现楼梯照明控制系统功能，控制过程如下：

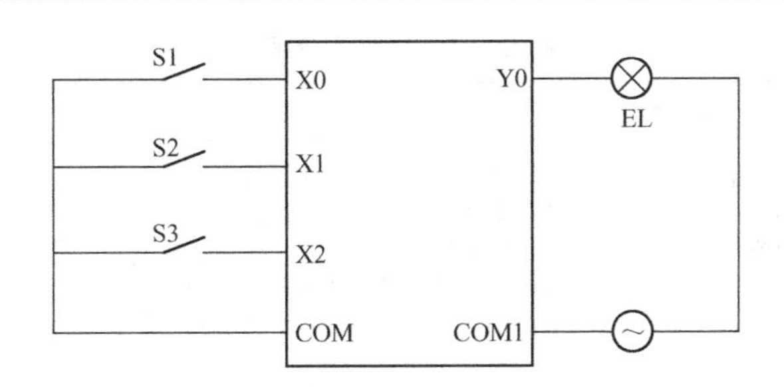

图 2.2.10　楼梯照明控制系统接线图

(1) 任意按 3 个开关中的一个，因为梯形图前 3 行中的 3 个触点有 2 个处于闭合状态，所以不管按的是哪个开关，Y0 线圈得电，输出信号，灯泡亮。

(2) 再任意按 3 个开关中的一个，因为这时的梯形图第 1 行中的 3 个触点全闭合，另外 3 行中的 3 个触点有 2 个处于断开状态，所以不管按的是哪个开关，Y0 线圈失电，灯泡灭。

(3) 再任意按 3 个开关中的一个，因为这时梯形图中触点状态跟初始状态一致，所以重复上面的控制功能。

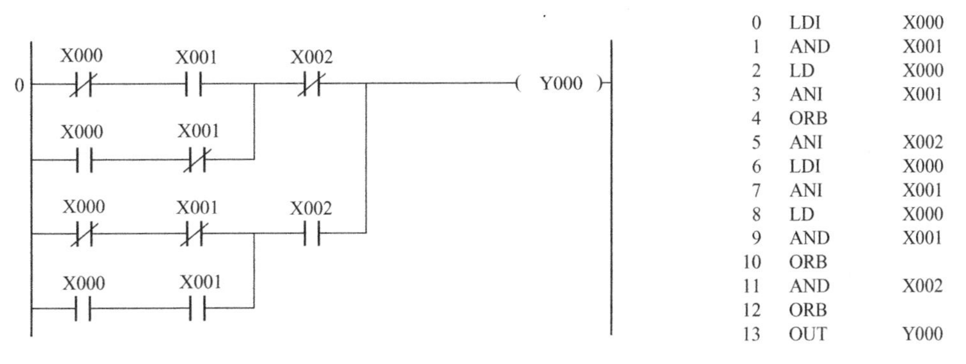

图 2.2.11　楼梯照明控制梯形图及指令语句表

4) 安装接线

根据接线图，在实物控制配线板上进行元件的安装及线路的连接。

(1) 检查元件。根据任务要求配齐元件，检查元件的规格是否符合要求，并用万用表检测元件是否完好。

(2) 固定元件。

(3) 配线安装。根据接线图及配线原则和工艺要求，进行配线安装。

(4) 自检。检查电路的正确性，确保无误。

5) 运行调试

(1) 程序下载。将 PLC 与计算机连接，将仿真成功的程序写入 PLC 中。

(2) 通电调试。接通电源，监视程序的运行情况，确保功能正常实现。

2.2.4　考核标准

针对上述任务，制定相应的考核评分细则，如表 2.2.3 所列。

表 2.2.3　考核评分细则

序号	考核内容	配分	评分标准	得分
1	职业素养与操作规范	10	（1）未按要求着装，扣 2 分 （2）未清点工具、仪表等，扣 2 分 （3）操作过程中，工具、仪表随意摆放，乱丢杂物等，扣 2 分 （4）完成任务后不清理台位，扣 2 分 （5）出现人员受伤设备损坏事故，任务成绩为 0 分	
2	系统设计	20	（1）列出 I/O 元件分配表，画出系统接线图，每处错误扣 2 分 （2）写出控制程序，每处错误扣 2 分 （3）运行调试步骤，每处错误扣 2 分	
3	安装与接线	20	（1）安装时未关闭电源开关，用手触摸电器线路或带电进行电路连接或改接，本项成绩为 0 分 （2）线路布置不整齐、不合理，每处扣 2 分 （3）损坏元件扣 5 分 （4）接线不规范造成导线损坏，每根扣 2 分 （5）不按 I/O 接线图接线，每处扣 2 分	
4	系统调试	30	（1）不会熟练操作软件输入程序，扣 5 分 （2）不会进行程序删除、插入、修改等操作，每项扣 2 分 （3）不会联机下载调试程序，扣 10 分 （4）调试时造成元件损坏或熔断器熔断，每次扣 5 分	
5	功能实现	20	（1）不能按控制要求调试系统，扣 5 分 （2）不能达到系统功能要求，每处扣 5 分	
合计				

注意：每项内容的扣分不得超过该项的配分。

2.2.5　拓展与提高

1. 自锁电路

在 PLC 控制程序的设计中，经常要对脉冲输入信号或者是点动按钮输入信号进行保持，这是常采用自锁电路。自锁电路的基本形式如图 2.2.12 所示。将输入继电器 X1 动合触点与输出继电器 Y0 的动合触点并联，这样一旦有输入信号（超过一个扫描周期），就能使 Y1 线圈始终保持得电输出。要注意的是，自锁电路必须有解锁设计，一般在并联之后采用某一动断触点作为解锁条件，如图中的 X0 动断触点。

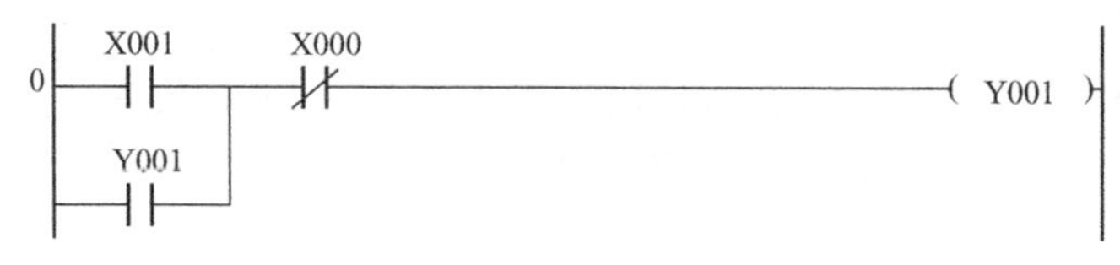

图 2.2.12　自锁电路的基本形式

2. 互锁电路

互锁电路是指两个输入信号中先得到信号取得优先权，后者无效。图 2.2.13 所示为防止电机的正、反转按钮同时按下的互锁保护电路。图中输入继电器 X0 先接通，M10 线圈得电，则 Y0 线圈得电，输出信号，同时由于 M10 的动断触点断开，使得 M11 线圈没电，Y1 无输出信号。若 X1 先接通，情况正好相反。

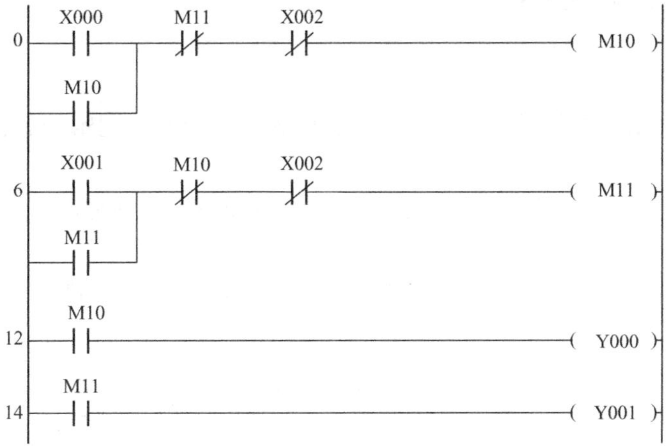

图 2.2.13　互锁电路图

但该电路存在一个问题：一旦 X0 或 X1 输入后，M10 或 M11 被自锁和互锁，使 M10 或 M11 永远接通，因此，该电路一般要在输出线圈前串联一个用于解锁的动断触点，如图中的动断触点 X2。

3. 双重互锁

某些电路设计过程中，虽然在梯形图中已经有了软继电器的互锁触点，但在外部硬件输出电路中还必须使用 KM1 和 KM2 的动断触点进行互锁，因为 PLC 内部软继电器只相差一个扫描周期，而外部硬件接触器触点的断开时间往往大于一个扫描周期，来不及响应，为了避免接触器线圈同时接通而引起主电路短路，必须采用软硬件双重互锁。

4. 常闭触点输入信号的处理

有些输入信号只能由动断触点提供，如电动机启停控制电路中的停止按钮 SB1，如果将它们的动合触点接到 PLC 的输入端，则梯形图中的触点类型与继电器电路中的触点类型完全一致，如图 2.2.9 所示。如果接入 PLC 的是 SB1 的动断触点，则 X0 的动断触点断开，X0 的动合触点接通，显然在梯形图中应将 X0 的动合触点与 Y0 的线圈串联，这就使得梯形图中所用的 X0 的触点类型与继电器电路图中的习惯是相反的，为了一致，建议尽可能采用动合触点作为 PLC 的输入信号。

2.2.6　思考与练习

1. 填空题

（1）在 FX 系列的 PLC 中，辅助继电器又分为三类，通用__________、__________、__________。

（2）在成批使用时，连续使用 ANB 指令的次数不得超过________次。

（3）串联触点多的电路应尽量放在________，并联触点多的电路应尽量靠近________。

（4）________是初始化脉冲，在________时，它________ON 一个扫描周期。当 PLC 处于 RUN 状态时，M8000 一直为________。

2. 判断题

（1）利用 PLC 最基本的逻辑运算、定时、计数等功能实现逻辑控制，可以取代传统的继电器控制。(　　)

（2）PLC 在运行中若发生突然断电，输出继电器和通用辅助继电器全部变为断开状态。(　　)

（3）在 PLC 梯形图和继电器控制原理图中，热继电器的触点都可以加在线圈的右边。(　　)

（4）在梯形图中串联接点使用的次数没有限制，可以无限次地使用。(　　)

（5）PLC 内部的 M 点，停电保持和停电不保持，可以通过软件来重新设定范围。(　　)

3. 选择题

（1）对于所有的 FX CPU，表示 1 秒时钟脉冲的是（　　）。

A. M8011　　B. M8013　　C. M8014　　D. M8015

（2）FX 系列 PLC 中表示 Run 监视常闭触点的是（　　）。

A. M8011　　B. M8000　　C. M8014　　D. M8015

（3）串联电路块并联连接时，分支的结束用（　　）指令。

A. AND/ADI　　B. OR/ORI　　C. ORB　　D. ANB

（4）(　　）是 PLC 每执行一遍从输入到输出所需的时间。

A. 8　　B. 扫描周期　　C. 设定时间　　D. 32

4. 分析题

（1）将图 2. 2. 14 所示梯形图转换为指令表程序。

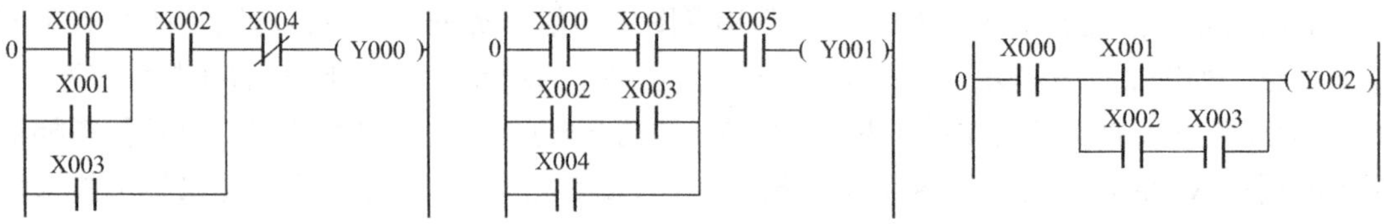

图 2. 2. 14　习题 4（1）梯形图

（2）绘出下列指令程序的梯形图，并比较其功能，指出哪个更加合理？

①		②	
LD	Y0	LD	X2
LD	X0	AND	X3
ANI	X1	AND	X4
ORB		LD	X0
LD	X2	ANI	X1

```
AND    X3                ORB
AND    X4                OR    Y0
ORB                      END
OUT    Y0
END
```

（3）绘出下列指令表语句的梯形图。

```
LD     X0
OR     X1
LD     X2
ANI    X3
LD     X4
AND    X5
ORB
ANB
OR     M0
AND    X7
OUT    Y2
```

（4）图 2. 2. 15 所示为用继电器控制的三相异步电动机正反转控制下来，将其改造成 PLC 控制。

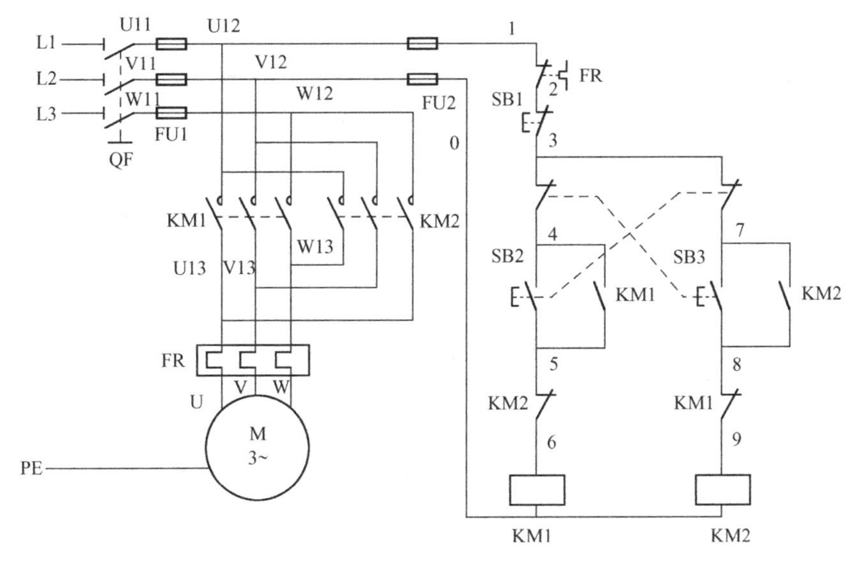

图 2. 2. 15　异步电动机正反转控制电路图

任务 2. 3　多重输出与主控指令及其应用

2. 3. 1　任务引入与分析

在对复杂电路进行逻辑运算时，某些触点的逻辑运算结果需要重复使用，为了对这些逻辑结果进行存取或读取操作，就需要用到多重输出指令。另外，如果多个线圈受一个或一组触点控制，则需要用到主控指令，以减少存储单元的占用，缩短程序的扫描周期。

2.3.2　基础知识

1. 定时器

定时器是 PLC 所提供的一类软元件，相当于一个通电延时时间继电器。定时器可以对 PLC 内 1ms、10ms、100ms 的时钟脉冲进行加法计算，当达到其设定值时，定时器触点动作（即动合触点闭合，动断触点断开）。对定时器内数值的设定，可以采用用户程序存储器内的常数 K（十进制常数）直接设置，也可以用数据寄存器 D 的内容进行间接设置。FX_{2N}系列 PLC 中共有 256 个定时器，分为以下两类。

1）非积算型定时器

T0～T199 为 100ms 非积算型定时器，定时范围为 0.1～3276.7s，T200～T245 为 10ms 非积算型定时器，定时范围为 0.01～327.67s。

非积算型定时器的特点是：当驱动定时器的条件满足时，定时器开始定时，时间达到设定值后，定时器触点动作；当驱动定时器的条件不满足时，定时器复位。若定时器定时时间未达到设定值，驱动定时器的条件由满足变为不满足时，定时器也复位，当条件再次满足时，定时器又重新从 0 开始定时，其工作情况如图 2.3.1 所示。

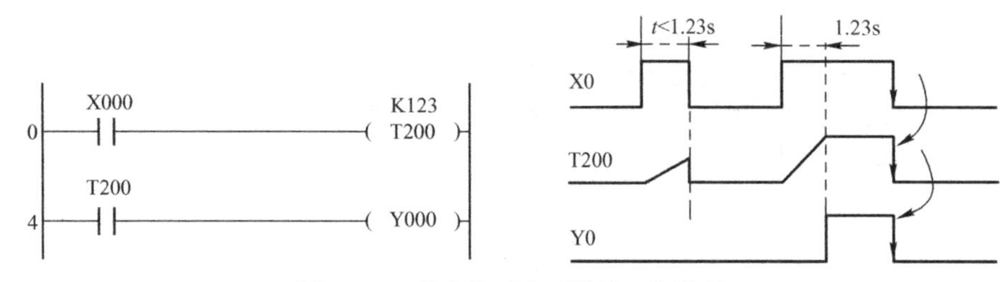

图 2.3.1　非积算型定时器的工作情况

2）积算型定时器

T246～T249 为 1ms 积算型定时器，定时范围为 0.001～32.767s，T250～T255 为 100ms 积算型定时器，定时范围为 0.1～3276.7s。

积算型定时器的特点为：当驱动定时器的条件满足时，定时器开始定时，时间达到设定值后，定时器触点动作；当驱动定时器的条件不满足时，定时器不复位，若要定时器复位，必须采用指令复位。若定时器定时时间未达到设定值，驱动定时器的条件由满足变为不满足时，定时器的定时值保持，当条件再次满足时，定时器在之前保持的定时值的基础上继续定时，其工作情况如图 2.3.2 所示。

2. 多重输出指令

FX_{2N}系列 PLC 提供了 11 个存储器给用户使用，用于存储中间运算结果，这些存储器称为堆栈存储器。多重输出指令就是对堆栈存储器进行操作的指令。

1）进栈指令 MPS

功能： 将该时刻的运算结果压入堆栈存储器的最上层，堆栈存储器原来存储的数据依次向下自动移一层。

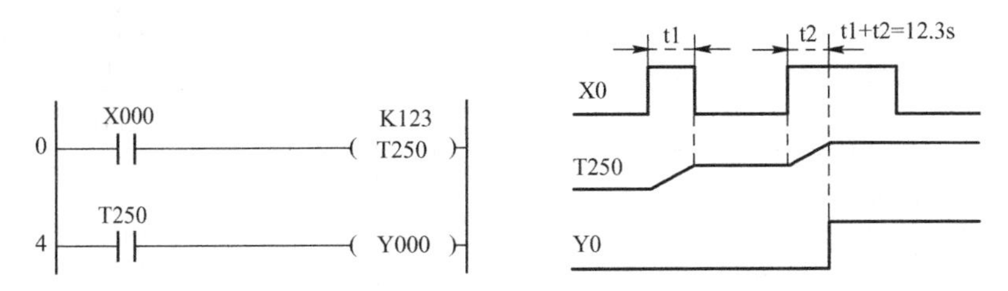

图2.3.2　积算型定时器的工作情况

操作元件：无操作元件。因为MPS指令只对堆栈存储器进行操作，所以，默认操作元件为堆栈存储器，在使用时无须指定操作元件。

2）读栈指令MRD

功能：将堆栈存储器最上层的存储数据读出。执行MRD指令后，堆栈存储器中的数据不发生任何变化。

操作元件：无操作元件。因为MRD指令只对堆栈存储器进行操作，所以，默认操作元件为堆栈存储器，在使用时无须指定操作元件。

3）出栈指令MPP

功能：将堆栈存储器最上层的存储数据去除，堆栈存储器原来存储的数据依次向上自动移一层。

操作元件：无操作元件。因为MRD指令只对堆栈存储器进行操作，所以，默认操作元件为堆栈存储器，在使用时无须指定操作元件。

3. 多重输出指令使用说明

（1）在MPS、MRD、MPP指令之后如果有单个动合触点（或动断触点）串联，应使用AND（或ANI）指令，如图2.3.3所示。

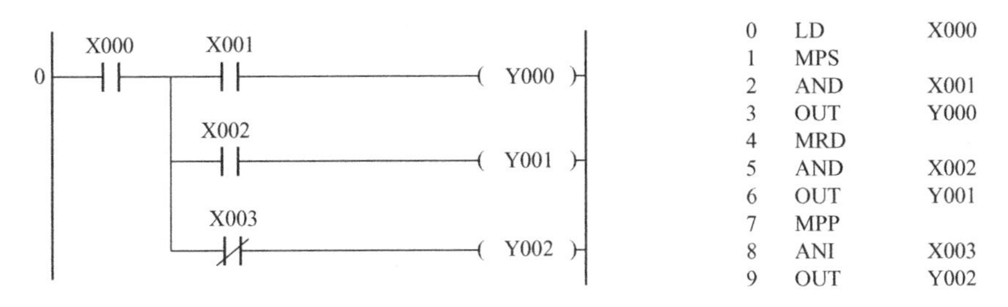

图2.3.3　有单个动合触点（或动断触点）串联

（2）若有触点组成的电路块，应使用ANB指令，如图2.3.4所示。

（3）若无触点串联而直接驱动线圈，应使用OUT指令，如图2.3.5所示。

（4）MPS、MPP指令必须成对出现，可以嵌套使用。当使用MPS进栈指令后，未使用MPP出栈指令，而再次使用MPS指令进栈的形式称为嵌套。由于堆栈存储器只有11层，即只能连续存储11个数据，因此，MPS指令的连续使用不得超过11次。指令MPS、MPP的嵌套使用如图2.3.6所示。

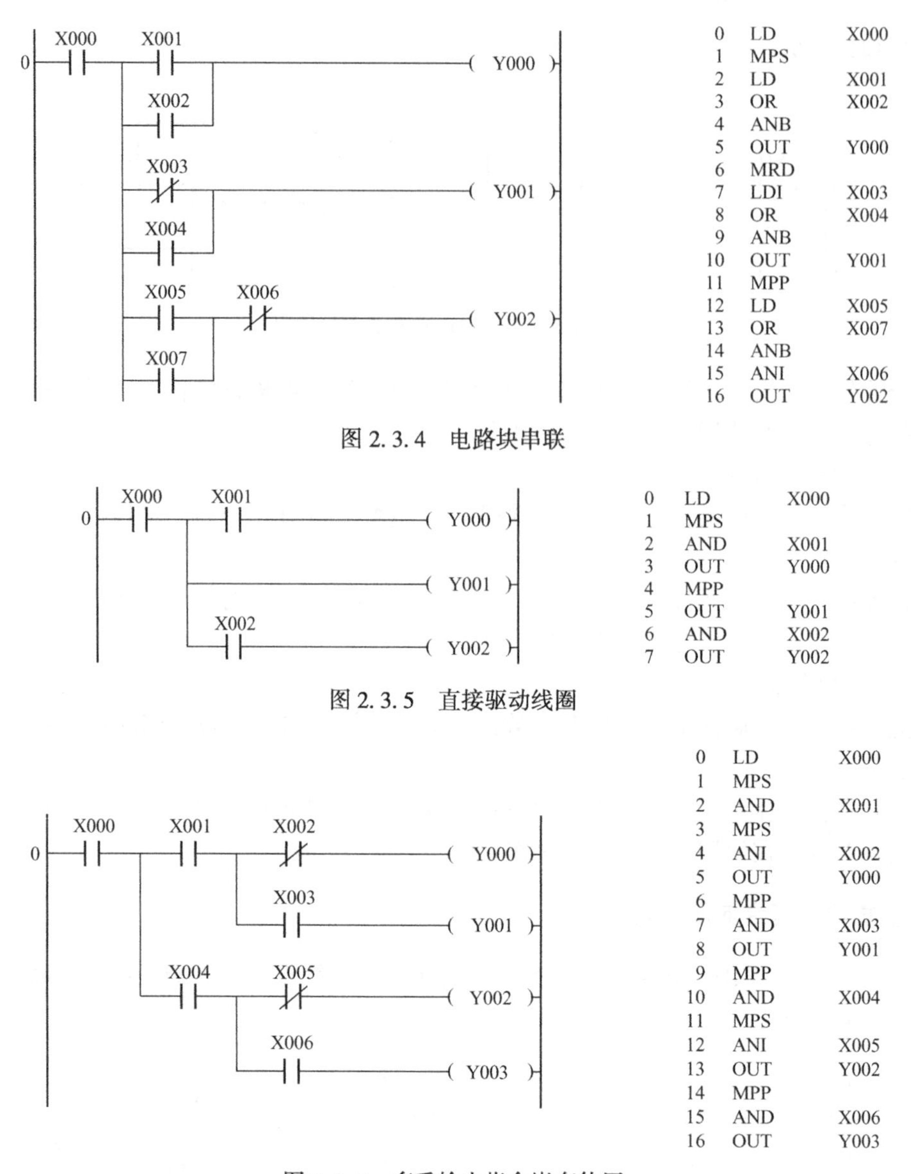

图 2.3.4　电路块串联

图 2.3.5　直接驱动线圈

图 2.3.6　多重输出指令嵌套使用

4. 主控指令

1）主控指令 MC

功能：操作元件的动合触点能通过 MC 指令将左母线移位，产生一根临时的左母线，形成主控电路块。

操作元件：分两部分，一部分是主控标志 N0 ~ N7，一定要从小到大使用，另一部分是具体的操作元件，可以是输出继电器 Y，辅助继电器 M，但不能是特殊辅助继电器。

编程时，经常遇到多个线圈同时受一个或一组触点控制的情况，我们可以在每个线圈的控制电路中串入同样的触点，但这会多占用存储单元，这时就可以考虑使用主控指令。使用主控指令的操作元件触点称为主控触点，它在梯形图中与一般的触点垂直，是与左母线直接相连的动合触点，其作用相当于控制电路块的总开关。

2）主控复位指令 MCR

功能：使主控指令产生的临时左母线复位，即左母线返回，结束主控电路块。

操作元件：主控标志 N0~N7，必须与主控指令一致，返回时一定要从大到小使用。

MC 与 MCR 指令必须成对使用，如图 2.3.7 所示。

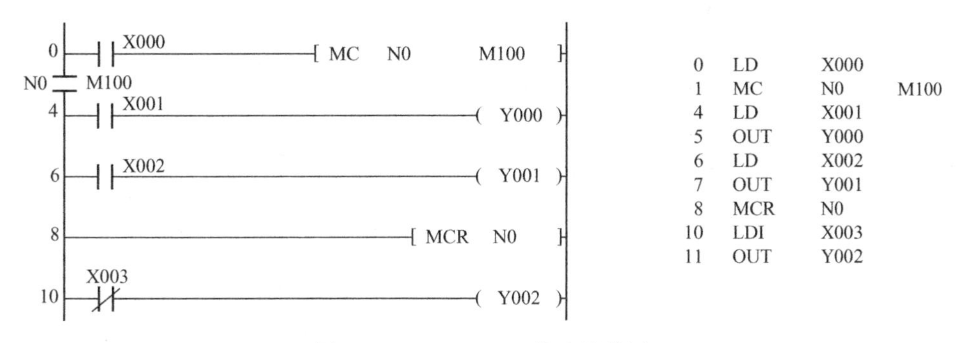

图 2.3.7 MC、MCR 指令的使用

MC 与 MCR 指令也可以进行嵌套使用，即在 MC 指令后没有使用 MCR 指令，而是再次使用 MC 指令，此时主控标志 N0~N7 必须按顺序增加，当使用 MCR 指令返回时，主控标志 N7~N0 必须按顺序减小。由于主控标志范围为 N0~N7，所以，主控嵌套使用不得超过 8 层。

2.3.3 任务实施

1. 三相异步电动机星三角降压启动控制

图 2.3.8 所示为三相异步电动机星三角降压启动电气控制线路图，请用 PLC 控制系统实现星三角降压启动控制。

1）I/O 元件地址分配

采用端口（I/O）地址分配表来确定输入、输出与实际元件的控制关系，如表 2.3.1 所示。FR、SB1、SB2 为外部输入元件，对应 PLC 中的输入继电器 X0、X1、X2；KM1、KM2、KM3 为输出元件，对应 PLC 中的输出继电器 Y1、Y2、Y3。

表 2.3.1 星三角降压启动控制的 I/O 地址分配表

输入（I）			输出（O）		
元件	功能	地址编号	元件	功能	地址编号
热继电器 FR	过载保护	X0	接触器 KM1	接通电源	Y1
按钮 SB1	停止	X1	接触器 KM2	绕组星形连接	Y2
按钮 SB2	启动	X2	接触器 KM3	绕组三角形连接	Y3

2）系统接线图

根据 I/O 地址分配表得到三相异步电动机星三角降压启动控制系统的 I/O 接线图，如图 2.3.9 所示。

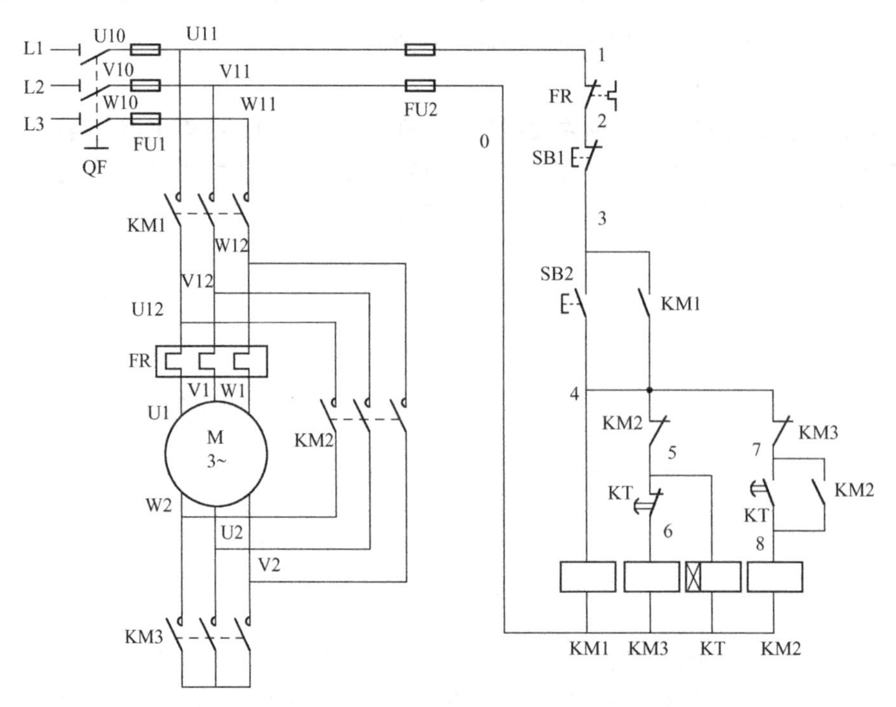

图 2.3.8　三相异步电动机星三角降压启动电气控制线路图

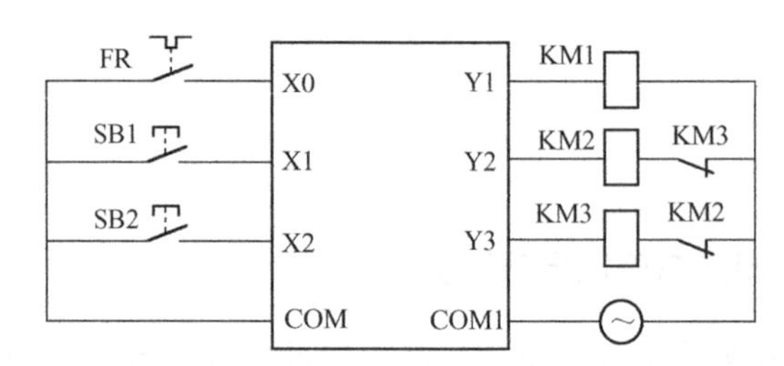

图 2.3.9　三相异步电动机星三角降压启动控制系统的 I/O 接线图

3）控制程序

图 2.3.10 所示控制程序可实现星三角降压启动系统功能。

按下启动按钮 SB2，输入信号，Y1 线圈得电，输出信号，Y1 动合触点闭合，实现自锁，接触器 KM1 线圈得电，接通三相电源；同时，Y2 线圈得电，输出信号，接触器 KM2 线圈得电，电动机定子绕组以星形方式连接开始降压启动；Y2 动断触点断开，对接触器 KM3 线圈互锁；定时器 T0 开始定时。

T0 定时时间（5s）到，T0 动断触点断开，Y2 线圈断电，接触器 KM2 线圈失电，Y2 互锁动断触点恢复闭合；T0 动合触点闭合，Y3 线圈得电，输出信号，接触器 KM3 线圈得电，电动机定子绕组以三角形连接全压运行；Y3 动断触点断开，对接触器 KM2 线圈互锁；Y3 动合触点闭合，实现自锁，使 Y3 线圈不会因为定时器 T0 停止工作而失电。

4）安装接线

根据接线图，在实物控制配线板上进行元件的安装及线路的连接。

（1）检查元件。根据任务要求配齐元件，检查元件的规格是否符合要求，并用万用表检测元件是否完好。

（2）固定元件。

（3）配线安装。根据接线图及配线原则和工艺要求，进行配线安装。

（4）自检。检查电路的正确性，确保无误。

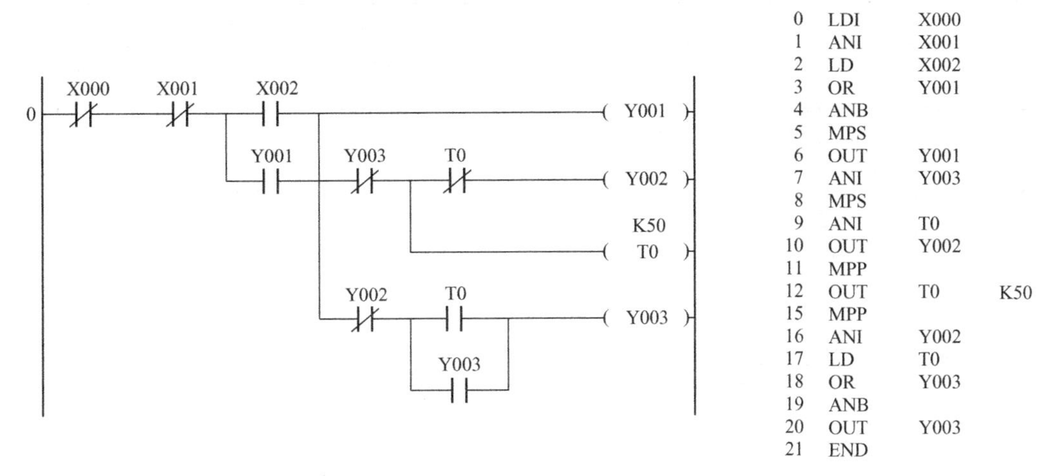

图 2.3.10　星三角降压启动控制梯形图及指令语句表

5）运行调试

（1）程序下载。将 PLC 与计算机连接，将仿真成功的程序写入 PLC 中。

（2）通电调试。接通电源，监视程序运行情况，确保功能正常实现。

2. 水塔水位控制

水塔水位控制系统如图 2.3.11 所示，主要由蓄水池、蓄水池进水阀门 YV、蓄水池液压传感器 SL3 与 SL4、水泵电动机 M、水塔水箱液压传感器 SL1 与 SL2 组成。YV 阀门控制给蓄水池灌水，电动机带动水泵吧蓄水池中的水提升到水塔中，提高水压实现供水需要。其控制要求如下：

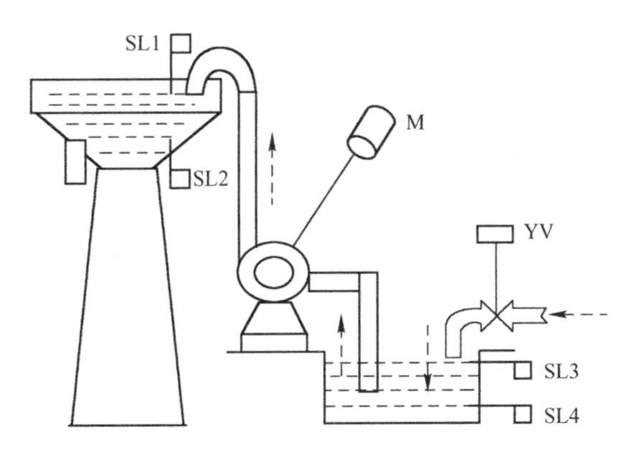

图 2.3.11　水塔水位控制系统

当蓄水池水位低于低水位界时（SL4 为逻辑 1），蓄水池进水阀门 YV 打开进水；当蓄水池水位高于高水位界（SL3 为逻辑 1）时，蓄水池进水阀门 YV 关闭。

如果蓄水池进水阀门打开一段时间（比如 4s）后 SL3 不为逻辑 1，表示没有进水，出现故障，此时系统关闭蓄水池进水阀门，指示灯 HL 按 0.5s 亮灭周期闪烁。

当蓄水池中有水（SL4 为逻辑 1）且水塔水位低于低水位界（SL2 为逻辑 1）时，水泵电动机 M 开始运转，开始抽水；当水塔水位高于高水位界（SL1 为逻辑 1）时，水泵电动机停止运行，抽水完毕。

1）I/O 元件地址分配

采用端口（I/O）地址分配表来确定输入、输出与实际元件的控制关系，如表 2.2.2 所示。SL1、SL2、SL3、SL4、SB1、SB2、SB3 为外部输入元件，对应 PLC 中的输入继电器

X0、X1、X2、X3、X4、X5、X6，KM、YV、HL 为输出元件，对应 PLC 中的输出继电器 Y0、Y1、Y2。

表 2.3.2　水塔水位控制的 I/O 地址分配表

输入（I）			输出（O）		
元件	功能	地址编号	元件	功能	地址编号
液位传感器 SL1	水塔水箱高水位界	X0	接触器 KM	水泵电动机控制	Y0
液位传感器 SL2	水塔水箱低水位界	X1	阀门 YV	进水阀门控制	Y1
液位传感器 SL3	蓄水池高水位界	X2	指示灯 HL	报警指示	Y2
液位传感器 SL4	蓄水池低水位界	X3			
按钮 SB1	启动按钮	X4			
按钮 SB2	停止按钮	X5			
按钮 SB3	报警灯复位按钮	X6			

2）系统接线图

根据 I/O 地址分配表得到水塔水位控制系统的 I/O 接线图，如图 2.3.12 所示。

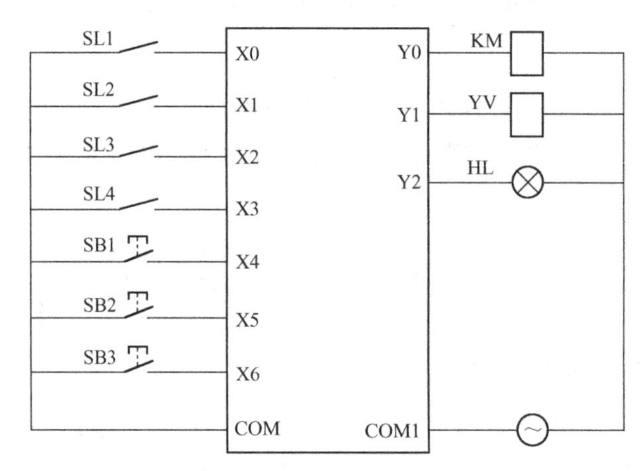

图 2.3.12　水塔水位控制系统的 I/O 接线图

3）控制程序

图 2.3.13 所示控制程序可实现楼梯照明控制系统功能，控制过程如下：

（1）按下启动按钮 SB1，X4 输入信号，辅助继电器 M0 通电自锁，系统开始运行。若按下停止按钮 SB2，X5 输入信号，M0 解除自锁，系统停止运行。

（2）当蓄水池的水位低于低水位界时，SL4 动作，X3 输入信号，Y1 线圈得电，输出信号，进水阀门 YV 打开放水。T0 开始定时（4s）。水灌满后，SL3 动作，X2 输入信号。若 4s 后 X2 没有输入信号，表示有故障，Y1 线圈失电，进水阀门 YV 关闭，停止向蓄水池放水。

（3）M2 为报警显示的中间继电器。当 4s 时间到且 SL3 不动作（X2 没有输入信号，为逻辑 0）时，说明有故障，M2 线圈得电，M2 动合触点闭合，启动振荡报警程序（定时器 T1 和 T2 组成 0.5s 的脉冲振荡器），并通过 Y2 输出该脉冲信号，使 HL 按 0.5s 间隔闪烁。

（4）当蓄水池水位高于低水位界时，水塔水箱水位低于低水位界时，SL4 不动作，SL2

动作，X1 输入信号，X3 没有输入信号，Y0 线圈得电，输出信号，有接触器 KM 控制的水泵电动机 M 开始运行，抽水。当水塔水位超过高水位界时，SL1 动作，X0 输入信号，Y0 线圈失电，电动机停止运行，抽水完毕。

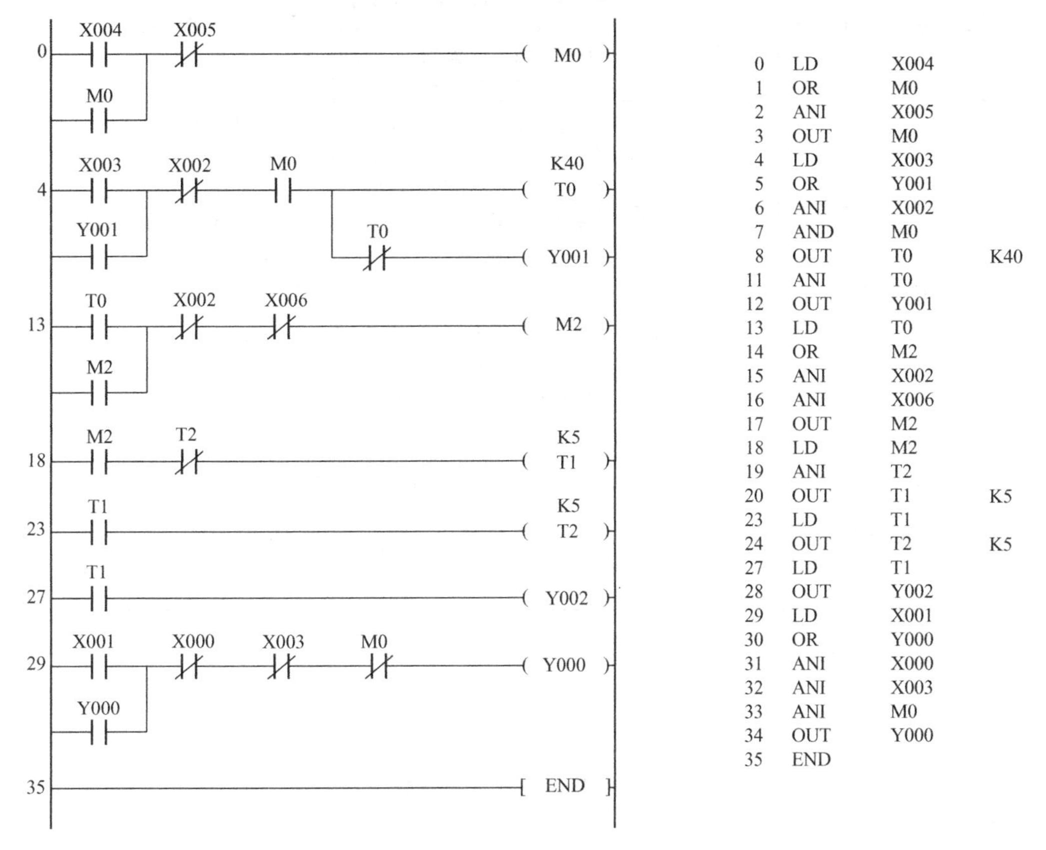

步	指令	元件	常数
0	LD	X004	
1	OR	M0	
2	ANI	X005	
3	OUT	M0	
4	LD	X003	
5	OR	Y001	
6	ANI	X002	
7	AND	M0	
8	OUT	T0	K40
11	ANI	T0	
12	OUT	Y001	
13	LD	T0	
14	OR	M2	
15	ANI	X002	
16	ANI	X006	
17	OUT	M2	
18	LD	M2	
19	ANI	T2	
20	OUT	T1	K5
23	LD	T1	
24	OUT	T2	K5
27	LD	T1	
28	OUT	Y002	
29	LD	X001	
30	OR	Y000	
31	ANI	X000	
32	ANI	X003	
33	ANI	M0	
34	OUT	Y000	
35	END		

图 2.3.13　水塔水位控制梯形图及指令语句表

4）安装接线

根据接线图，在实物控制配线板上进行元件的安装及线路的连接。

（1）检查元件。根据任务要求配齐元件，检查元件的规格是否符合要求，并用万用表检测元件是否完好。

（2）固定元件。

（3）配线安装。根据接线图及配线原则和工艺要求，进行配线安装。

（4）自检。检查电路的正确性，确保无误。

5）运行调试

（1）程序下载。将 PLC 与计算机连接，将仿真成功的程序写入 PLC 中。

（2）通电调试。接通电源，监视程序的运行情况，确保功能正常实现。

2.3.4　考核标准

针对上述任务，制定相应的考核评分细则，如表 2.3.3 所示。

表 2.3.3　考核评分细则

序号	考核内容	配分	评分标准	得分
1	职业素养与操作规范	10	(1) 未按要求着装，扣 2 分 (2) 未清点工具、仪表等，扣 2 分 (3) 操作过程中，工具、仪表随意摆放，乱丢杂物等，扣 2 分 (4) 完成任务后不清理台位，扣 2 分 (5) 出现人员受伤设备损坏事故，任务成绩为 0 分	
2	系统设计	20	(1) 列出 I/O 元件分配表，画出系统接线图，每处错误扣 2 分 (2) 写出控制程序，每处错误扣 2 分 (3) 运行调试步骤，每处错误扣 2 分	
3	安装与接线	20	(1) 安装时未关闭电源开关，用手触摸电器线路或带电进行电路连接或改接，本项成绩为 0 分 (2) 线路布置不整齐、不合理，每处扣 2 分 (3) 损坏元件扣 5 分 (4) 接线不规范造成导线损坏，每根扣 2 分 (5) 不按 I/O 接线图接线，每处扣 2 分	
4	系统调试	30	(1) 不会熟练操作软件输入程序，扣 5 分 (2) 不会进行程序删除、插入、修改等操作，每项扣 2 分 (3) 不会联机下载调试程序，扣 10 分 (4) 调试时造成元件损坏或熔断器熔断，每次扣 5 分	
5	功能实现	20	(1) 不能按控制要求调试系统，扣 5 分 (2) 不能达到系统功能要求，每处扣 5 分	
合计				

注意：每项内容的扣分不得超过该项的配分。

2.3.5　拓展与提高

定时器典型应用电路

1. 定时扩展电路

定时器的定时时间都有一个最大值，如 100ms 的定时器的最大定时时间为 3276.7s。如果工程中所需的延时时间大于这个数值怎么办？简单的办法是采用定时器接力方式进行演示，即先启动一个定时器定时，定时时间到，用第一个定时器的动合触点启动第二个定时器，再使用第二个定时器的动合触点启动第三个定时器，如此接力启动即可实现定时扩展，如图 2.3.14 所示。当 X0 输入信号，X0 动合触点闭合，T0 开始定时（3000s）；T0 定时时间到，T0 动合触点闭合，T1 开始定时（3000s）；当 T1 定时时间到，T1 动合触点闭合，T2 开始定时（3000s）；当 T2 定时时间到，T2 动合触点闭合，Y0 线圈得电，输出信号，从 X0 输入信号到 Y0 输出信号共延时 9000s。

2. 延时断开电路

延时断开电路如图 2.3.15 所示。当 X0 输入信号，X0 动合触点闭合，Y0 线圈得电并自锁；同时 X0 动断触点断开，定时器 T1 不工作。当 X0 没有输入信号，X0 动断触点闭合，由于 Y0 自锁，其动合触点闭合，使 T1 开始定时，5s 后，定时时间到，T1 动断触点断开，使 Y0 线圈失电，即当 X0 没有输入信号时，Y0 不是立即断开，没有输出信号，而是经过 5s 后才断开。

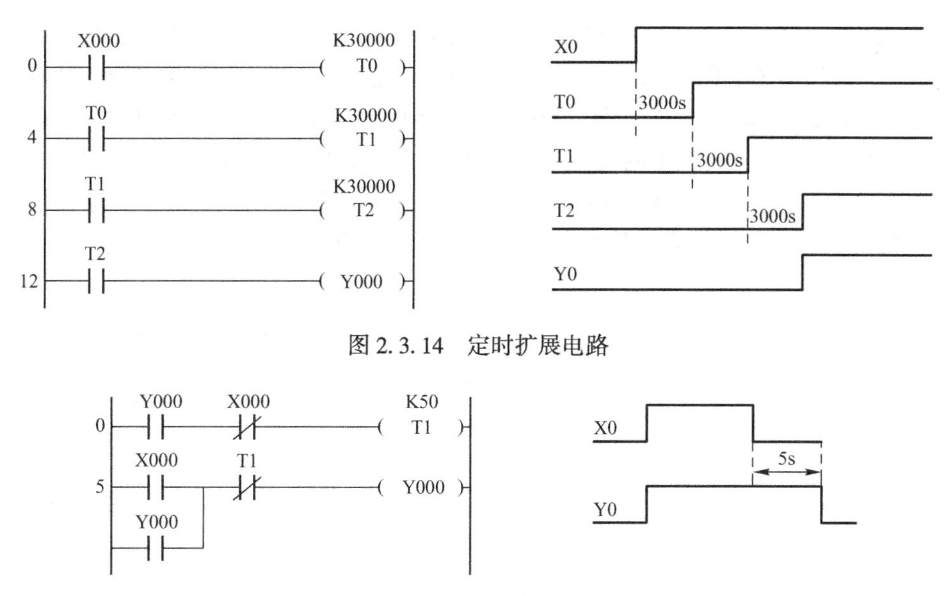

图 2.3.14　定时扩展电路

图 2.3.15　延时断开电路

3. 单稳态电路

图 2.3.16 所示为上升沿触发的单稳态电路。当 X0 由逻辑 0 变为逻辑 1 的上升沿开始，Y0 输出一个宽度为 2s 的脉冲；2s 后，T0 定时时间到，T0 动断触点断开，Y0 线圈失电，Y0 输出逻辑 0。X0 为逻辑 1 的时间可以大于 2s，也可以小于 2s，X0 为逻辑 1 的时间如果大于 2s，用 T0 的动断触点断开 Y0 的线圈，X0 为逻辑 1 的时间如果小于 2s，用 Y0 的动合自锁触点实现记忆功能。

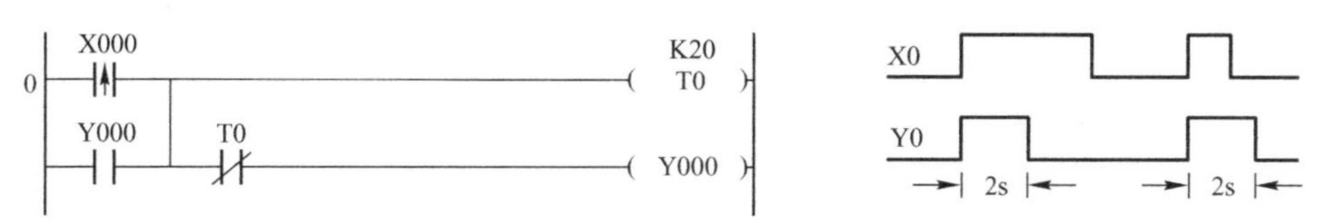

图 2.3.16　上升沿触发的单稳态电路

4. 顺序脉冲发生电路

图 2.3.17 所示为顺序脉冲发生电路。X0 输入信号，定时器 T0 开始定时，同时 Y0 输出脉冲，定时时间到，T0 动断触点断开，Y0 线圈失电，无输出信号；T0 动合触点闭合，T1 开始定时，同时 Y1 输出脉冲；T1 定时时间到，T1 动断触点断开，Y1 线圈失电，无输出信号；T1 动合触点闭合，T2 开始定时，Y2 输出脉冲；T2 定时时间到，Y2 线圈失电，无输出信号，此时，如果 X0 还继续输入信号，则重新开始产生顺序脉冲，如此反复，直到 X0 无输入信号为止。

5. 周期脉冲发生电路

PLC 内部通过特殊辅助继电器 M8011、M8012、M8013、M8014 可以产生周期和占空比固定的时钟脉冲。如果要产生周期和占空比都可调的时钟脉冲，可用两个定时器通过适当组合来实现，其梯形图如图 2. 3. 18 所示。当 X0 输入信号，其动合触点闭合，脉冲发生电路开始工作，只要 X0 动合触点闭合，Y0 就能周期性地“通电”和“断电”，“通电”和“断电”的时间分别由 T0 和 T1 的设定值 K 来确定。通过改变 T0 和 T1 的设定值 K，可改变输出脉冲的周期和占空比。周期脉冲发生电路实际上是一个具有正反馈的振荡电路，T0 和 T1 的输出信号通过它们的触点分别控制对方的线圈，形成正反馈。

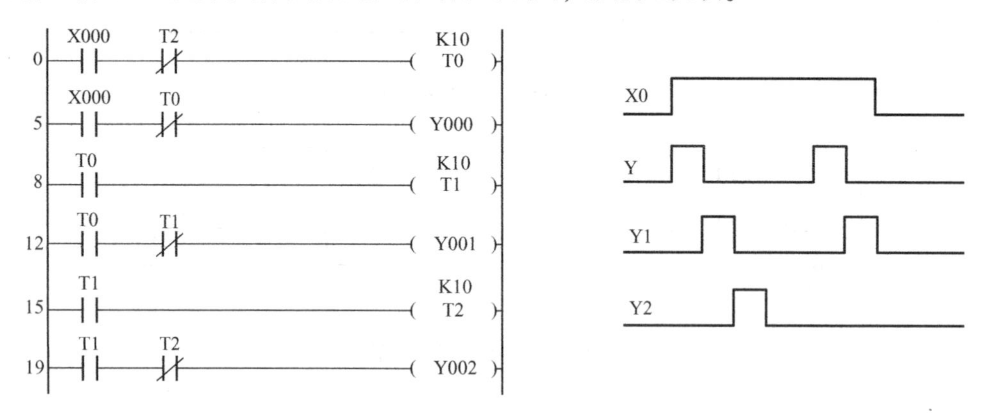

图 2. 3. 17　顺序脉冲发生电路

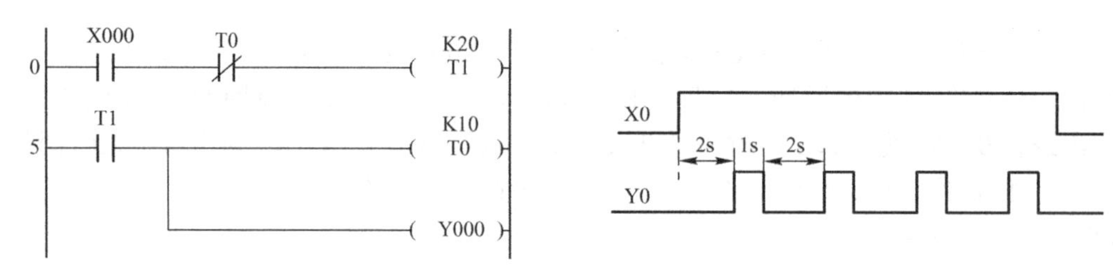

图 2. 3. 18　周期脉冲发生电路梯形图

2. 3. 6　思考与练习

1. 填空题

（1）PLC 的软件和硬件定时器相比较，定时范围长的是__________，精度高的是__________。

（2）定时器可以对 PLC 内__________、__________、__________的时钟脉冲进行加法计算。

（3）在 MC 指令内嵌套使用时嵌套级最大可为__________级。

（4）采用 FX_{2N}系列 PLC 实现定时 50s 的控制功能，如果选用定时器 T10，其定时时间常数值应该设定为 K__________；如果选用定时器 T210，其定时时间常数值应该设定为 K__________。

（5）采用 FX_{2N}系列 PLC 对多重输出电路编程时，要采用进栈、读栈和出栈指令，其指令助记符分别为______、______和______，其中______和______指令必须成对出现，而且连续使用应少于________次。

2. 判断题

（1）主控电路块终点用 MCR 指令。（　　）

（2）外部输入/输出继电器、内部继电器、定时器、计数器等器件的触点在 PLC 的编程中只能用一次，需多次使用时应用复杂的程序结构代替。（　　）

（3）执行逻辑弹出栈指令使堆栈深度减 1。（　　）

（4）定时器定时时间长短不取决于定时分辨率。（　　）

（5）FX 系列 PLC 中，内部时钟不可以修改。（　　）

3. 选择题

（1）下列软元件中，属于特殊辅助继电器的元件是（　　）。

A. M0　　B. Y2　　C. S30　　D. M012

（2）下列指令使用正确的是（　　）。

A. OUT　X0　　B. MC　M100　　C. SET　Y0　　D. OUT　T0

（3）FX 系列 PLC，主控指令应采用（　　）。

A. CJ　　B. MC　　C. GO TO　　D. SUB

（4）T0~T199 归类于（　　）。

A. 100ms 普通定时器　　B. 10ms 普通定时器

C. 1ms 累计定时器　　D. 100ms 累计定时器

（5）T246~T249 归类于（　　）。

A. 100ms 普通定时器　　B. 10 s 普通定时器

C. 1ms 累计定时器　　D. 100ms 累计定时器

4. 分析题

（1）将图 2.3.19 所示梯形图转换为指令表程序。

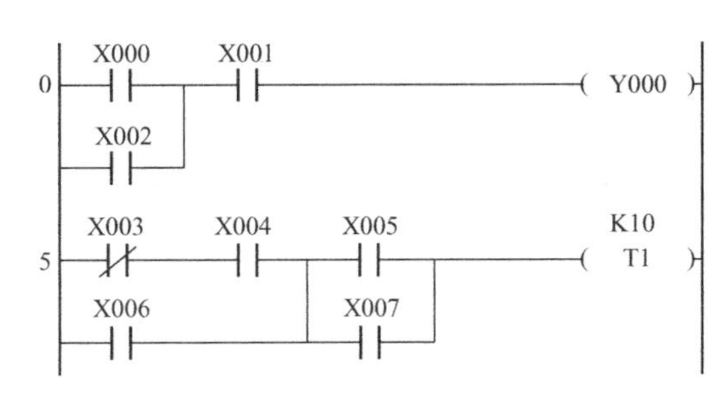

图 2.3.19　习题 4（1）梯形图

（2）某零件加工过程分三道工序，共需 24s，时序要求如图 2.3.20 所示。试编制完成上述控制要求梯形图。

（3）某锅炉的鼓风机和引风机的控制要求为：开机时，先启动引风机，10s 后开鼓风机；停机时，先关鼓风机，5s 后关引风机。试用 PLC 设计满足上述控制要求的程序。

（4）把图 2.3.21 中的继电—接触器控制的电动机控制线路改造为 PLC 控制系统。

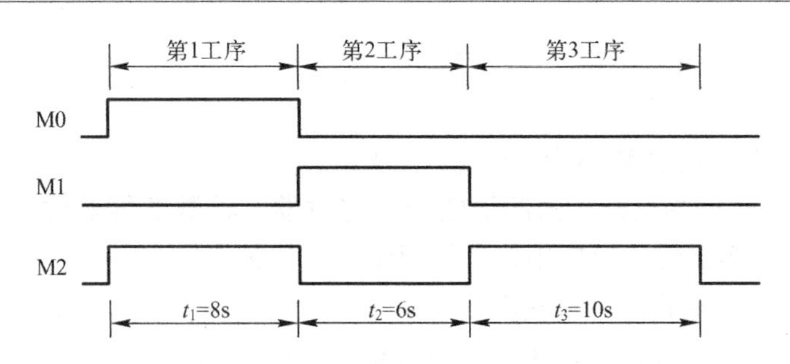

图 2.3.20　习题 4（2）时序要求

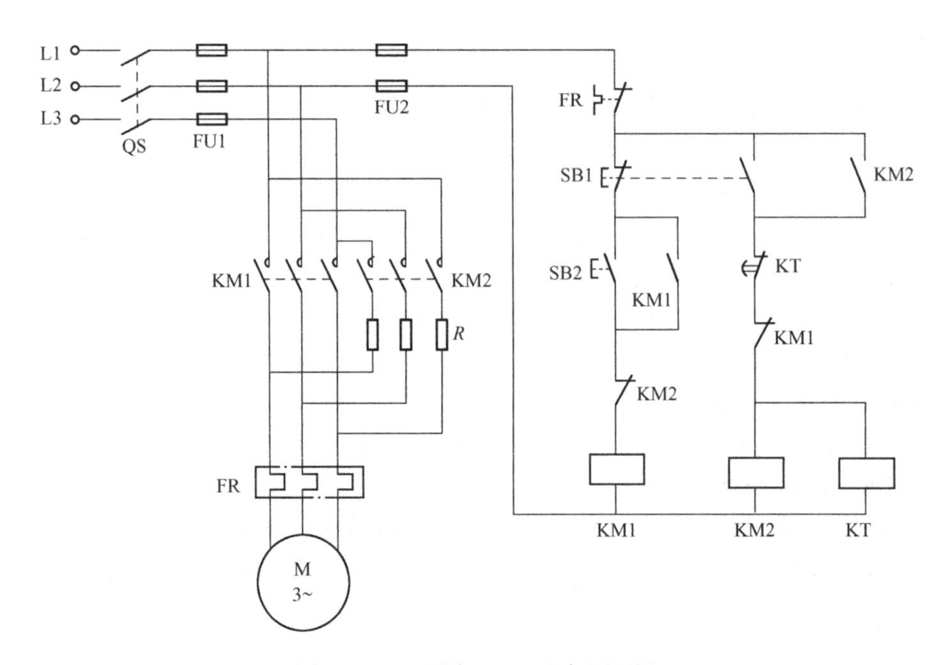

图 2.3.21　习题 4（4）电气原理图

（5）设计符合下述控制要求的 PLC 程序。

① 电动机 M1 先启动后，M2 才能启动，M2 能单独停车。

② 电动机 M1 先启动，经 30 秒延时后，M2 才能自行启动。

③ Y1 驱动 M1，Y2 驱动 M2。

任务 2.4　脉冲指令及其应用

2.4.1　任务引入与分析

在控制系统中，经常需要检测逻辑信号接通或断开时状态跳变。当信号从断开变为接通，即从“0”变为“1”时，这个信号边沿称为上升沿或上跳沿；当信号从接通变为断开，即从“1”变为“0”时，这个信号边沿称为下降沿或下跳沿。脉冲指令就是这种触发边沿的检测指令。

2.4.2　基础知识

1. 计数器

计数器是 PLC 所提供的一类软元件，FX 系列 PLC 中有 256 个计数器，采用十进制数编号，其编号为 C0~C255。对计数器内数值的设定，可以采用用户程序存储器内的常数 K（十进制常数）直接设置，也可以用数据寄存器 D 的内容进行间接设置。这些计数器分为三大类。

1）16 位计数器

C0~C199 为 16 位加法计数器，其设定值范围在 K1~K32767（十进制常数）之间，设定值设为 K0 和 K1 具有相同的意义，即在第一次计数时，输出触点就动作。C0~C99 为通用型计数器，C100~C199 为保持型计数器，如果切断 PLC 电源，通用型计数器（C0~C99）的计数值被清除，而保持型计数器（C100~C199）即使停电，当前计数值与输出触点的动作状态或复位状态也能保持。16 位加法计数器的工作过程如图 2.4.1 所示。

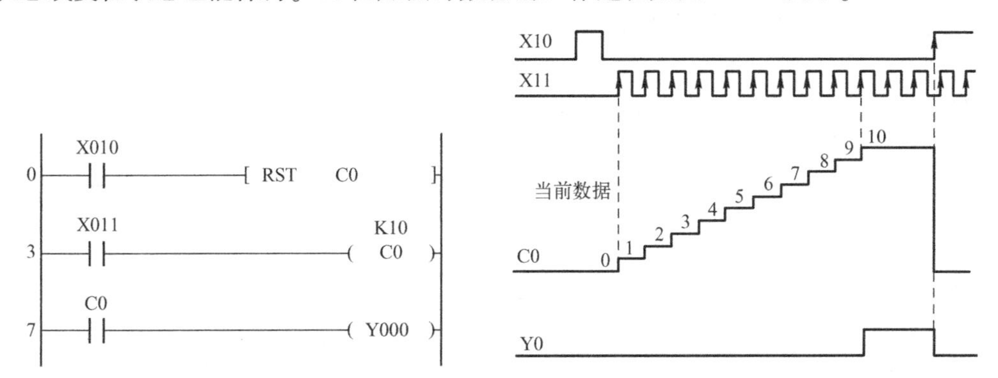

图 2.4.1　16 位加法计数器的工作过程

2）32 位双向计数器

C200~C234 为 32 位双向计数器，其设定值范围在-2147 483 648~+2147 483 647（十进制常数)，其中 C200~C219 为通用型计数器，C220~C234 为保持型计数器。利用特殊计时器 M8200~M8234 可以设定计数器的技术方向，当对应的特殊辅助继电器接通时为减计数，断开时为加计数。32 位双向计数器的工作过程如图 2.4.2 所示。

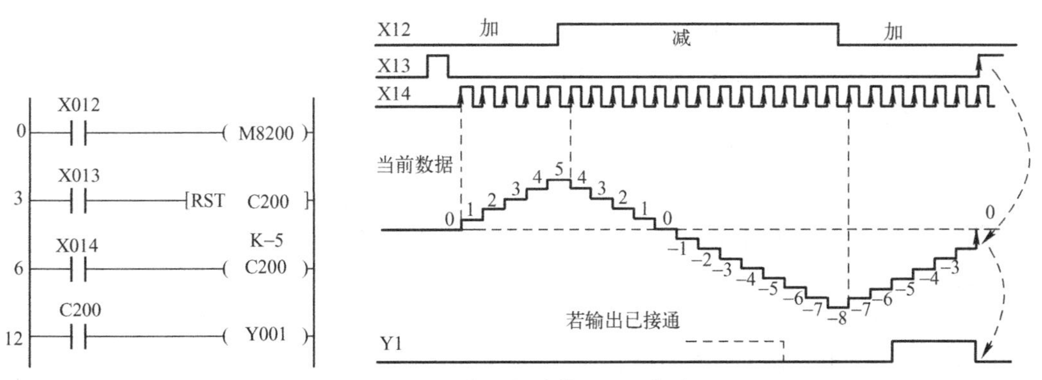

图 2.4.2　32 位双向计数器的工作过程

3）高速计数器

C235~C255 为高速计数器，共 21 个，高速计数器均为 32 位双向计数器，PLC 的 8 个输入端 X0~X7 作为 21 个高速计数器共用输入端，X0~X7 输入端子不能同时用于多个计数器，在程序中只能分配给一个高速计数器使用。一旦某输入端子被分配给某高速计数器，需要使用该输入端子的其他高速计数器，因为没有输入端子可用而不能在程序中使用。

高速计数器的应用是基于被测信号频率高于 PLC 的扫描频率而提出来的，因此高速计数器输入信号的处理不能采用循环扫描的工作方式，而是按照中断方式运行的，所以高速计数器是特殊的编程元件。

2. 脉冲输出指令

1）脉冲上升沿微分输出指令 PLS

功能：在输入信号的上升沿产生一个扫描周期的脉冲输出。

操作元件：输出继电器 Y、辅助继电器 M，但不能是特殊辅助继电器。

2）脉冲下降沿微分输出指令 PLF

功能：在输入信号的下降沿产生一个扫描周期的脉冲输出。

操作元件：输出继电器 Y、辅助继电器 M，但不能是特殊辅助继电器。

PLS、PLF 指令的使用如图 2.4.3 所示。

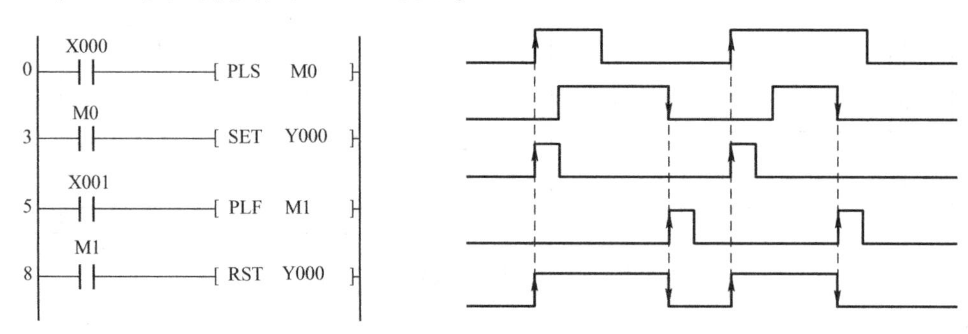

图 2.4.3　PLS、PLF 指令的使用

3. 脉冲式触点指令

1）取脉冲上升沿 LDP

功能：在输入信号的上升沿接通一个扫描周期。

操作元件：输入继电器 X，输出继电器 Y，辅助继电器 M，定时器 T，计数器 C，状态器 S 等软元件的触点。

2）取脉冲下降沿 LDF

功能：在输入信号下降沿接通一个扫描周期。

操作元件：输入继电器 X，输出继电器 Y，辅助继电器 M，定时器 T，计数器 C，状态器 S 等软元件的触点。

3）与上升沿脉冲 ANDP

功能：用于上升沿脉冲串联连接。

操作元件： 输入继电器X，输出继电器Y，辅助继电器M，定时器T，计数器C，状态器S等软元件的触点。

4）与下降沿脉冲ANDF

功能： 用于下降沿脉冲串联连接。

操作元件： 输入继电器X，输出继电器Y，辅助继电器M，定时器T，计数器C，状态器S等软元件的触点。

5）或上升沿脉冲ORP

功能： 用于上升沿脉冲并联连接。

操作元件： 输入继电器X，输出继电器Y，辅助继电器M，定时器T，计数器C，状态器S等软元件的触点。

6）或下降沿脉冲ORF

功能： 用于下降沿脉冲并联连接。

操作元件： 输入继电器X，输出继电器Y，辅助继电器M，定时器T，计数器C，状态器S等软元件的触点。

脉冲式触点指令的使用如图2.4.4所示。

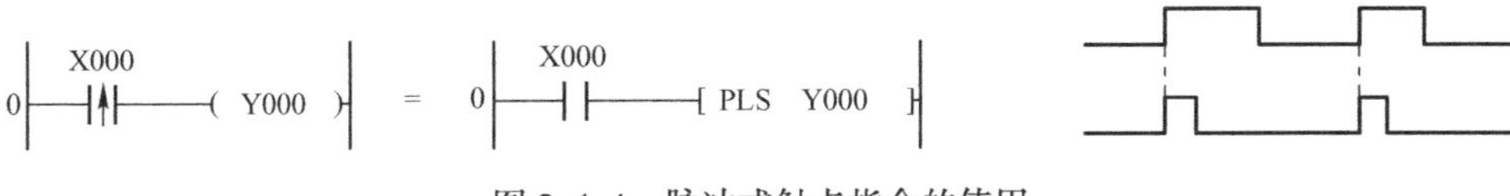

图2.4.4　脉冲式触点指令的使用

2.4.3　任务实施

1. 汽车自动清洗机

将汽车开到清洗机上，工作人员按下启动按钮，清洗机带动汽车开始移动，同时打开喷淋阀门对汽车进行冲洗。当检测开关检测到汽车达到刷洗距离时，旋转刷子开始旋转，对汽车进行刷洗。当检测到汽车离开清洗机时，清洗机停止移动，旋转刷子停止，喷淋阀门关闭，清洗结束。按停止按钮，全部动作停止。请用PLC控制系统实现汽车自动清洗机控制。

1）I/O元件地址分配

采用端口（I/O）地址分配表来确定输入、输出与实际元件的控制关系，如表2.4.1所示。SQ、SB1、SB2为外部输入元件，对应PLC中的输入继电器X0、X1、X2，YV、KM1、KM2为输出元件，对应PLC中的输出继电器Y0、Y1、Y2。

表2.4.1　汽车自动清洗机的I/O地址分配表

输入（I）			输出（O）		
元　　件	功　　能	地址编号	元　　件	功　　能	地址编号
检测开关SQ	检测是否达到刷洗距离	X0	电磁阀线圈YV	控制喷淋阀门	Y0
启动按钮SB1	启动清洗机	X1	接触器KM1	控制清洗机移动	Y1
停止按钮SB2	停止清洗机	X2	接触器KM2	控制旋转刷子旋转	Y2

2）系统接线图

根据 I/O 地址分配表得到汽车自动清洗控制系统的 I/O 接线图，如图 2.4.5 所示。

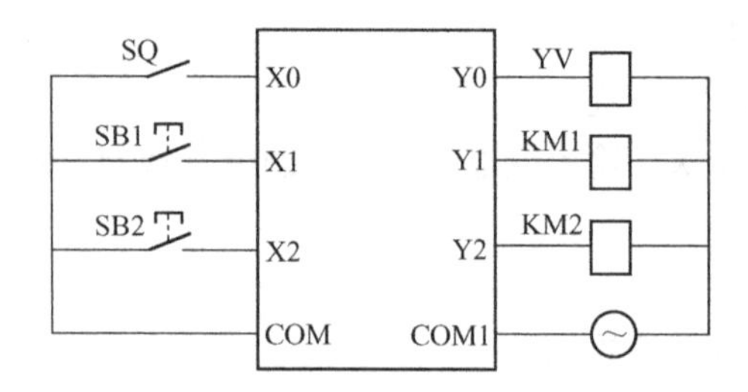

图 2.4.5　汽车自动清洗控制系统的 I/O 接线图

3）控制程序

图 2.4.6 所示控制程序可实现汽车自动清洗功能。

步	指令	操作数
0	LD	X001
1	OR	Y000
2	LDI	X002
3	ANB	
4	ANI	M0
5	OUT	Y000
6	OUT	Y001
7	AND	X000
8	OUT	Y002
9	LD	X000
10	PLF	M0
12	END	

图 2.4.6　汽车自动清洗机控制梯形图及指令语句表

按下启动按钮 X1 时，输入信号，X1 动合触点闭合，输出继电器 Y0、Y1 线圈同时得电自锁，输出信号，清洗机移动，同时打开清洗机喷淋阀门。当清洗机上的汽车移动到检测开关 X0 时，输入信号，X0 动合触点闭合，Y2 线圈得电，输出信号，旋转刷子开始旋转，对汽车进行刷洗。当汽车离开检测开关 X0 时，切断输入信号，Y2 线圈失电，旋转刷子停止旋转，刷洗工作结束；X0 由接通到断开，相当于输入一个下降沿，从而辅助继电器 M0 输出一个扫描周期脉冲，M0 动断触点断开，Y0、Y1 线圈失电，Y0 自锁触点断开，清洗过程结束。

4）安装接线

根据接线图，在实物控制配线板上进行元件的安装及线路的连接。

（1）检查元件。根据任务要求配齐元件，检查元件的规格是否符合要求，并用万用表检测元件是否完好。

（2）固定元件。

（3）配线安装。根据接线图及配线原则和工艺要求，进行配线安装。

（4）自检。检查电路的正确性，确保无误。

5）运行调试

（1）程序下载。将 PLC 与计算机连接，将仿真成功的程序写入 PLC 中。

（2）通电调试。接通电源，监视程序运行情况，确保功能正常实现。

2. 车库卷闸门控制系统

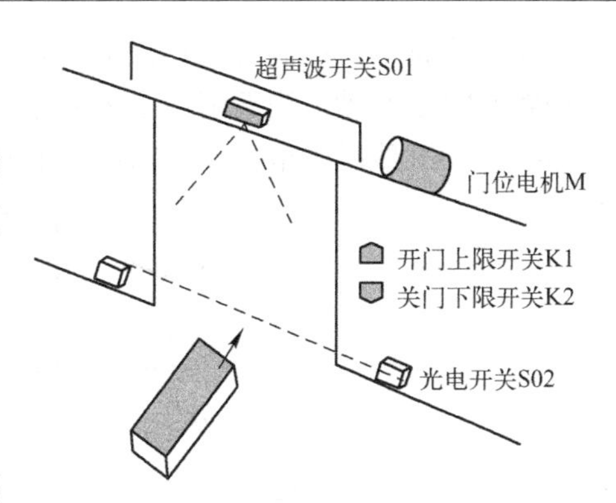

图2.4.7　车库卷闸门控制系统图

一个PLC控制的车库卷闸门控制系统如图2.4.7所示，可以通过选择开关选择卷闸门的控制方式（选择开关有三个位置，停止、手动、自动）。

（1）停止位置：不能对卷闸门进行控制。

（2）手动位置：可用按钮进行开门关门。

（3）自动位置：开门由汽车司机控制，当汽车到达门前时，司机通过遥控器发出开门信号，超声波开关接收到信号后，通过可编程控制器控制卷闸门开启。关门则利用装在卷闸门两边的光电开关来实现，汽车没有进库时，光电开关发光源发出的光束被接收器接收，光电开关输出逻辑0；当汽车正在入库时，发光源发出的光束被遮挡，光电开关输出逻辑1；汽车入库后，发光源发出的光束重新被接收器接收，光电开关重新输出逻辑0，从而形成一个下降沿，利用该下降沿来控制卷闸门的关闭。

1）I/O元件地址分配

采用端口（I/O）地址分配表来确定输入、输出与实际元件的控制关系，如表2.4.2所示。SA手动、SA自动、SB1、SB2、SQ1、SQ2、S1、S2为外部输入元件，对应PLC中的输入继电器X0、X1、X2、X3、X4、X5、X6、X7，KM1、KM2为输出元件，对应PLC中的输出继电器Y0、Y1。

表2.4.2　车库卷闸门控制的I/O地址分配表

输入（I）			输出（O）		
元　件	功　能	地址编号	元　件	功　能	地址编号
选择开关SA	手动控制方式	X0	接触器KM1	开门	Y0
选择开关SA	自动控制方式	X1	接触器KM2	关门	Y1
按钮SB1	手动开门	X2			
按钮SB2	手动关门	X3			
限位开关SQ1	开门上限位	X4			
限位开关SQ2	关门下限位	X5			
超声波开关S1	开门信号自动检测	X6			
光电开关S2	关门信号自动检测	X7			

2）系统接线图

根据I/O地址分配表得到车库卷闸门控制系统的I/O接线图，如图2.4.8所示。

3）控制程序

图2.4.9所示控制程序可实现车库卷闸门系统功能，控制过程如下。

（1）手动控制方式。将选择开关SA扳向手动控制位置，X0输入信号，X0动合触点闭合。

按下开门按钮SB1，X2输入信号，X2动合触点闭合，Y0线圈得电，输出信号，接触器 KM1 线圈得电，控制卷闸门上升。同时，Y0 动合触点闭合，自锁；Y0 动断触点断开，对接触器 KM2 互锁。当卷闸门上升到上限位，碰到限位开关 SQ1，X4 输入信号，X4 动断触点断开，Y0 线圈失电，卷闸门停止上升。

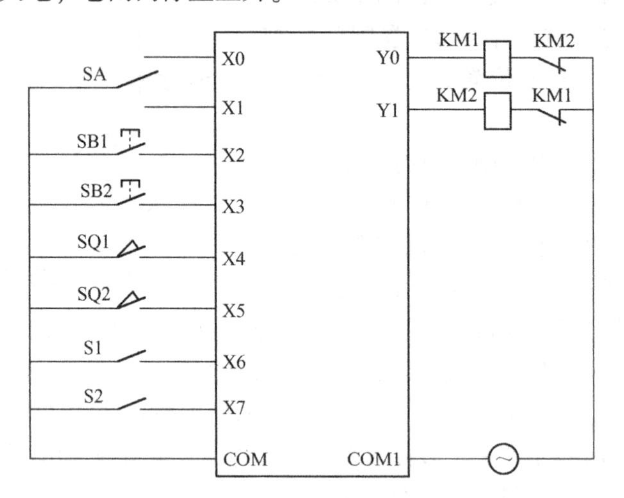

图 2.4.8　车库卷闸门控制系统的 I/O 接线图

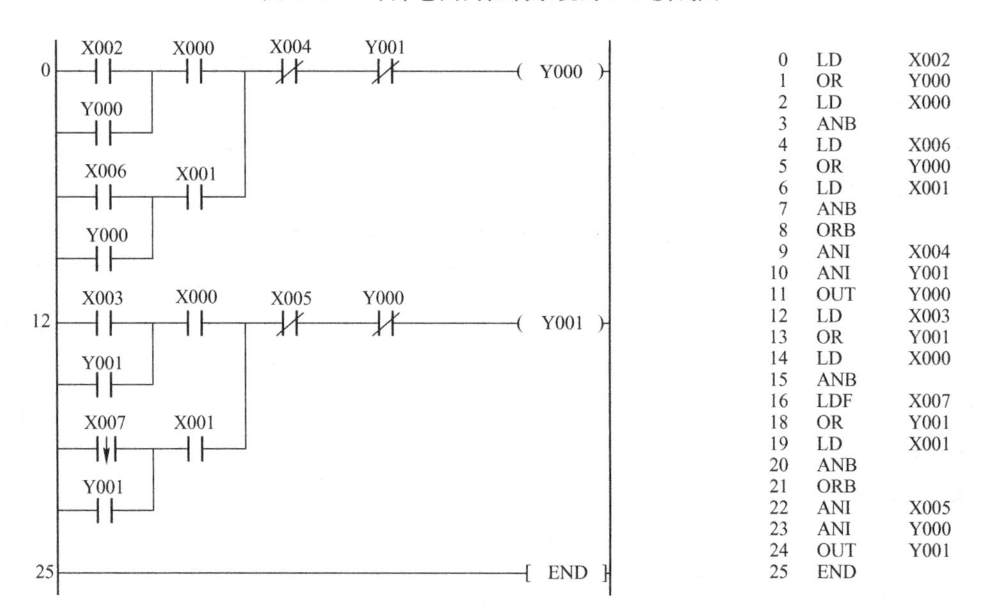

图 2.4.9　车库卷闸门控制梯形图及指令语句表

按下关门按钮 SB2，X3 输入信号，X3 动合触点闭合，Y0 线圈得电，输出信号，接触器 KM2 线圈得电，控制卷闸门下降。同时，Y1 动合触点闭合，自锁；Y1 动断触点断开，对接触器 KM1 互锁。当卷闸门下降到下限位，碰到限位开关 SQ2，X5 输入信号，X5 动断触点断开，Y1 线圈失电，卷闸门停止下降。

（2）自动控制方式。将选择开关 SA 扳向自动位置，X1 输入信号，X1 动合触点闭合。

当汽车到达门前时，司机通过遥控器发出开门信号，超声波开关接收到开门信号，X6 输入信号，Y0 线圈得电，输出信号，接触器 KM1 线圈得电，控制卷闸门上升，同时，Y0 动合触点闭合，自锁；Y0 动断触点断开，对接触器 KM2 互锁。当卷闸门上升到上限位，碰到限位开关SQ1，X4输入信号，X4动断触点断开，Y0线圈失电，卷闸门停止上升。

当汽车正在进入时，X7输入信号，状态为1，但是不起作用。

当汽车进入后，X7状态由1到0变化，相当于输入了一个下降沿，Y0线圈得电，输出信号，接触器KM2线圈得电，控制卷闸门下降。同时，Y1动合触点闭合，自锁；Y1动断触点断开，对KM1互锁。当卷闸门下降到下限位，碰到限位开关SQ2，X5输入信号，X5动断触点断开，Y1线圈失电，卷闸门停止下降。

4）安装接线

根据接线图，在实物控制配线板上进行元件的安装及线路的连接。

（1）检查元件。根据任务要求配齐元件，检查元件的规格是否符合要求，并用万用表检测元件是否完好。

（2）固定元件。

（3）配线安装。根据接线图及配线原则和工艺要求，进行配线安装。

（4）自检。检查电路的正确性，确保无误。

5）运行调试

（1）程序下载。将PLC与计算机连接，将仿真成功的程序写入PLC中。

（2）通电调试。接通电源，监视程序的运行情况，确保功能正常实现。

2.4.4　考核标准

针对上述任务，制定相应的考核评分细则，如表2.4.3所示。

表2.4.3　考核评分细则

序号	考核内容	配分	评分标准	得分
1	职业素养与操作规范	10	（1）未按要求着装，扣2分 （2）未清点工具、仪表等，扣2分 （3）操作过程中，工具、仪表随意摆放，乱丢杂物等，扣2分 （4）完成任务后不清理台位，扣2分 （5）出现人员受伤设备损坏事故，任务成绩为0分	
2	系统设计	20	（1）列出I/O元件分配表，画出系统接线图，每处错误扣2分 （2）写出控制程序，每处错误扣2分 （3）运行调试步骤，每处错误扣2分	
3	安装与接线	20	（1）安装时未关闭电源开关，用手触摸电器线路或带电进行电路连接或改接，本项成绩为0分 （2）线路布置不整齐、不合理，每处扣2分 （3）损坏元件扣5分 （4）接线不规范造成导线损坏，每根扣2分 （5）不按I/O接线图接线，每处扣2分	
4	系统调试	30	（1）不会熟练操作软件输入程序，扣5分 （2）不会进行程序删除、插入、修改等操作，每项扣2分 （3）不会联机下载调试程序，扣10分 （4）调试时造成元件损坏或熔断器熔断，每次扣5分	
5	功能实现	20	（1）不能按控制要求调试系统，扣5分 （2）不能达到系统功能要求，每处扣5分	
合计				

注意：每项内容的扣分不得超过该项的配分。

2.4.5 拓展与提高

1. PLS 指令应用于上电延时

图 2.3.15 所示为一个典型的断电延时电路梯形图，它由一个输入信号触发一个输出信号。实际应用中，有时需要一个信号触发后输出延时接通，而输出信号的断开由其他信号控制。

在图 2.4.10 所示的梯形图中，采用了辅助继电器 M30、M31，其作用就是使输出信号的断开不受输入信号控制。X2 输入信号，X2 动合触点接通 5s 后 Y0 接通，输出信号接通受输入信号控制；X1 输入信号断开，X1 动断触点断开，Y1 线圈马上失电，输出信号 Y1 断开由 X1 控制而非 X2。

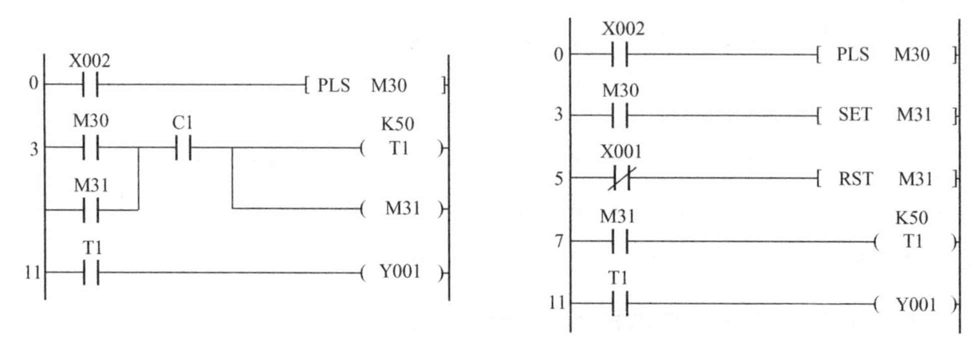

图 2.4.10 PLS 上电延时梯形图

2. 分频电路

用 PLS 指令构成的分频电路梯形图和时序图，如图 2.4.11 所示。在输入信号 X0 的上升沿，M100 接通一个扫描周期。当 M100 接通时，图中最后两行的逻辑运算结果 Y0(n+1) = ~Y0(n)，而当 M100 断开时，Y0(n+1) = Y0(n)，这个运算结果表明，当辅助继电器 M100 不接通时，Y0 的逻辑值保持不变，当 M100 接通时，Y0 的逻辑状态改变一次。

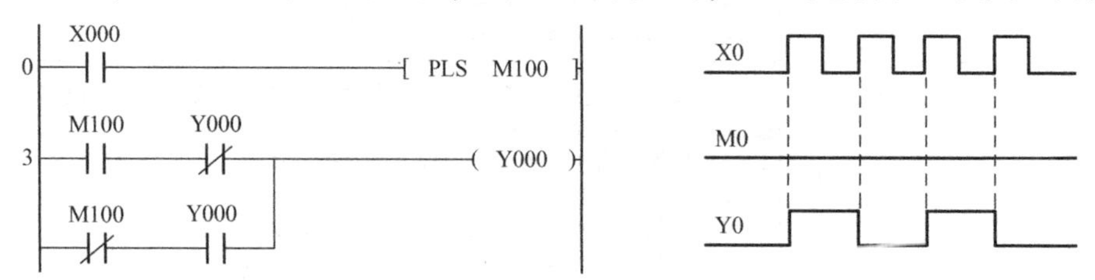

图 2.4.11 用 PLS 指令构成的分频电路梯形图和时序图

2.4.6 思考与练习

1. 填空题

(1) PLS 和 PLF 指令都是实现在程序循环扫描过程中某些只需执行一次的指令。不同之处是________。

（2）PLS、PLF 指令只能用于________元件。

（3）PLC 的可靠性、抗干扰能力高，可以承受幅值为________、时间为________、脉冲宽度为________的干扰脉冲。

（4）32 位计数器的计数当前值从+2147483647 再进行加计数时，计数当前值变为________；从-2147483648 再进行减计数时，计数当前值变为________，这种计数方式称为________计数。

（5）C200 是一个________位计数器，计数方向由________的状态决定，当其 ON 状态时为________计数，当其 OFF 状态时为________计数。

（6）计数器的复位输入电路________，计数输入电路________，当前值________设定值，计数器的当前值加 1。计数当前值等于设定值时，其常开触点________，常闭触点________，当前值为________。

2. 选择题

（1）使用（　　）指令，元件 Y、M 仅在驱动断开后的一个扫描周期内动作。

A. PLS　　B. PLF　　C. MPS　　D. MRD

（2）助记符后附的（　　）表示脉冲执行。

A.（D）符号　　B.（P）符号　　C.（V）符号　　D.（Z）符号

（3）FX 系列 PLC 中 PLF 表示（　　）指令。

A. 下降沿　　B. 上升沿　　C. 输入有效　　D. 输出有效

（4）C0～C199 归类于（　　）。

A. 8 位计数器　　B. 16 位计数器　　C. 32 位计数器　　D. 高速计数器

（5）三菱 PLC 中 16 位的内部计数器，其计数数值最大可设定为（　　）。

A. 32768　　B. 32767　　C. 10000　　D. 100000

3. 分析题

（1）设计一段程序，实现 Y0～Y7 循环点亮。

（2）2～36 号洗手间小便池在有人使用时光电开关使 X0 为 ON，冲水控制系统在使用者使用 3s 后令 Y0 为 ON，冲水 2s，使用者离开后冲水 3s，设计梯形图程序。

（3）小车在初始位置时（X0=1）行程开关受压。按下启动按钮 X0，小车按图 2.4.12 所示顺序运动，每到一个停止位置需停留时间分别为 4s、6s、5s，试设计对应的 PLC 控制梯形图。

要求：完成 PLC I/O 分配表，I/O 接线图，控制梯形图，指令表。

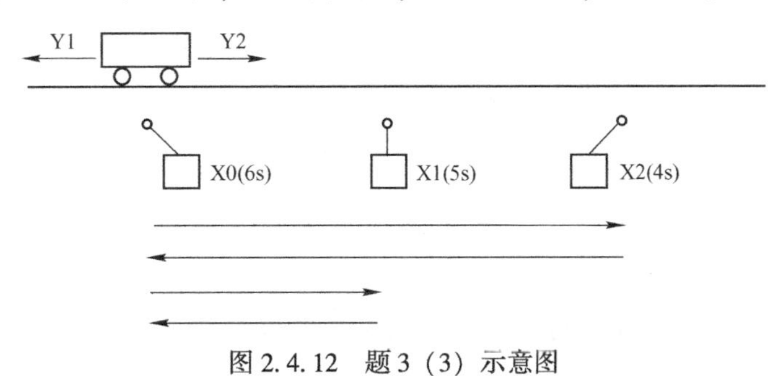

图 2.4.12　题 3（3）示意图

任务 2.5　置位、复位指令及其应用

2.5.1　任务引入与分析

很多的工业设备上装有多台电动机，由于设备各部分的工作节拍不同，或者操作流程要求，各电动机的工作时序不一样。例如，通用机床一般要求主轴电动机启动后才能启动进给电动机，而带有液压系统的机床一般要先启动液压泵电动机后，才能启动其他的电动机，等等。也就是说，在对多台电动机进行控制时，各电动机的启动或停止是有顺序的，这时，我们就需要用置位、复位指令来控制 PLC 的辅助继电器和输出端口，一般用置位指令使辅助继电器置位，电动机得电启动，用复位指令使辅助继电器复位，电动机失电停车。

2.5.2　基础知识

1. 置位、复位指令

1）置位指令 SET

功能： 使被操作的元件接通并保持。

操作元件： 输出继电器 Y、辅助继电器 M、状态元件 S。

2）复位指令 RST

功能： 使被操作的元件断开并保持。

操作元件： 输出继电器 Y、辅助继电器 M，定时器 T、计数器 C、状态元件 S、数据寄存器 D、变址寄存器 V、Z。

SET、RST 指令的使用如图 2.5.1 所示。

图 2.5.1　SET、RST 指令的使用

2. 空操作指令 NOP

功能： 空操作指令，无动作，占一个程序步。

操作元件： 无操作元件。

在普通的指令与指令之间加入 NOP 指令，PLC 将无视其存在而继续工作；在程序中加入 NOP 指令，在修改或追加程序时可以减少步号的变化。

3. 结束指令 END

功能： 结束指令，占一个程序步。

操作元件： 无操作元件。

PLC 按照输入处理、程序执行、输出处理的方式循环进行工作，若在程序中加入结束

指令END，则END指令后的其余程序步不再执行而直接进行输出处理。程序中没有END指令时，PLC将从用户存储器的第一步执行到最后一步，然后从第0步开始重复处理。

调试程序时，在各程序中插入END指令，可分段检查各程序段的动作，确认无误后，再一次删去插入的END指令。

2.5.3 任务实施

1. 送料小车

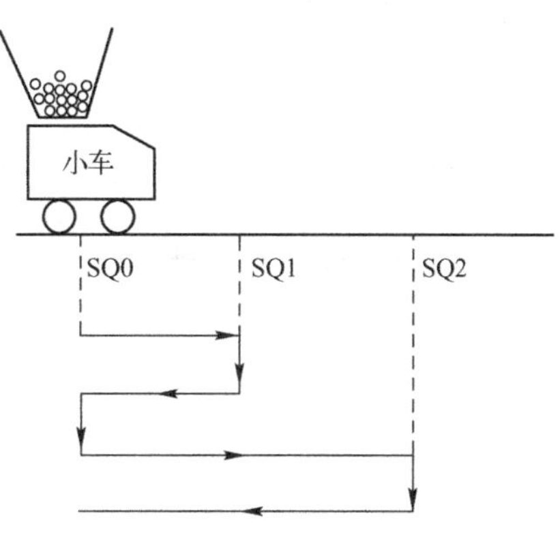

图2.5.2 自动循环送料小车工作示意图

图2.5.2所示为自动循环送料小车工作示意图。小车处于起始位置时SQ0受压。系统启动后，小车在起始位置装料，20s后向右运动，到SQ1位置时SQ1受压小车下料，12s后再返回起始位置，此时SQ0受压，小车上料，20s后向右运动直到SQ2位置下料（在SQ1位置上不停），16s后返回起始位置。以后重复上述过程，直到有复位信号输入。

1）I/O元件地址分配

采用端口（I/O）地址分配表来确定输入、输出与实际元件的控制关系，如表2.5.1所列。SQ0、SQ1、SQ2、SB1、SB2为外部输入元件，对应PLC中的输入继电器X0、X1、X2、X3、X4，KM1、KM2为输出元件，对应PLC中的输出继电器Y0、Y1。

表2.5.1 自动循环送料小车的I/O地址分配表

输入（I）			输出（O）		
元　件	功　能	地址编号	元　件	功　能	地址编号
检测开关SQ0	检测是否达到起始位置	X0	接触器KM1	小车右行	Y0
检测开关SQ1	检测是否达到位置1	X1	接触器KM2	小车左行	Y1
检测开关SQ2	检测是否达到位置2	X2			
按钮SB1	启动	X3			
按钮SB2	复位	X4			

2）系统接线图

根据I/O地址分配表得到送料小车控制系统的I/O接线图，如图2.5.3所示。

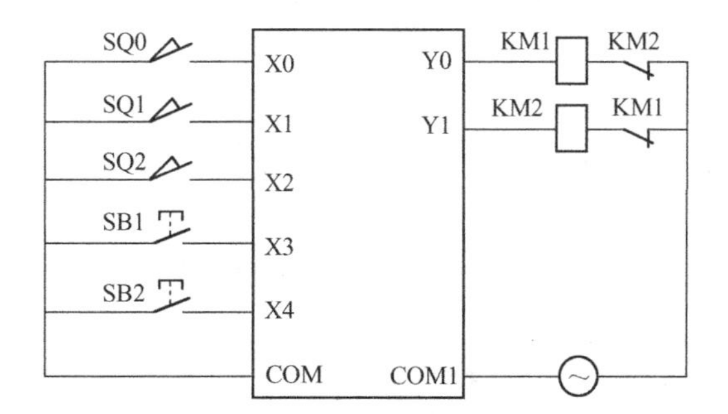

图2.5.3 送料小车控制系统的I/O接线图

3）控制程序

图2.5.4所示的控制程序可实现送料小车控制功能。

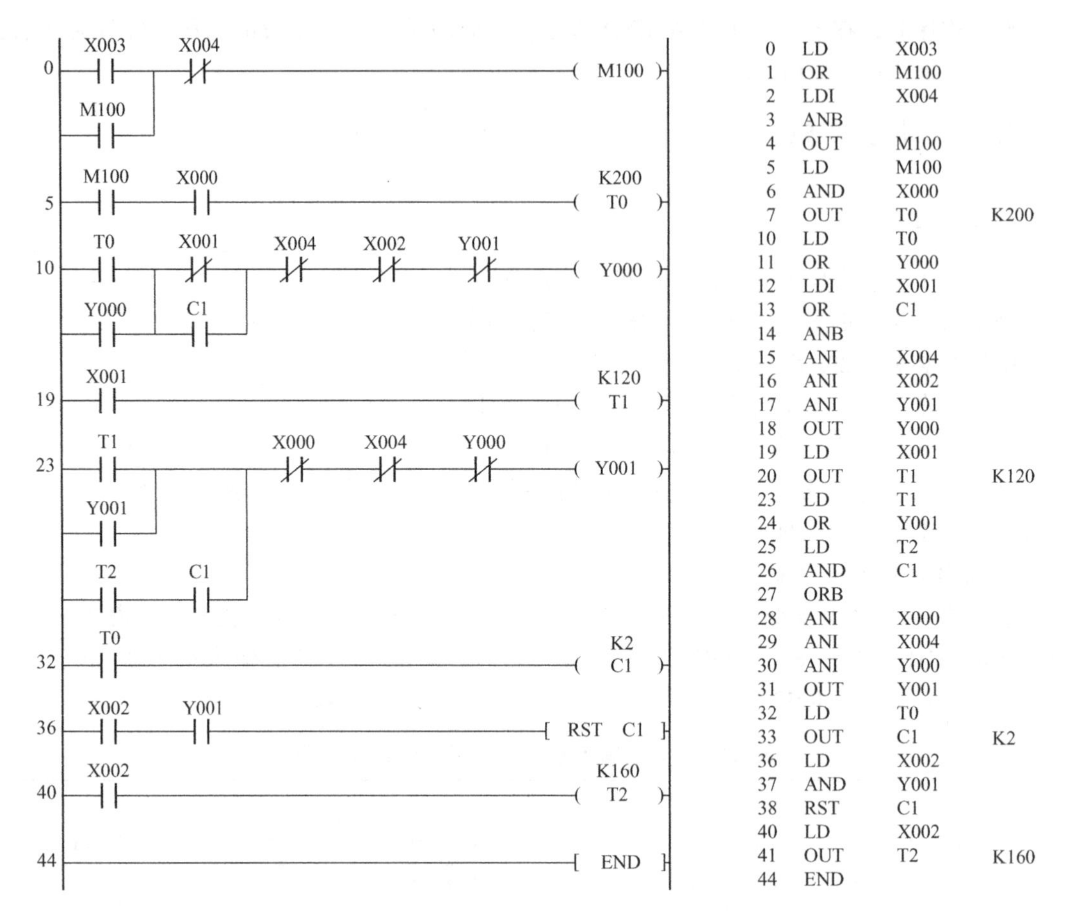

步	指令	元件	常数
0	LD	X003	
1	OR	M100	
2	LDI	X004	
3	ANB		
4	OUT	M100	
5	LD	M100	
6	AND	X000	
7	OUT	T0	K200
10	LD	T0	
11	OR	Y000	
12	LDI	X001	
13	OR	C1	
14	ANB		
15	ANI	X004	
16	ANI	X002	
17	ANI	Y001	
18	OUT	Y000	
19	LD	X001	
20	OUT	T1	K120
23	LD	T1	
24	OR	Y001	
25	LD	T2	
26	AND	C1	
27	ORB		
28	ANI	X000	
29	ANI	X004	
30	ANI	Y000	
31	OUT	Y001	
32	LD	T0	
33	OUT	C1	K2
36	LD	X002	
37	AND	Y001	
38	RST	C1	
40	LD	X002	
41	OUT	T2	K160
44	END		

图2.5.4　送料小车控制梯形图及指令语句表

中间辅助继电器M100作为系统工作开始继电器，按下启动按钮SB1，X3输入信号，M100线圈得电，系统才能工作。

当小车位于SQ0位置时，X0输入信号，开始定时装料，20s后定时器T0接通，Y0线圈得电，输出信号，接通接触器KM1电源，小车右行，同时计数器C1加1。

当小车离开SQ0时，定时器T0复位，但Y0动合触点的自锁功能使Y0线圈始终有电，小车继续右行。

当小车到达SQ1时，X1输入信号，X1动断触点断开，Y0线圈失电，小车停止右行，同时，X1动合触点闭合，开始定时下料；12s后定时器T1接通，使Y1线圈得电，接通接触器KM2电源，小车左行。

当小车离开SQ1时，定时器T1复位，但Y1动合触点的自锁功能使Y1线圈始终有电，小车继续左行。

当小车再次到达SQ0位置时，X0输入信号，Y1线圈失电，停止左行，再次开始定时装料，20s后定时器T0接通，Y0线圈得电，输出信号，接通接触器KM1电源，小车右行，同时计数器 C1 再加 1 达到设定值 2。

当小车离开 SQ0 时，定时器 T0 复位，但 Y0 动合触点的自锁功能使 Y0 线圈始终有电，小车继续右行。

当小车到达 SQ1 时，X1 输入信号，X1 动断触点断开，但 C1 动合触点接通自锁，使小车继续右行达到 SQ2 位置，X2 输入信号，X2 动断触点断开，Y0 线圈失电，小车停止右行。同时，X2 的动合触点接通，开始定时下料，16s 后 T2、C1 的动合触点接通 Y1 线圈，小车再次改变为左行回到起始点 SQ0 处。

SQ2 与 Y1 的动合触点串联使计数器 C1 复位，为下一次循环做准备。

4）安装接线

根据接线图，在实物控制配线板上进行元件的安装及线路的连接。

（1）检查元件。根据任务要求配齐元件，检查元件的规格是否符合要求，并用万用表检测元件是否完好。

（2）固定元件。

（3）配线安装。根据接线图及配线原则和工艺要求，进行配线安装。

（4）自检。检查电路的正确性，确保无误。

5）运行调试

（1）程序下载。将 PLC 与计算机连接，将仿真成功的程序写入 PLC 中。

（2）通电调试。接通电源，监视程序运行情况，确保功能正常实现。

2. 电动机顺序启停控制

图 2.5.5 所示物料输送线由皮带秤与输送带构成，皮带秤对物料进行称重，达到设定值后，物料通过皮带运输送入指定地点。M1 是皮带秤电动机，M2 是输送带电动机，为避免输送带上物料堆积不均匀或洒落，要求输送带电动机启动 2s 后，皮带秤电动机才能转动送料；同样的，只有当皮带秤电动机停止 8s 后，输送带的物料才能运空，输送带电动机才能停止，显然这个控制是一个顺序启停控制。

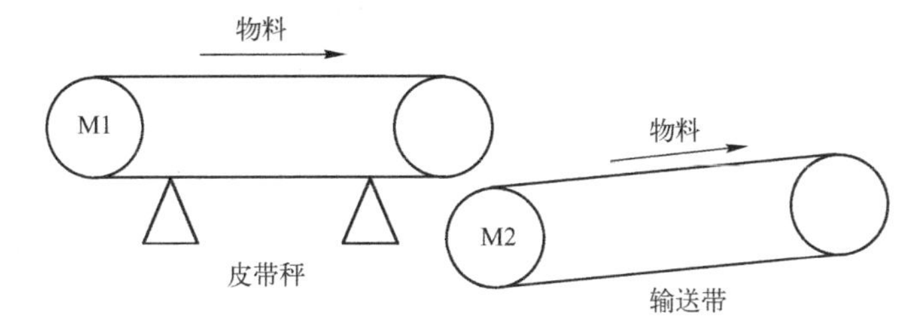

图 2.5.5　物料输送线示意图

物料输送线分为自动与手动两种控制方式。

- 手动控制方式：物料称量完毕后，由人工操作皮带秤电动机和输送带电动机的启停。
- 自动控制方式：物料称量完毕后，向 PLC 输出“称量完成”信号，当物料全部从皮带秤上运走后，输出“称空”信号，PLC 根据“称量完成”和“称空”信号对电动机实施启停控制。

1）I/O 元件地址分配

采用端口（I/O）地址分配表来确定输入、输出与实际元件的控制关系，如表 2. 5. 2 所列。按钮 SB11、SB12、SB21、SB22、SB3 为外部输入元件，对应 PLC 中的输入继电器 X1、X2、X3、X4、X5，KM1、KM2 为输出元件，对应 PLC 中的输出继电器 Y1、Y2。

表 2. 5. 2　电动机顺序启停控制的 I/O 地址分配表

输入（I）			输出（O）		
元　件	功　能	地址编号	元　件	功　能	地址编号
按钮 SB11	启动皮带秤电动机 M1	X1	接触器 KM1	M1 电动机运行	Y1
按钮 SB12	停止皮带秤电动机 M1	X2	接触器 KM2	M2 电动机运行	Y2
按钮 SB21	启动输送带电动机 M2	X3			
按钮 SB22	停止输送带电动机 M2	X4			
按钮 SB3	输送带电机紧急停车	X5			

2）系统接线图

根据 I/O 地址分配表得到电动机顺序启停控制系统的 I/O 接线图，如图 2. 5. 6 所示。

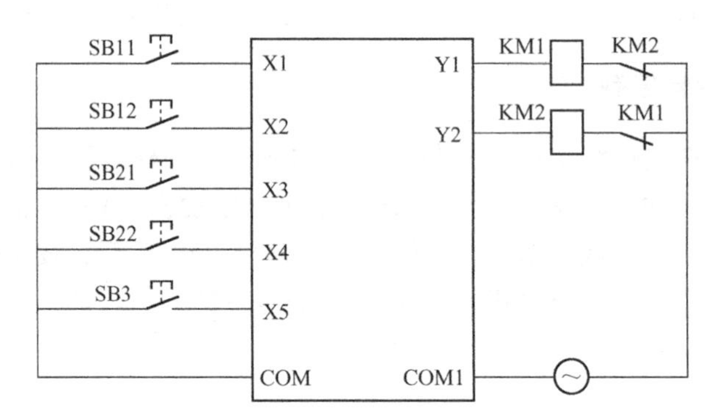

图 2. 5. 6　电动机顺序启停控制系统 I/O 接线图

3）控制程序

图 2. 5. 7 所示控制程序可实现电动机启停控制系统功能，控制过程如下：

1）顺序启动过程

Y2 不得电，M2 不启动，T1 不能启动计时，Y1 不能得电，M1 不能启动。X3 接通，Y2 得电，M2 启动。

（1）T1 开始计时，2s 后，如果 X1 接通，Y1 得电，M1 启动，顺序启动完成。

（2）T2 计时开始，若 Y1 在 8s 内未得电，T2 计时时间到，Y2 被复位，M2 电动机停止。若 8s 内 Y1 得电，M1 启动则 T2 复位，顺序启动完成。

2）顺序停止过程

M1、M2 都启动后，由于 Y1 与 X4 的常闭触点并联，在 Y1 得电时 X4 常闭触点不能使 Y2 复位，即 M1 不停机时 M2 不能停机。

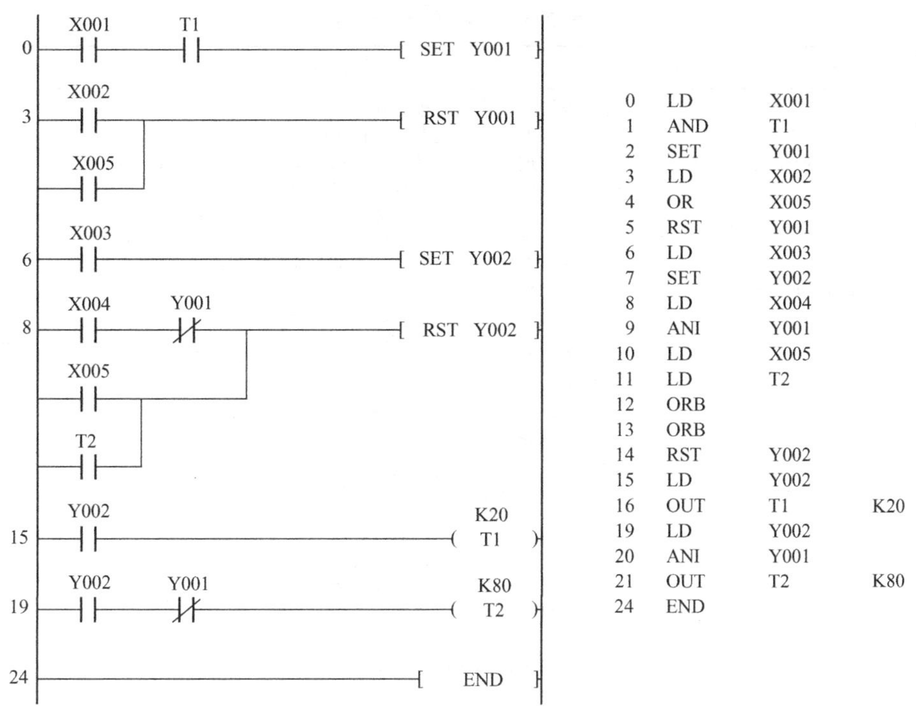

图 2.5.7　电动机顺序启停控制梯形图及指令语句表

（1）当 X2 的常闭触点断开后，Y1 复位，M1 停机的同时 T2 启动，8s 后，T2 计时时间到，其常闭触电断开，Y2 被复位，M2 自动停机，顺序停止完成。

（2）M1 停机的同时 T2 启动，8s 内 T2 计时时间未到，也可以接通 X4 使 Y2 复位，M2 停机。

（3）在任何情况下，按急停开关，X5 常开触点闭合，Y1、Y2 都被复位，M1、M2 同时停机。

4）安装接线

根据接线图，在实物控制配线板上进行元件的安装及线路的连接。

（1）检查元件。根据任务要求配齐元件，检查元件的规格是否符合要求，并用万用表检测元件是否完好。

（2）固定元件。

（3）配线安装。根据接线图及配线原则和工艺要求，进行配线安装。

（4）自检。检查电路的正确性，确保无误。

5）运行调试

（1）程序下载。将 PLC 与计算机连接，将仿真成功的程序写入 PLC 中。

（2）通电调试。接通电源，监视程序的运行情况，确保功能正常实现。

2.5.4　考核标准

针对上述任务，制定相应的考核评分细则，如表 2.5.3 所列。

表 2.5.3 考核评分细则

序号	考核内容	配分	评分标准	得分
1	职业素养与操作规范	10	(1) 未按要求着装，扣 2 分 (2) 未清点工具、仪表等，扣 2 分 (3) 操作过程中，工具、仪表随意摆放，乱丢杂物等，扣 2 分 (4) 完成任务后不清理台位，扣 2 分 (5) 出现人员受伤设备损坏事故，任务成绩为 0 分	
2	系统设计	20	(1) 列出 I/O 元件分配表，画出系统接线图，每处错误扣 2 分 (2) 写出控制程序，每处错误扣 2 分 (3) 运行调试步骤，每处错误扣 2 分	
3	安装与接线	20	(1) 安装时未关闭电源开关，用手触摸电器线路或带电进行电路连接或改接，本项成绩为 0 分 (2) 线路布置不整齐、不合理，每处扣 2 分 (3) 损坏元件扣 5 分 (4) 接线不规范造成导线损坏，每根扣 2 分 (5) 不按 I/O 接线图接线，每处扣 2 分	
4	系统调试	30	(1) 不会熟练操作软件输入程序，扣 5 分 (2) 不会进行程序删除、插入、修改等操作，每项扣 2 分 (3) 不会联机下载调试程序，扣 10 分 (4) 调试时造成元件损坏或熔断器熔断，每次扣 5 分	
5	功能实现	20	(1) 不能按控制要求调试系统，扣 5 分 (2) 不能达到系统功能要求，每处扣 5 分	
合计				

注意：每项内容的扣分不得超过该项的配分。

2.5.5 拓展与提高

PLC 控制设计的基本步骤

1）对控制系统的控制要求进行详细了解

在进行 PLC 控制设计之前，首先要详细了解其工艺过程和控制要求，应采取什么控制方式，需要哪些输入信号，选用什么输入元件，哪些信号需输出到 PLC 外部，通过什么元件执行驱动负载；弄清整个工艺过程各个环节的相互联系；了解机械运动部件的驱动方式，是液压、气动还是电动，运动部件与各电气执行元件之间的联系；了解系统的控制方式是全自动还是半自动的，控制过程是连续运行还是单周期运行，是否有手动调整要求，等等。另外，还要注意哪些量需要监控、报警、显示，是否需要故障诊断，需要哪些保护措施，等等。

2）控制系统初步方案设计

控制系统的方案设计往往是一个渐进式、不断完善的过程。在这一过程中，先大致确定一个初步控制方案，首先解决主要控制部分，对于不太重要的监控、报警、显示、故障诊断以及保护措施等可暂不考虑。

3）根据控制要求确定输入/输出元件，绘制输入/输出接线图和主电路图

根据 PLC 输入/输出量选择合适的输入和输出控制元件，计算所需的输入/输出点数，并参照其他要求选择合适的 PLC 机型。根据 PLC 机型特点和输入/输出控制元件绘制 PLC 输入/输出接线图，确定输入/输出控制元件与 PLC 的输入/输出端的对应关系。输入/输出

元件的布置应尽量考虑接线、布线的方便，同一类的电气元件应尽量排在一起，这样有利于梯形图的编程。一般主电路比较简单，可一并绘制。

4）根据控制要求和输入/输出接线图绘制梯形图

这一步是整个设计过程的关键，梯形图的设计需要掌握 PLC 的各种指令的应用技能和编程技巧，同时还要了解 PLC 的基本工作原理和硬件结构。梯形图的正确设计是确保控制系统安全可靠运行的关键。

5）完善上述设计内容

完善和简化绘制的梯形图，检查是否有遗漏，若有必要还可再反过来修改和完善输入/输出接线图和主电路图及初步方案设计，加入监控、报警、显示、故障诊断和保护措施等，最后进行统一完善。

6）模拟仿真调试

在电气控制设备安装和接线前最好先在 PLC 上进行模拟调试，或在模拟仿真软件上进行仿真调试。

7）设备安装调试

将梯形图输入到 PLC 中，根据设计电路进行电气控制元件安装和接线，在电气控制设备上进行试运行。

2.5.6　思考与练习

分析题

（1）如图 2.5.8 所示，按下按钮 X0 后 Y0 变为 ON 并自保持，T0 定时 7s，用 C0 对 X1 输入的脉冲计数，计数满 4 个脉冲后，Y0 变为 OFF，同时 C0 和 T0 被复位，在 PLC 刚开始执行用户程序时，C0 也被复位，设计出梯形图。

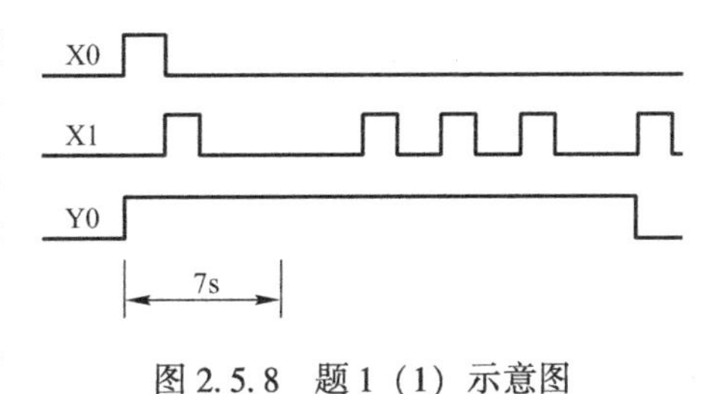

图 2.5.8　题 1（1）示意图

（2）用 FX 系列 PLC 实现如图 2.5.9 所示的继电器电路图的功能，画出 PLC 的外部接线图，设计出梯形图程序。

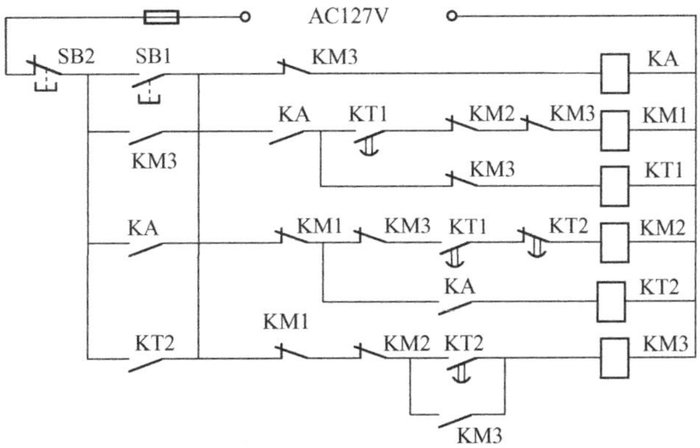

图 2.5.9　题 1（2）示意图

(3) 智力竞赛抢答器显示系统：参加竞赛人分为儿童组、学生组、成人组，其中儿童 2 人，成人 2 人，学生 1 人，主持人 1 人。抢答系统示意图如图 2.5.10 所示。

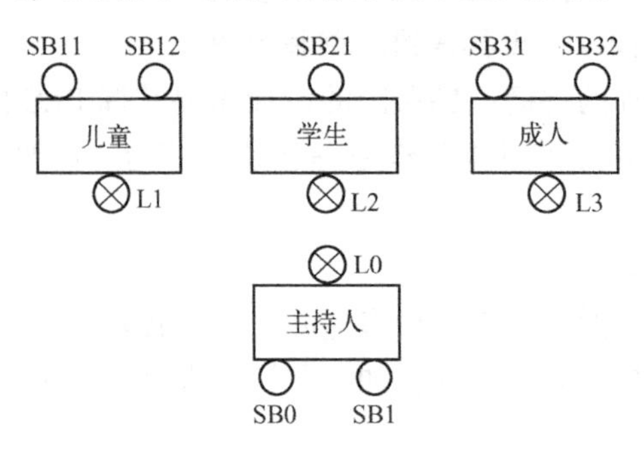

图 2.5.10　抢答系统示意图

控制要求为：

① 只有当主持人按下 SB0 后，指示灯 L0 亮，表示抢答开始，参赛者方可开始按下按钮抢答，否则违例（此时抢答者桌面上灯闪烁）。

② 为了公平，要求儿童组只需 1 人按下按钮，其对应的指示灯亮，而成人组需要 2 人同时按下两个按钮对应的指示灯才亮。

③ 当一个问题回答完毕，主持人按下 SB1，一切状态复位。

④ 成人 1 人违例抢答灯 L3 闪烁。

⑤ 当抢答开始后时间超过 30s，无人抢答，此时铃响，提示抢答时间已过，此题作废。

试写出 I/O 分配表，设计梯形图程序。

项目 3　PLC 步进顺控指令及其应用

任务 3.1　简单流程的程序设计

3.1.1　任务引入与分析

简单流程的控制就是在各个输入信号的作用下，根据内部状态和时间顺序，使生产过程中的各个执行机构能够按照工艺预先规定的顺序，有步骤地、一个阶段接着一个阶段地、自动有序地进行操作，且整个过程从头到尾只有一条路顺序执行，没有分支，没有循环的一种顺序控制。

一般采用顺序控制设计法设计其控制程序。程序的设计过程为首先根据系统的工艺过程画出顺序功能图，然后根据顺序功能图写出梯形图。

本任务介绍使用顺序控制设计法设计简单流程的控制程序过程，即简单流程的顺序功能图及梯形图的编写方法。

3.1.2　基础知识

1. 顺序功能图

1）顺序功能图的定义

顺序功能图又称为流程图或状态图，是一种用图解的方式描述顺序控制程序的功能性语言，专用于顺序控制程序设计，能直观显示出顺序控制的各个步骤。

2）顺序功能图的构成要素

顺序功能图的构成要素分别是步、转换条件、动作和有向连线。

（1）步（或称为状态）。一个顺序控制过程可以根据输出量的变化划分为若干个阶段，这些阶段称为步或状态。在每一步内 PLC 各输出量状态均保持不变，但是相邻两步输出量总的状态是不同的，只要系统的输出量状态发生变化，系统就从原来的步进入新的步。

步的图形符号如图 3.1.1 所示，编号可用辅助继电器 M（如 M0～M499 等）或状态继电器 S 的位（如 S20～S499 等）表示。

① 初始步。系统的初始步是功能图的起点，它的图形符号用双线的矩形框，编号应使用初始状态继电器 S0～S9 表示，如图 3.1.2 所示。

一个顺序功能图中至少要有一个初始步，它应放在顺序功能图的最上面，在 PLC 由 STOP 状态切换至 RUN 状态时，可以用初始化脉冲 M8002 来置位初始状态继电器，为后面步的转换做好准备。需要从某一步返回初始步时，可以对初始状态继电器使用 OUT 或 SET 指令。

② 工作步。工作步是系统正常运行时的各个状态。

步是根据输出量的状态划分的，因此每个步下可能会有与步对应的动作（初始步可能没有动作），如图 3.1.3 所示，在步的右端连接一个矩形框，用以描述该步内的动作或功能。当系统正处于某一步所在的阶段时，该步被称为活动步，步处于活动状态时，步对应的动作被执行，步处于非活动状态时，步对应的非存储型动作停止执行。在当前步为活动步且相邻两步间的转换条件满足时，将实现步与步之间的转换，即上一步的动作结束而下一步的动作开始。

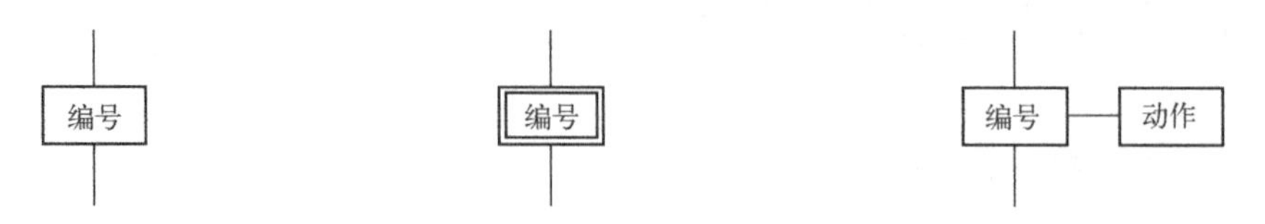

图 3.1.1　步的图形符号　　图 3.1.2　初始步的图形符号　　图 3.1.3　动作的表示方法

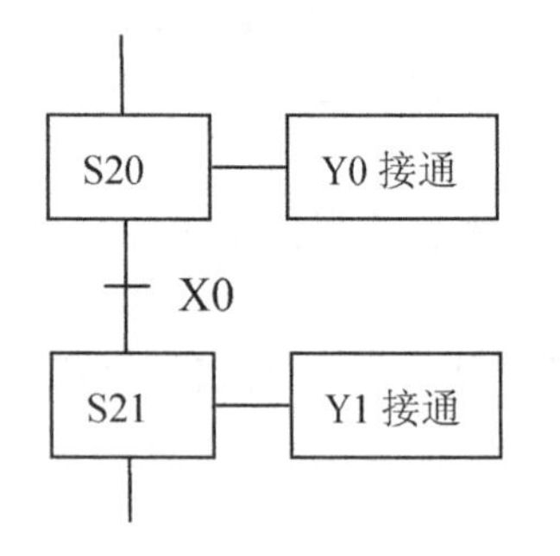

图 3.1.4　转换条件的表示方法

（2）转换条件。使系统由当前步进入下一步需要具备的条件称为转换条件。表示方法为步与步之间的连线上画一短横线，旁边标注条件，如图 3.1.4 所示。

转换条件可以是外部的输入信号，如按钮、限位开关的接通/断开等，也可以是程序运行过程中所产生的信号，如定时器、计数器的常开触点的接通等，也可以是多个信号的逻辑运算组合。

步与步之间转换应满足两个条件：前级步是活动步；对应的转换条件成立。例如，在图 3.1.4 中，当 S20 为活动步，即 S20 为 1 的状态，且转换条件 X0 成立，即 X0 为 1，则进行步的转换，S21 变为活动步，S20 转为非活动步。

（3）动作。每一步所驱动的负载称为步的动作，用方框中的文字或符号表示，并将方框与对应的步相连。

（4）有向连线。各步之间用有向连线连接，表示步转移的方向。有向连线上没有标注箭头时，表示步转移的方向为自上而下，自左而右。

3）功能图的绘制规则

（1）两个状态不能直接相连，之间必须有一个转换隔开。

（2）两个转换也不能直接相连，之间必须有一个状态隔开。

（3）顺序功能图中的初始步对应于系统的初始状态，这一步可能没有输出处于 ON 的状态，所以初学者容易遗漏这一步。初始步是必不可少的，如果没有该步则无法表示初始状态，系统也无法返回停止状态。

（4）自动控制系统应能多次重复执行同一过程，因此顺序功能图应是一个由步和有向连线组成的闭环系统，即系统在完成一个周期的全部操作后应该从最后一步返回到初始步，为开始下一周期的操作做好准备。

2. 简单流程的顺序功能图

1）简单流程的概念

如图3.1.5所示，由一系列相继激活的步组成，每一步后面只有一个转换，每一个转换后面只有一个步，这种结构的顺序功能图是简单流程的顺序功能图。

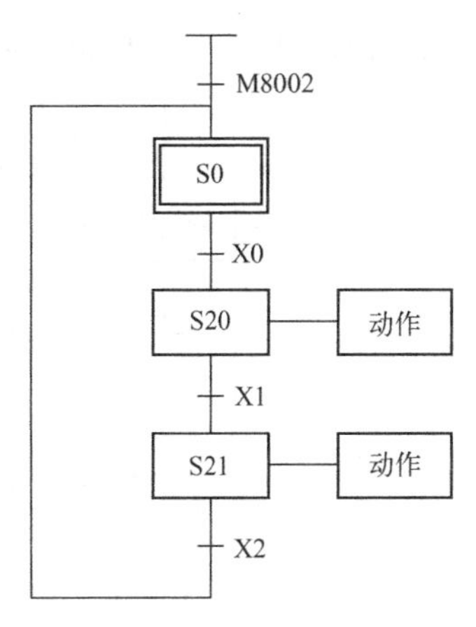

图3.1.5　简单流程的顺序功能图

2）举例

图3.1.6所示为自动运料小车控制系统示意图，控制要求如下：

(1) 小车由电动机驱动，电动机正转时小车前进，反转则后退。初始时，小车停在左端，左限位SQ2压合。

(2) 按下开始按钮，小车开始装料。10s后装料结束，小车前进至右端，压合右限位SQ1，小车开始卸料。

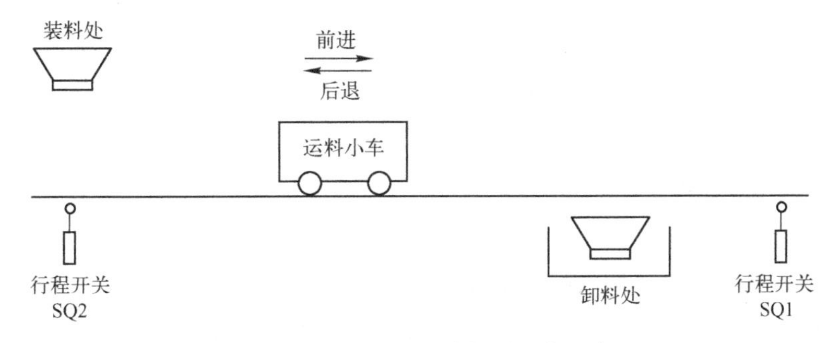

图3.1.6　自动运料小车控制系统示意图

(3) 8s后卸料结束，小车后退至左端，压合左限位SQ2，小车停在初始位置。

顺序功能图的设计过程分为4个阶段：将任务分解为若干状态、弄清每个状态的功能、找出每个状态的转移条件及方向和设置初始状态。下面依据这4个阶段设计自动运料小车控制系统的顺序功能图。

(1) 分析运料小车的控制要求后，可以将其控制过程描述为初始状态、装料、前进、卸料、后退5种状态。

(2) 初始状态小车停止，没有动作；装料状态时动作为装料，计时10s；前进状态时动作为前进，接触器得电，小车前进；卸料状态时动作为卸料，计时8s；后退状态时动作为后退，接触器得电，小车后退。

(3) 从初始状态到下一状态的转换由启动信号控制，有启动信号，则小车就进入装料状态。装料结束后，小车转入前进状态；前进到右限位后，小车转入卸料状态；卸料结束后，小车进入后退状态，后退结束后，小车又转入初始状态。

(4) PLC运行时使初始状态变为活动步，所以用M8002作为最初转入初始步的一个条件。

其过程如图3.1.7所示。根据运料小车的运动过程框图，利用顺序功能图的组成要素，可以得出相应的顺序功能图，如图3.1.8所示。

从以上例子可以看出，一个顺序控制过程可以分成若干个状态，状态和状态之间由转换条件隔开，每个状态中的动作不同。当相邻的状态之间的转换条件成立时，可以实现状态的转换，即上一个状态的动作结束下一个状态的动作开始。

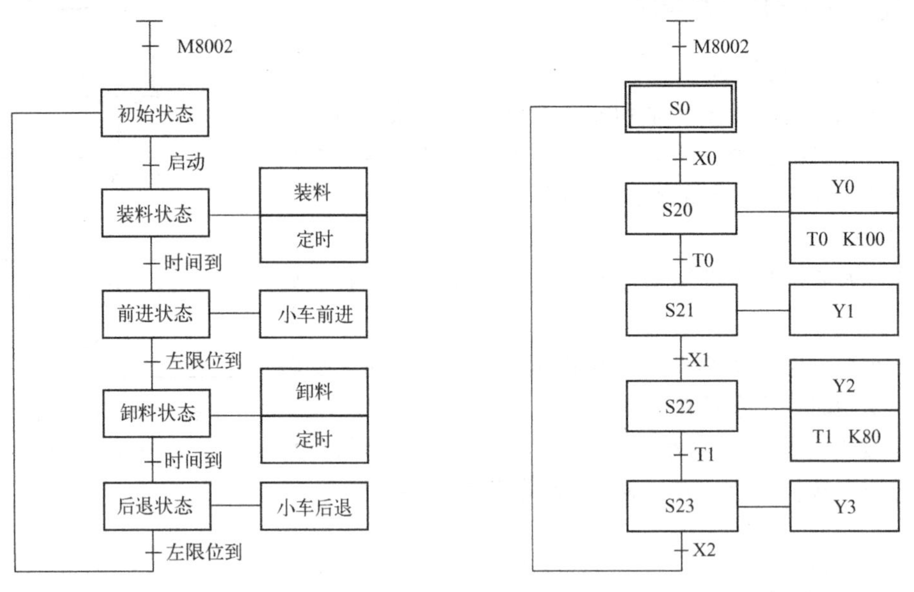

图 3. 1. 7　运料小车的运动过程框图　　　图 3. 1. 8　运料小车的顺序功能图

3. 简单流程的编程方法

1）步进指令

FX 系列 PLC 的步进指令有 STL 指令和使 STL 指令复位的 RET 指令，用状态继电器编制出顺序功能图后，使用这两条指令，可以很方便地编写出相应的梯形图。

图 3. 1. 9 所示顺序功能图与梯形图的对应关系。STL 指令的状态继电器的常开触点称为 STL 触点，习惯称为“胖”触点。STL 触点驱动的电路块有 3 个功能：对负载的驱动处理、指定转换条件、指定转换目标。在图 3. 1. 9 中，当 S21 状态激活时，驱动负载 Y1（Y1 为 ON）；S21 为激活状态且转换条件 X1 成立（X1 为 ON）时，状态 S22 激活，同时关闭上一个状态 S21，实现状态的转换。当 S21 状态关闭时，不再驱动负载 Y1，即 Y1 变为 OFF。

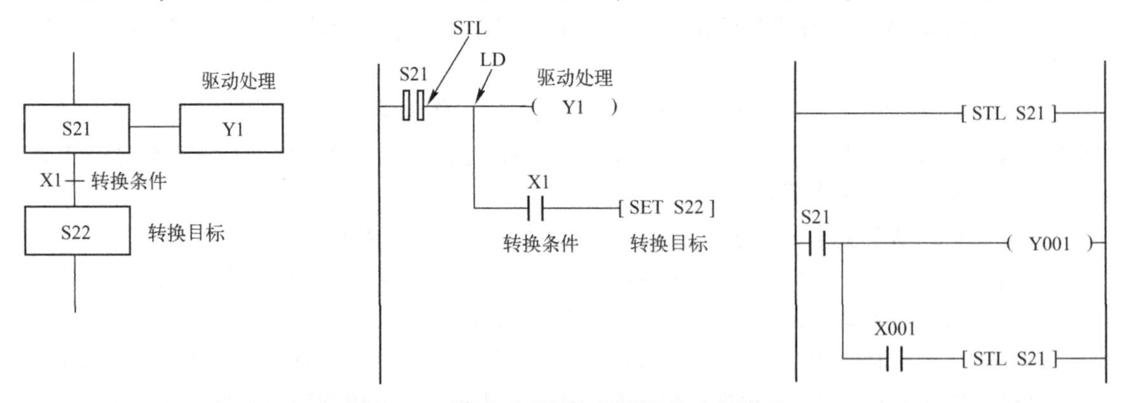

图 3. 1. 9　顺序功能图与梯形图的对应关系

2）步进顺控的梯形图设计

图 3. 1. 10 所示为根据图 3. 1. 8 中的顺序功能图画出的梯形图。

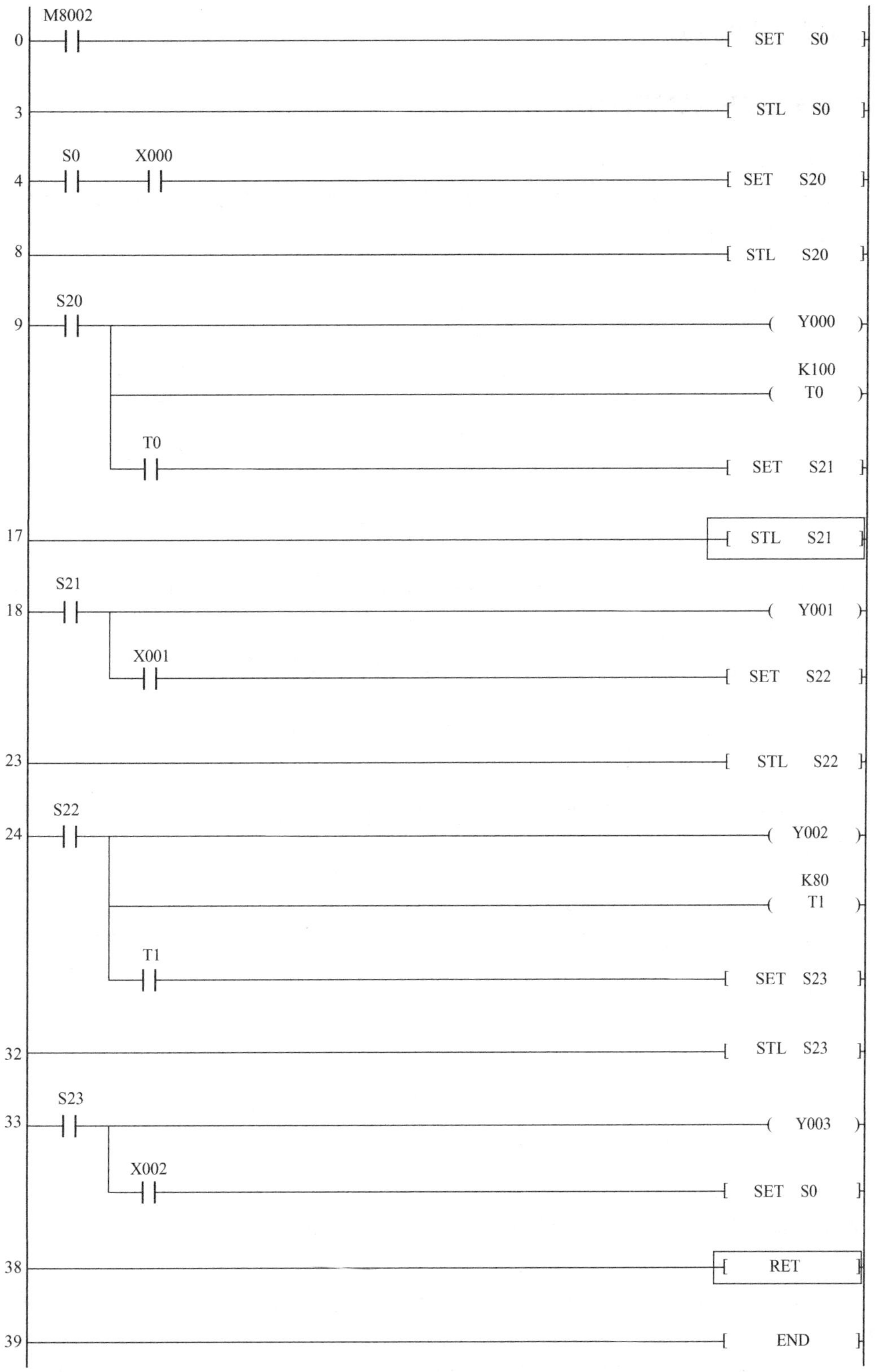

```
      M8002
 0 ───┤ ├──────────────────────────────[ SET   S0  ]

 3 ────────────────────────────────────[ STL   S0  ]

      S0       X000
 4 ───┤ ├──────┤ ├─────────────────────[ SET   S20 ]

 8 ────────────────────────────────────[ STL   S20 ]

      S20
 9 ───┤ ├──┬───────────────────────────(  Y000     )
           │                               K100
           ├───────────────────────────(  T0       )
           │   T0
           └───┤ ├─────────────────────[ SET   S21 ]

17 ────────────────────────────────────[ STL   S21 ]

      S21
18 ───┤ ├──┬───────────────────────────(  Y001     )
           │   X001
           └───┤ ├─────────────────────[ SET   S22 ]

23 ────────────────────────────────────[ STL   S22 ]

      S22
24 ───┤ ├──┬───────────────────────────(  Y002     )
           │                               K80
           ├───────────────────────────(  T1       )
           │   T1
           └───┤ ├─────────────────────[ SET   S23 ]

32 ────────────────────────────────────[ STL   S23 ]

      S23
33 ───┤ ├──┬───────────────────────────(  Y003     )
           │   X002
           └───┤ ├─────────────────────[ SET   S0  ]

38 ────────────────────────────────────[   RET     ]

39 ────────────────────────────────────[   END     ]
```

图3.1.10　顺控指令的使用举例

3.1.3 任务实施

1. 小车三点移动控制程序设计

1）项目描述

如图 3.1.11 所示，某小车要求在 A、B、C 三点之间来回移动（A、B、C 三点在一条路线上），一个周期的过程如下：

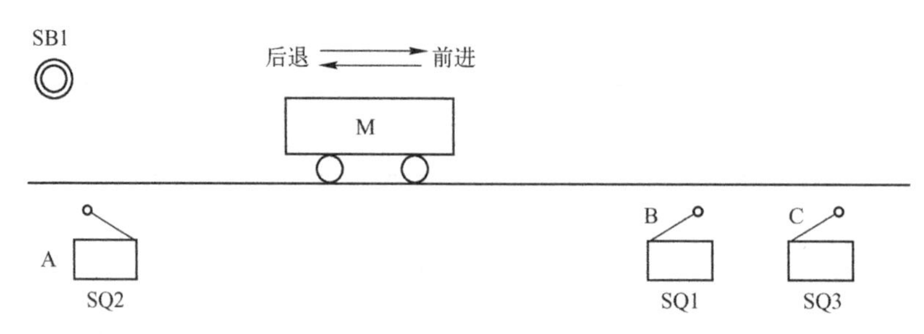

图 3.1.11　三点自动往返示意图

（1）按下启动按钮“SB1”，台车电动机 M 正转，台车前进，碰到限位开关 SQ1 后，台车电动机反转，台车后退。

（2）台车后退碰到限位开关 SQ2 后，台车电动机 M 停转，停 5s，第二次前进，碰到限位开关 SQ3，再次后退。

（3）当后退再次碰到限位开关 SQ2 时，台车停止。延时 5s 后重复上述过程。

2）I/O 地址分配

分析控制要求，要实现任务需要 5 个输入 2 个输出，I/O 设备及 I/O 点地址分配如表 3.1.1 所列。

表 3.1.1　I/O 设备及 I/O 地址分配

输入元件	输入地址	输出元件	输出地址
启动按钮 SB1	X0	前进 KM1	Y10
B 点限位 SQ1	X1	后退 KM2	Y11
A 点限位 SQ2	X2		
C 点限位 SQ3	X3		

3）PLC 接线图

由 I/O 地址分配表画出 PLC 接线图，如图 3.1.12 所示。

4）顺序功能图和梯形图程序的设计

（1）依据设计顺序功能图的 4 个阶段设计得小车三点移动控制的顺序功能图，如图 3.1.13 所示。

（2）编写梯形图程序。根据设计的顺序功能图编写梯形图程序，如图 3.1.14 所示。

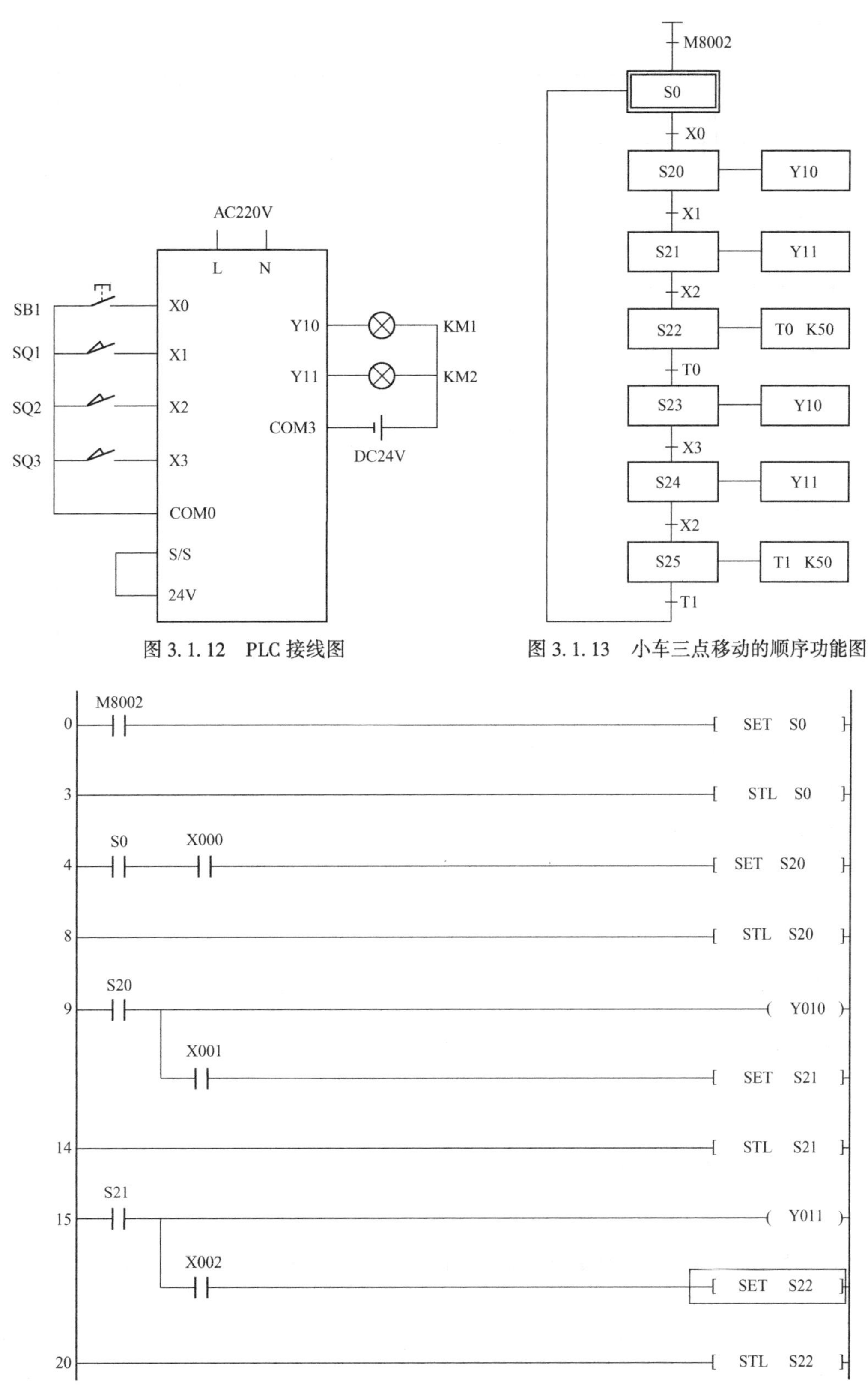

图 3.1.12　PLC 接线图

图 3.1.13　小车三点移动的顺序功能图

图 3.1.14　小车三点移动控制梯形图

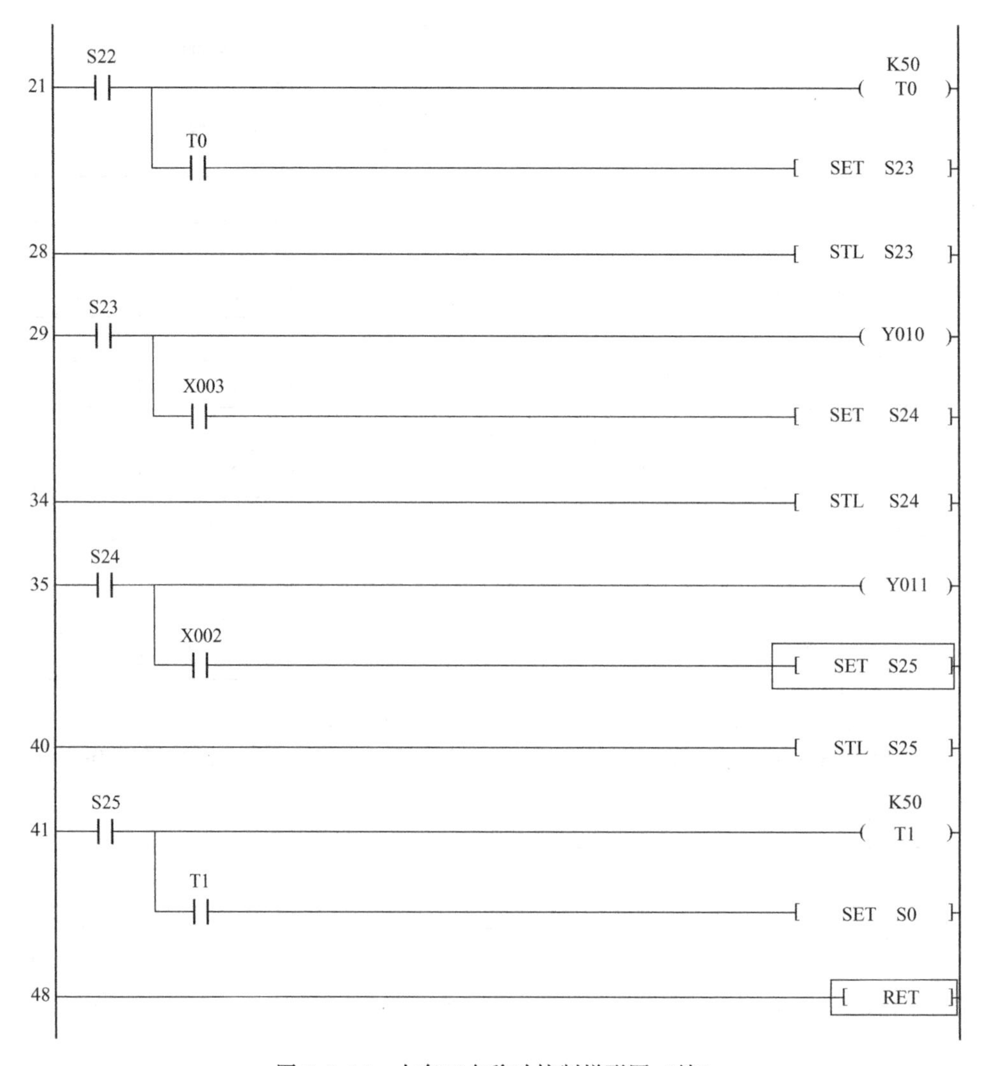

图 3.1.14　小车三点移动控制梯形图（续）

5）操作方法

(1) 按照图 3.1.12 所示，将 I/O 设备分别连接到 PLC 相应的 I/O 点，并连接 PLC 电源。检查电路的正确性，确保无误。

(2) 输入图 3.1.14 所示的梯形图，下载至 PLC 并运行，根据控制要求进行程序的调试。调试时要注意动作顺序。

2. 十字路口交通灯控制程序设计

1）项目描述

某企业承担一个十字路口交通灯控制系统设计任务，其控制要求如图 3.1.15 所示（启停采用开关控制，当开关合上时，系统开始工作，开关打开时，系统完成当前周期停止），请根据控制要求用 PLC 设计其控制系统并调试［绿灯闪烁 3s，每闪一下的周期是 1s（亮 0.5s 熄 0.5s）］。

2）I/O 地址分配

分析控制要求，要实现任务需要 1 个输入 6 个输出，I/O 设备及 I/O 点地址分配如表 3.1.2 所列。

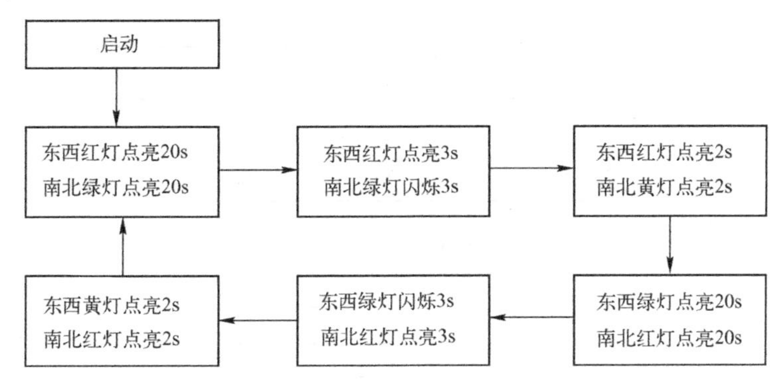

图 3.1.15　十字路口交通灯控制要求

表 3.1.2　I/O 设备及 I/O 地址分配

输入元件	输入地址	输出元件	输出地址
启停开关	X0	东西绿灯	Y10
		东西黄灯	Y11
		东西红灯	Y12
		南北绿灯	Y13
		南北黄灯	Y14
		南北红灯	Y15

3）PLC 接线图

由 I/O 地址分配表画出 PLC 接线图，如图 3.1.16 所示。

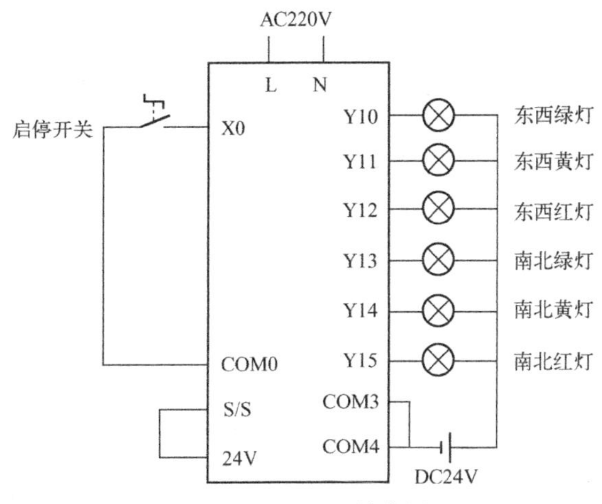

图 3.1.16　PLC 接线图

4）顺序功能图和梯形图程序的设计

（1）依据设计顺序功能图的 4 个阶段设计的十字路口交通灯控制的顺序功能图，如图 3.1.17 所示。

（2）编写梯形图程序。根据设计的顺序功能图编写梯形图程序，如图 3.1.18 所示。

M8002
S0
X0
S20
Y12
Y13
T0 K200
T0
S21
Y12
T1 K30
M8013
T1
Y13
S22
Y12
Y14
T2 K20
T2
S23
Y15
Y10
T3 K200
T3
S24
Y15
T4 K30
T4
M8013
Y10
S25
Y15
Y11
T5 K20
T5

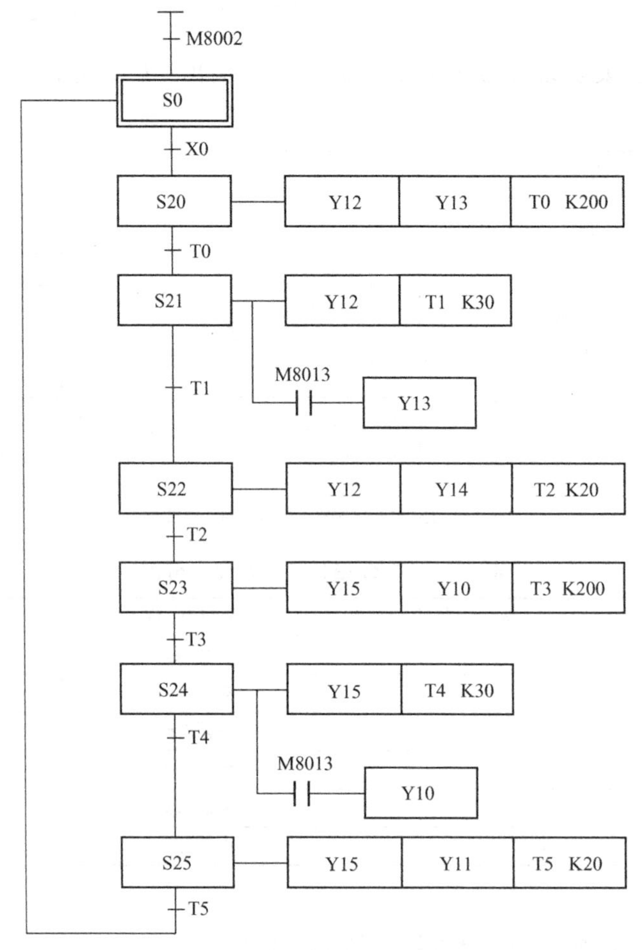

图 3.1.17　十字路口交通灯控制的顺序功能图

M8002
0
SET S0
3
STL S0
S0
X000
4
SET S20
8
STL S20
S20
9
Y012
Y013
K200
T0
T0
SET S21

图 3.1.18　十字路口交通灯控制的梯形图

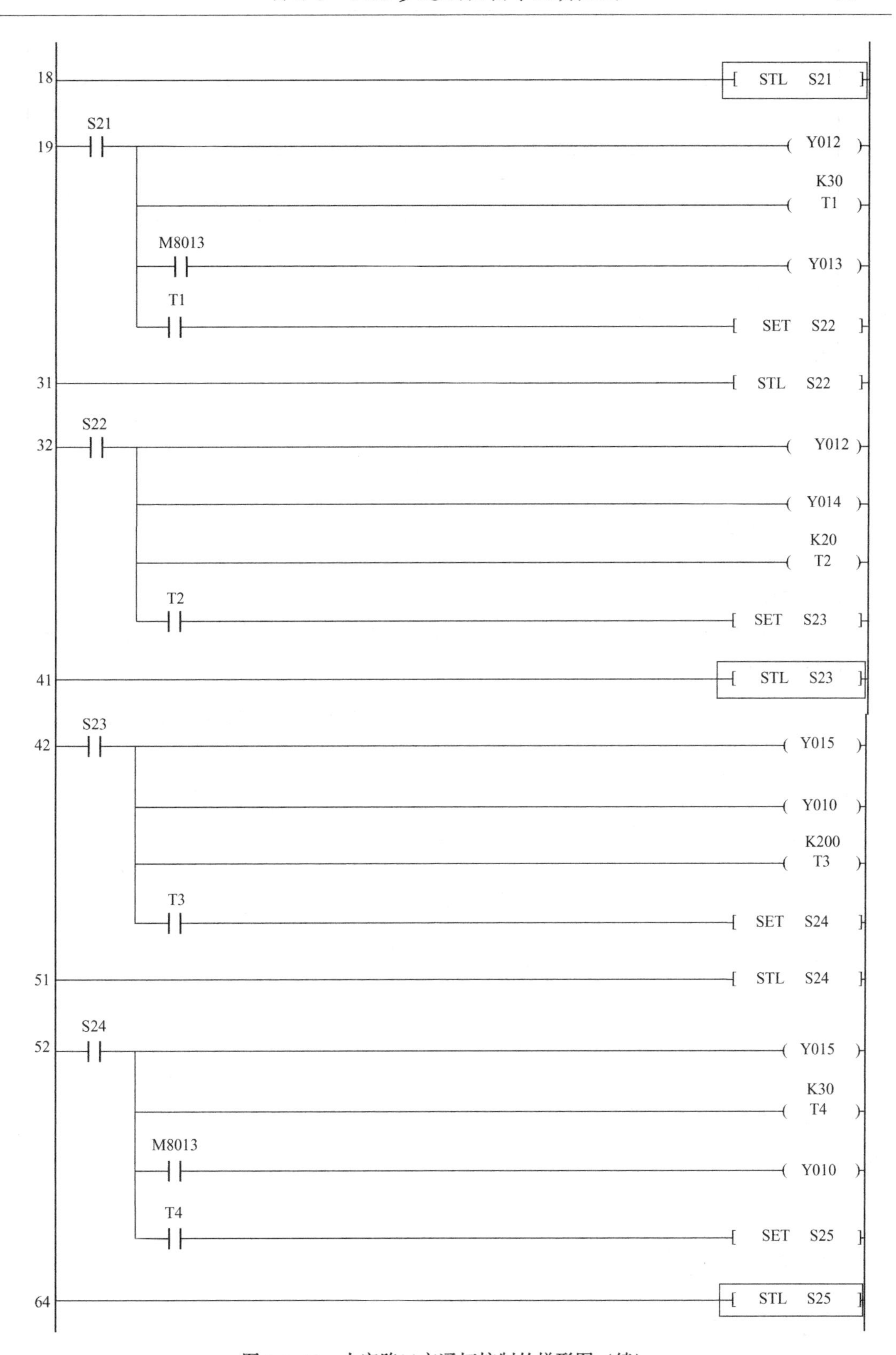

图 3.1.18　十字路口交通灯控制的梯形图（续）

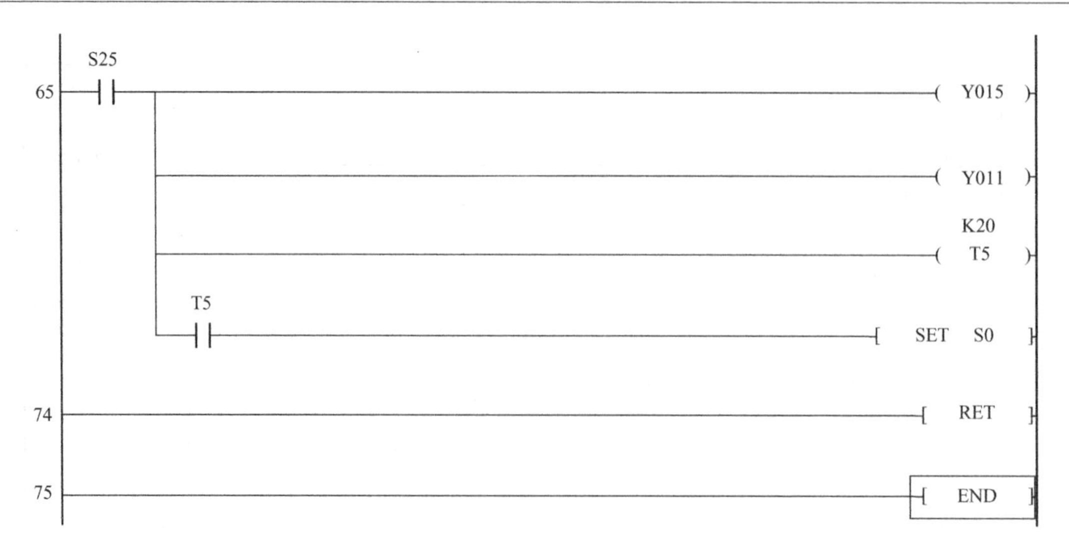

图 3.1.18　十字路口交通灯控制的梯形图（续）

5）操作方法

（1）按照图 3.1.16 所示，将 I/O 设备分别连接到 PLC 相应的 I/O 点，并连接 PLC 电源。检查电路的正确性，确保无误。

（2）输入图 3.1.18 所示的梯形图，下载至 PLC 并运行，根据控制要求进行程序的调试。调试时要注意动作顺序。

3. 两种液体混合控制程序设计

1）项目描述

某企业承担一个两种液体自动混合装置 PLC 的设计任务，如图 3.1.19 所示。上限位、下限位和中限位液体传感器被液体淹没时为 ON。阀 A、阀 B 和阀 C 为电磁阀，线圈通电时打开，线圈断电时关闭。开始时容器是空的，各阀门均关闭，各传感器均为 OFF。按下启动按钮后，阀 A 打开，液体 A 流入容器，中限位开关变为 ON 时，关闭阀 A，打开阀 B，液体 B 流入容器，当液面达到上限位开关时，关闭阀 B，电动机 M 开始运行，搅动液体，6s 后停止搅动，打开阀 C，放出混合液体，当液面下降至下限位开关后再过 2s，容器放空，关闭阀 C，打开阀 A，开始下一个周期的操作。按下停止按钮，只有在当前周期的操作结束后才停止操作（停在初始状态）。

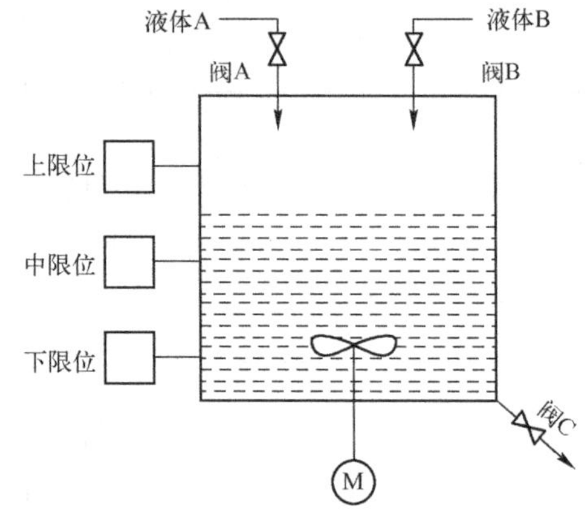

图 3.1.19　两种液体自动混合模拟示意图

2）I/O 地址分配

分析控制要求，要实现任务需要 5 个输入 4 个输出，I/O 设备及 I/O 点地址分配如表 3.1.3 所列。

3）PLC 接线图

由 I/O 地址分配表画出 PLC 接线图，如图 3.1.20 所示。

表3.1.3　I/O设备及I/O地址分配

输入元件	输入地址	输出元件	输出地址
启动按钮	X0	阀A	Y10
停止按钮	X1	阀B	Y11
上限位	X2	阀C	Y12
中限位	X3	电动机M	Y13
下限位	X4		

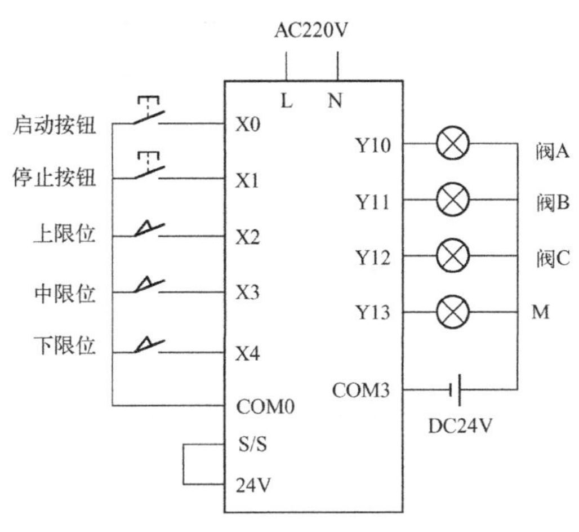

图3.1.20　PLC接线图

4）顺序功能图和梯形图程序的设计

（1）依据设计顺序功能图的4个阶段设计的两种液体混合控制的顺序功能图，如图3.1.21所示。

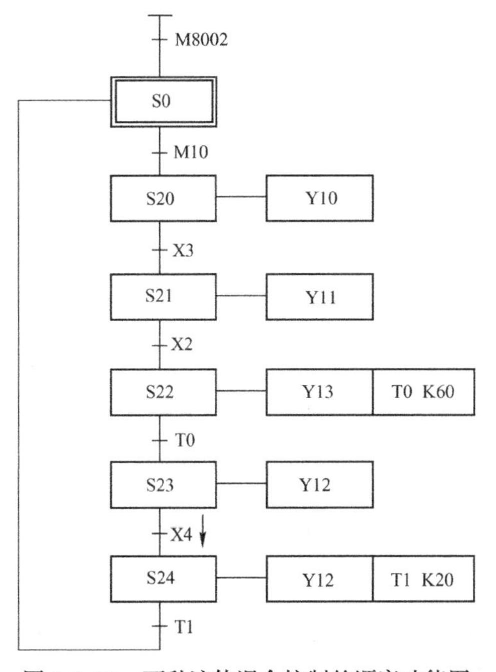

图3.1.21　两种液体混合控制的顺序功能图

(2) 编写梯形图程序。根据设计的顺序功能图编写梯形图程序，如图 3.1.22 所示。

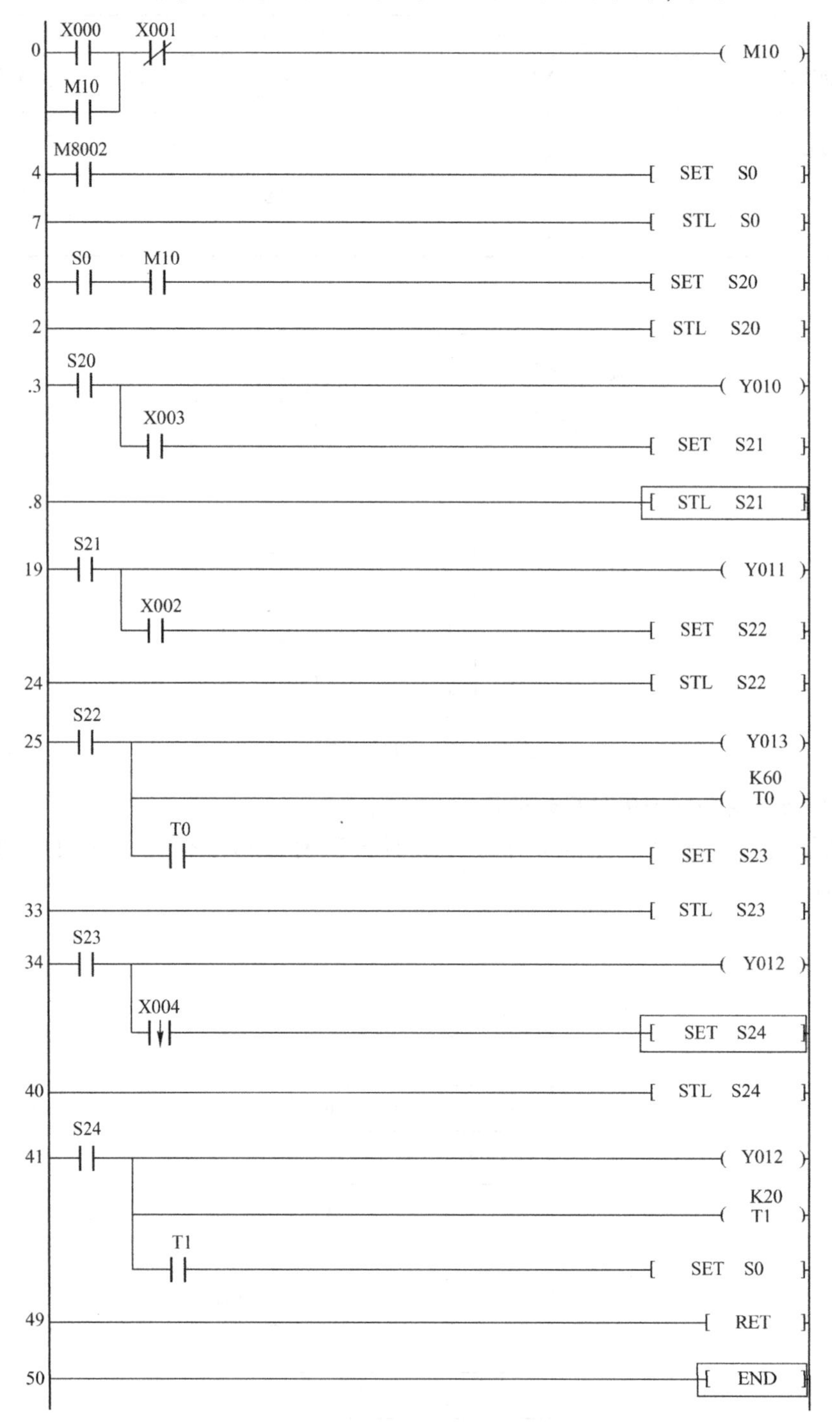

图 3.1.22　两种液体混合控制的梯形图

5) 操作方法

(1) 按照图 3.1.20 所示，将 I/O 设备分别连接到 PLC 相应的 I/O 点，并连接 PLC 电源。检查电路的正确性，确保无误。

（2）输入图 3.1.22 所示的梯形图，下载至 PLC 并运行，根据控制要求进行程序的调试。调试时要注意动作顺序。

4. 机械手控制程序设计

1）项目描述

某企业承担一个机械手控制系统设计任务，要求用机械手将工件从 A 处抓取并放到 B 处，系统示意图如图 3.1.23 所示。总体控制要求如下：

（1）机械手停在初始状态，SQ4 = SQ2 = 1，SQ3 = SQ1 = 0，原位指示灯 HL 点亮，按下启动开关 SB1，下降指示灯 YV1 点亮，机械手下降，（SQ2 = 0）下降到 A 处后（SQ1 = 1）夹紧工件，夹紧指示灯 YV2 点亮。

（2）夹紧工件后，机械手上升，（SQ1 = 0）上升指示灯 YV3 点亮，上升到位后（SQ2 = 1），机械手右移（SQ4 = 0），右移指示灯 YV4 点亮。

（3）机械手右移到位后（SQ3 = 1）下降指示灯 YV1 点亮，机械手下降。

（4）机械手下降到位后（SQ1 = 1）夹紧指示灯 YV2 熄灭，机械手放松。

（5）机械手放下工件后，原路返回至原位停止。

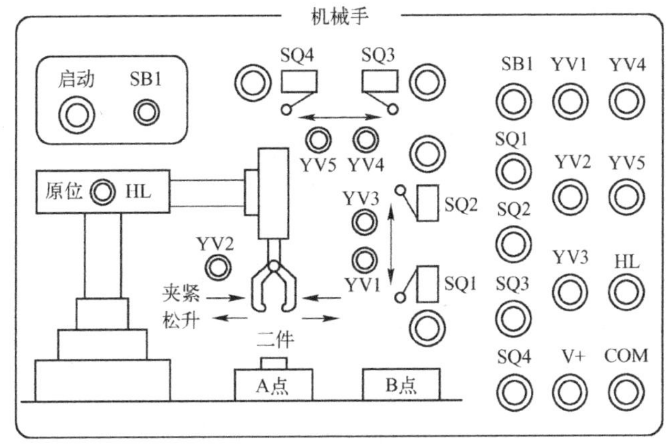

图 3.1.23　机械手控制示意图

2）I/O 地址分配

分析控制要求，要实现任务需要 5 个输入 6 个输出，I/O 设备及 I/O 地址分配如表 3.1.4 所列。

表 3.1.4　I/O 设备及 I/O 地址分配

输入元件	输入地址	输出元件	输出地址
启动开关 SB1	X0	原位指示灯 HL	Y10
下限位 SQ1	X1	下降 YV1	Y11
上限位 SQ2	X2	夹紧/放松 YV2	Y12
右限位 SQ3	X3	上升 YV3	Y13
左限位 SQ4	X4	右移 YV4	Y14
		左移 YV5	Y15

3）PLC 接线图

由 I/O 地址分配表画出 PLC 接线图，如图 3.1.24 所示。

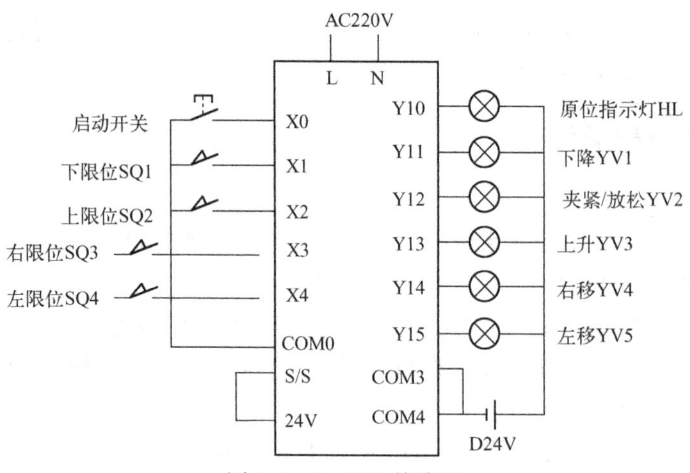

图 3.1.24　PLC 接线图

4）顺序功能图和梯形图程序的设计

（1）依据顺序功能图的 4 个阶段设计得到机械手控制的顺序功能图，如图 3.1.25 所示。

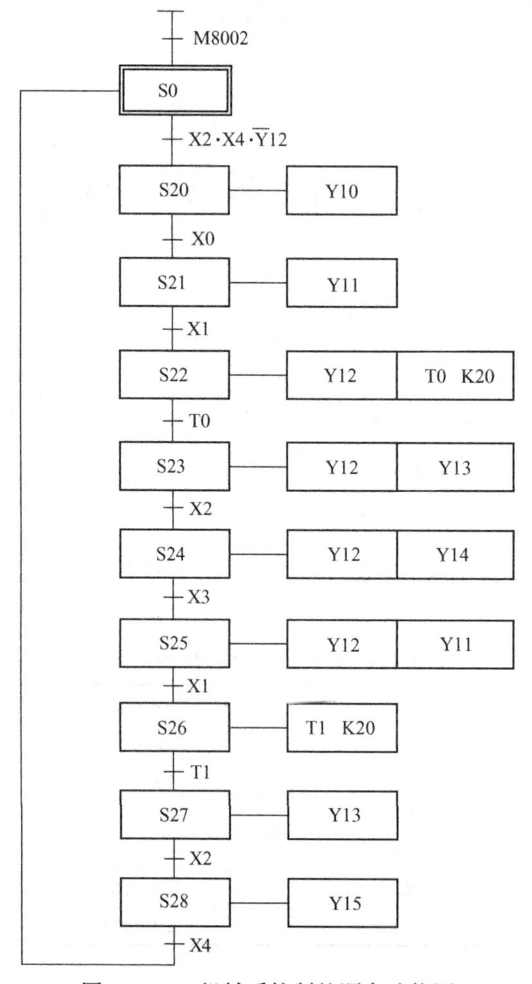

图 3.1.25　机械手控制的顺序功能图

(2) 编写梯形图程序。根据设计的顺序功能图编写梯形图，如图 3.1.26 所示。

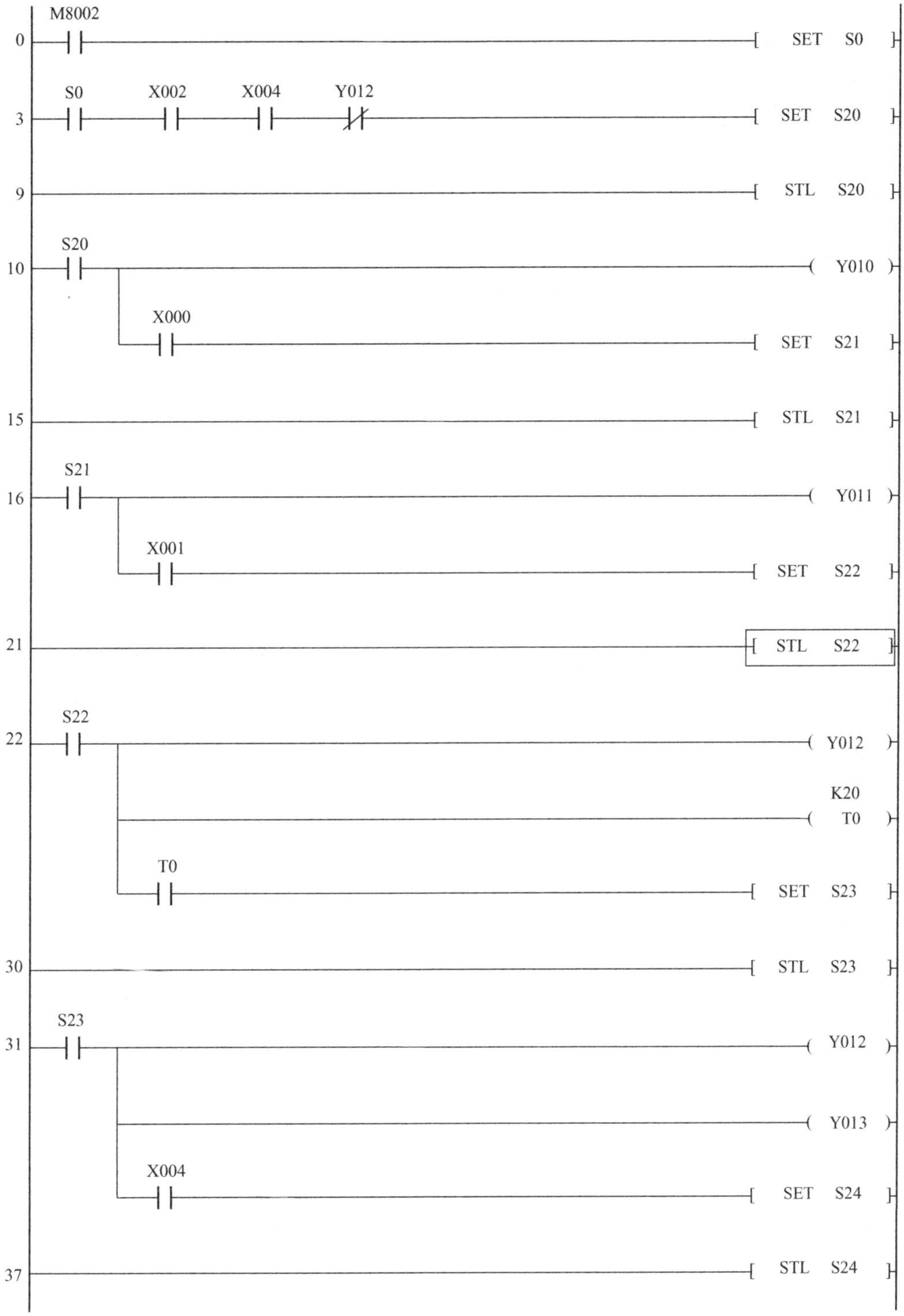

```
0   M8002                              [SET S0]
3   S0  X002  X004  Y012(NC)           [SET S20]
9                                      [STL S20]
10  S20                                (Y010)
        X000                           [SET S21]
15                                     [STL S21]
16  S21                                (Y011)
        X001                           [SET S22]
21                                     [STL S22]
22  S22                                (Y012)
                                       (T0 K20)
        T0                             [SET S23]
30                                     [STL S23]
31  S23                                (Y012)
                                       (Y013)
        X004                           [SET S24]
37                                     [STL S24]
```

图 3.1.26　机械手控制的梯形图

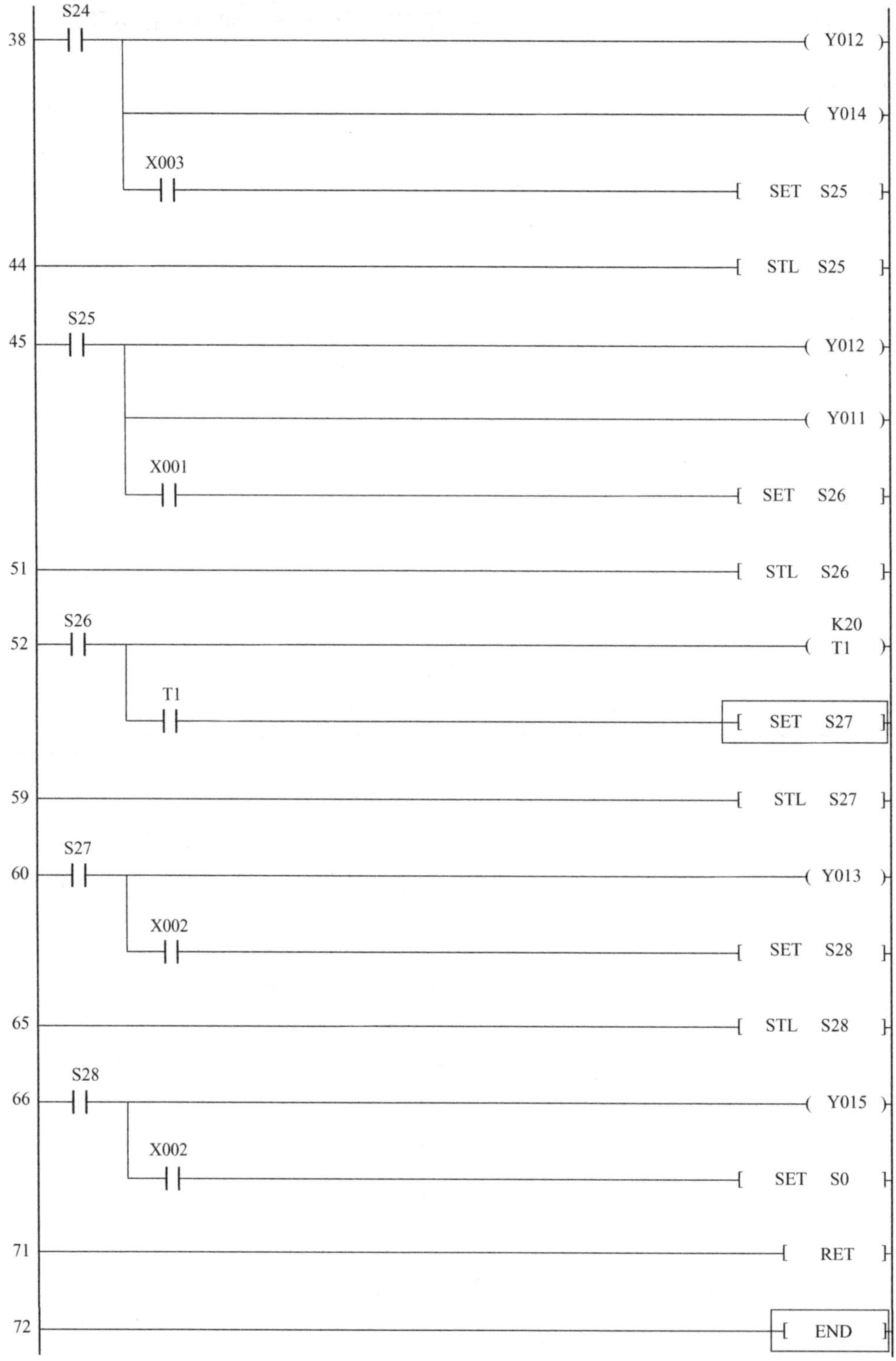

```
38  S24 ─┬──────────────────── ( Y012 )
         ├──────────────────── ( Y014 )
         └─ X003 ───────────── [ SET  S25 ]
44  ─────────────────────────── [ STL  S25 ]
45  S25 ─┬──────────────────── ( Y012 )
         ├──────────────────── ( Y011 )
         └─ X001 ───────────── [ SET  S26 ]
51  ─────────────────────────── [ STL  S26 ]
52  S26 ─┬──────────────────── ( T1  K20 )
         └─ T1 ─────────────── [ SET  S27 ]
59  ─────────────────────────── [ STL  S27 ]
60  S27 ─┬──────────────────── ( Y013 )
         └─ X002 ───────────── [ SET  S28 ]
65  ─────────────────────────── [ STL  S28 ]
66  S28 ─┬──────────────────── ( Y015 )
         └─ X002 ───────────── [ SET  S0 ]
71  ─────────────────────────── [ RET ]
72  ─────────────────────────── [ END ]
```

图 3.1.26　机械手控制的梯形图（续）

5）操作方法

(1) 按照图 3.1.24 所示，将 I/O 设备分别连接到 PLC 相应的 I/O 点，并连接 PLC 电源。检查电路的正确性，确保无误。

(2) 输入图3.1.26所示的梯形图，下载至PLC并运行，根据控制要求进行程序的调试。调试时要注意动作顺序。

3.1.4　考核标准

针对考核任务，相应的考核评分细则如表3.1.5所列。

表3.1.5　考核评分细则

序号	考核内容	考核项目	配　分	评分标准	得分
1	知识掌握	顺序控制设计法	30分	掌握简单流程的顺序控制设计法的编程方法	
2	程序设计	I/O地址分配	15分	分析控制要求，正确分配I/O地址	
		安装、接线	15分	(1) 正确绘制接线图 (2) 按照接线图在实训设备上正确安装接线，操作规范	
		程序设计	15分	按控制要求正确编写梯形图程序，熟练操作编程软件，将程序下载到PLC	
		功能实现	15分	按照控制要求进行调试，实现系统要求的功能	
3	安全文明生产	安全、文明生产	10分	正确使用设备，具有安全用电意识，操作规范，作业完成后清理现场 违反安全文明生产酌情扣分，重者停止实训	
合计			100分		

注：每项内容的扣分不得超过该项的配分。

3.1.5　拓展与提高

有的PLC编程软件中提供了顺序功能图（SFC）语言，用户只要在编程软件中生成顺序功能图就完成了编程工作。或者也可以利用步进指令将顺序功能图改写为梯形图。但是有些PLC不能使用步进指令，那如何将顺序功能图转为一般的梯形图呢？这里介绍利用“起—保—停”电路将顺序功能图转为梯形图的方法。

利用“起—保—停”电路将顺序功能图转为梯形图，主要从步的处理和输出电路两个方面考虑。

1. 步的处理

用辅助继电器M来代表步，某一步是活动步时，对应的辅助继电器为ON，某一转换实现时，转换对应的后续步变为活动步，前级步变为非活动步。一般情况下转换条件都是短信号，即它存在的时间比它激活后续步为活动步的时间短，因此需要使用具有记忆（或保持）功能的“起—保—停”电路来控制代表步的辅助继电器。

设计“起—保—停”电路的关键是找出它的启动条件和停止条件。如图3.1.27所示，S21、S22、S23是顺序功能图中的三步，X1是S22之前的转换条件，转换实现的条件为前级步为活动步，且转换条件成立，所以S22转换为活动步的条件是它的前级步S21为活动步，且 X1 为 ON。在“起—保—停”电路中用辅助继电器 M 代替相应的状态继电器 S，即将前级步 M10 和转换条件 X1 的常开触点串联，作为控制 M11 的“启动”电路。

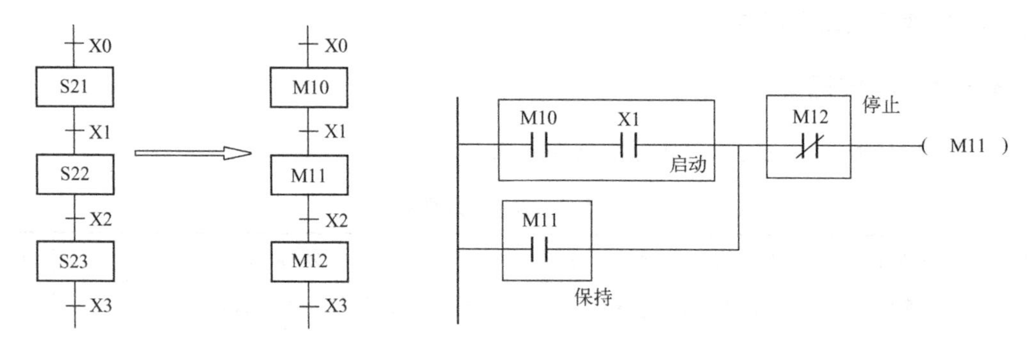

图 3.1.27　用“起—保—停”电路控制步

当 M11 和 X2 均为 ON 时，M12 变为活动步，这时 M11 应变为非活动步，因此可以将 M12=1 作为 M11 为 OFF 的条件，即将后续步 M12 的常闭触点与 M11 的线圈串联，作为控制 M11 的“停止”电路。

根据上述的编程方法，很容易写出梯形图。顺序功能图中有多少个步，就有多少个驱动步的“起—保—停”电路。例如，图 3.1.28 所示的顺序功能图中有 4 个步，根据上述讲的“步的处理”方法设计的梯形图就有 4 个“起—保—停”电路。梯形图的关键是“起”和“停”的设计，特别是“起”的条件有多个时，千万不要遗漏，一定要将每个“起”的条件并联，再与“保”的常开触点并联。

2. 输出电路

梯形图输出电路的设计方法比较简单。由于步是根据输出量的状态变化划分的，它们之间的关系可以分为两种情况：

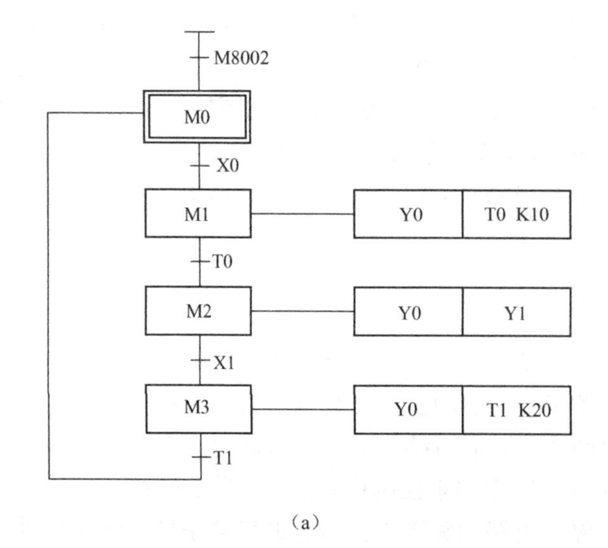

(a)

图 3.1.28　用“起—保—停”电路实现的控制程序

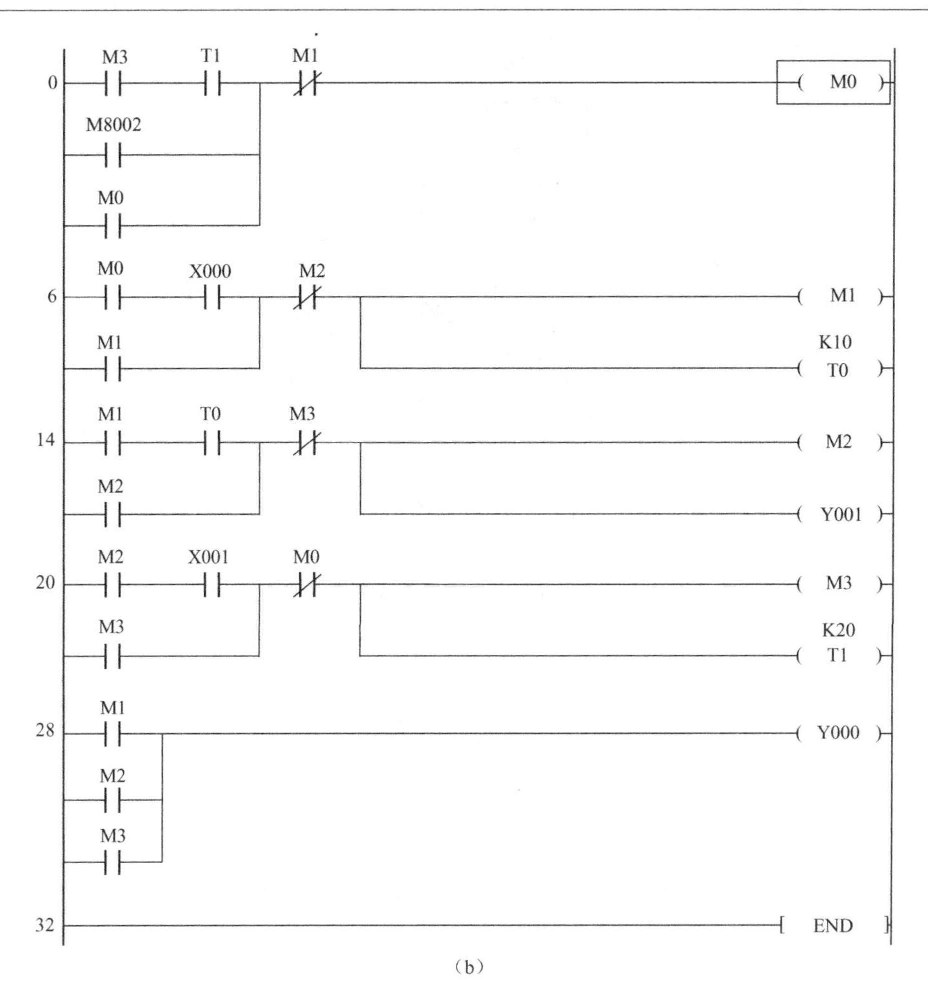

（b）

图 3.1.28　用"起—保—停"电路实现的控制程序（续）

（1）某一输出量仅在某一步中为 ON，可以将这一输出量的线圈与对应步的辅助继电器的线圈并联。如图 3.1.28（b）中，输出量 Y1、T0、T1 都仅在某一步中为 ON，所以将它们的线圈与对应的 M 的线圈并联，即 T0 与 M1 的线圈并联、Y1 与 M2 的线圈并联、T1 与 M3 的线圈并联。

（2）某一输出量在几步中都为 ON，应将各有关步的辅助继电器的常开触点并联后，驱动该输出量线圈，如图 3.1.28（b）中的 Y0。

3.1.6　思考与练习

1. 有一个简单流程的状态图，如图 3.1.29 所示，请画出相应的梯形图。

2. 彩灯控制程序设计练习，控制要求如下：

某店面名叫"彩云间"，这三个字的广告牌要求实现闪烁，其闪烁要求为打开闪烁开关后，首先是"彩"字亮 1s，接着是"云"字亮 1s，然后"间"字亮 1s，过 2s 后，接着又是"彩"字亮 1s……如此循环，请用顺序控制设计法设计控制程序并调试。

3. 如图 3.1.30 所示三台电动机循环控制的程序设计练习，要求三台电动机相隔 5s 启动，各运行 10s 停止。

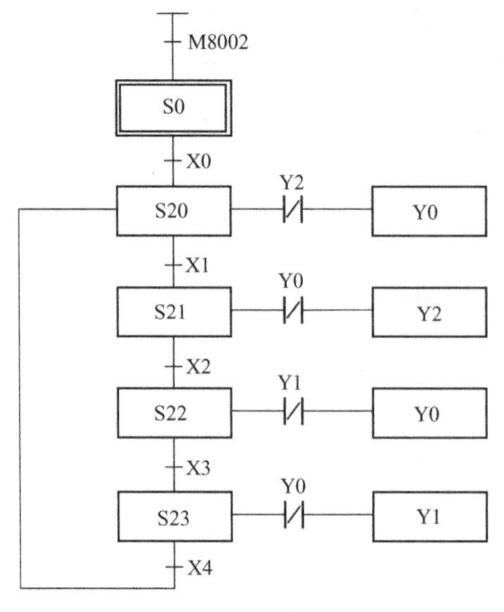

图 3. 1. 29　状态图

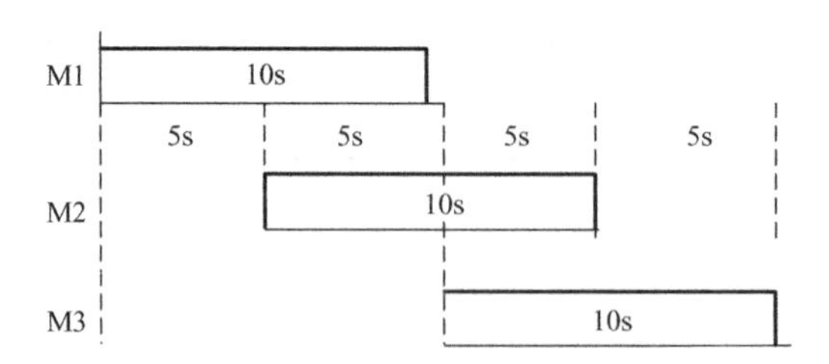

图 3. 1. 30　三台电动机循环控制示意图

任务 3. 2　循环与跳转程序设计

3. 2. 1　任务引入与分析

循环与跳转是可以向前面的状态进行转移，实现一般的重复的一种顺序控制。在实际的控制过程中，很多生产线上的机械控制都属于多个动作的重复进行，还有些要通过控制实现部分指令有时执行，有时跳过不执行，这些都属于循环与跳转控制。本任务介绍用顺序控制设计法设计循环与跳转流程程序的过程，即循环与跳转流程的顺序功能图及梯形图的编写。

3. 2. 2　基础知识

1. 循环与跳转流程的顺序功能图

图 3. 2. 1 所示为循环与跳转流程的顺序功能图形式。

2. 循环与跳转流程的编程方法

图 3. 2. 2 所示为根据图 3. 2. 1 中的顺序功能图写出的梯形图。

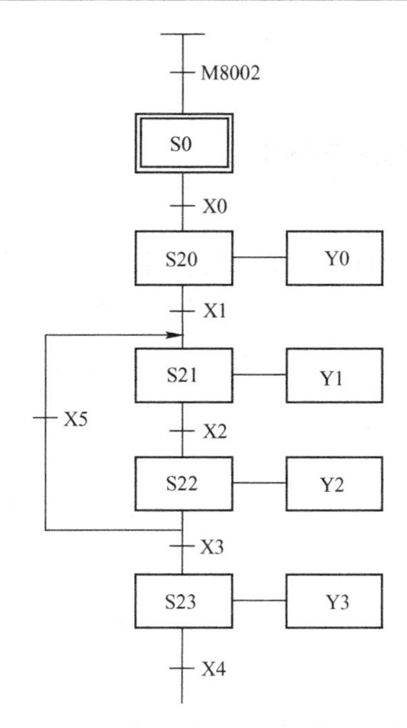

图 3.2.1　循环与跳转流程的顺序功能图形式

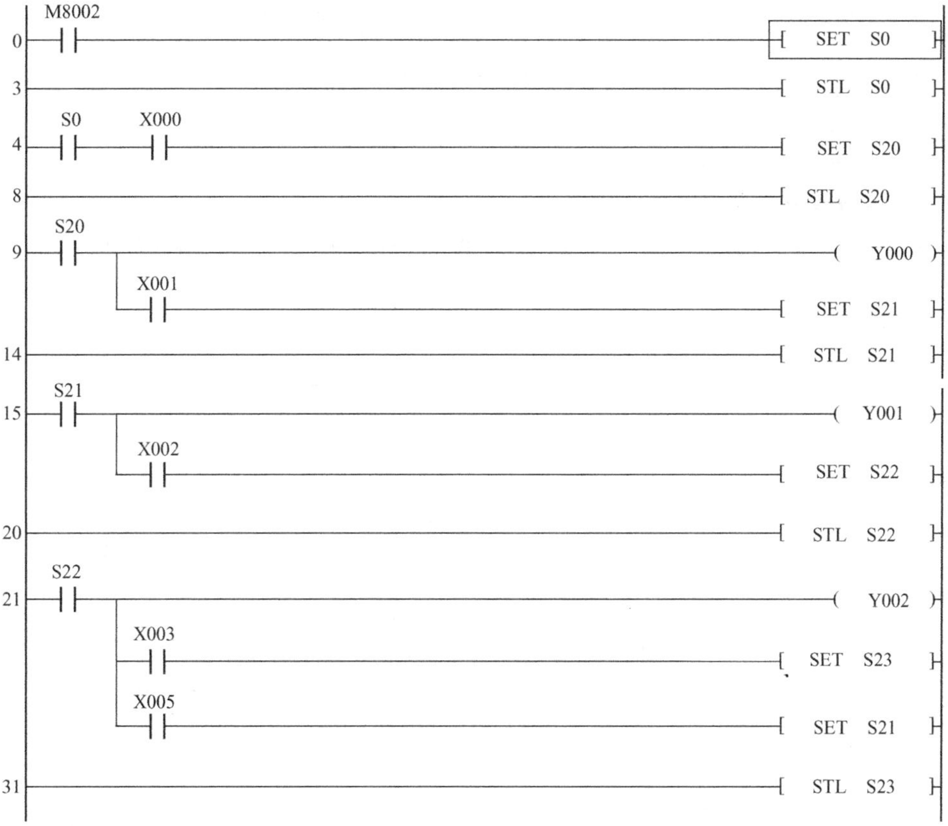

```
    M8002
 0 ─┤├──────────────────────────────[ SET  S0   ]
 3 ─────────────────────────────────[ STL  S0   ]
    S0      X000
 4 ─┤├──────┤├──────────────────────[ SET  S20  ]
 8 ─────────────────────────────────[ STL  S20  ]
    S20
 9 ─┤├──┬───────────────────────────( Y000     )
        │ X001
        └─┤├────────────────────────[ SET  S21  ]
14 ─────────────────────────────────[ STL  S21  ]
    S21
15 ─┤├──┬───────────────────────────( Y001     )
        │ X002
        └─┤├────────────────────────[ SET  S22  ]
20 ─────────────────────────────────[ STL  S22  ]
    S22
21 ─┤├──┬───────────────────────────( Y002     )
        │ X003
        ├─┤├────────────────────────[ SET  S23  ]
        │ X005
        └─┤├────────────────────────[ SET  S21  ]
31 ─────────────────────────────────[ STL  S23  ]
```

图 3.2.2　循环与跳转流程的梯形图

3.2.3 任务实施

1. 两台电动机协调运转控制程序设计

1）项目描述

如图 3.2.3 所示，两台电动机相互协调运转，其动作要求是 M1 运转 10s，停止 5s，M2 与 M1 相反，M1 运行，M2 停止，M2 运行，M1 停止，如此反复动作 3 次，M1、M2 均停止。

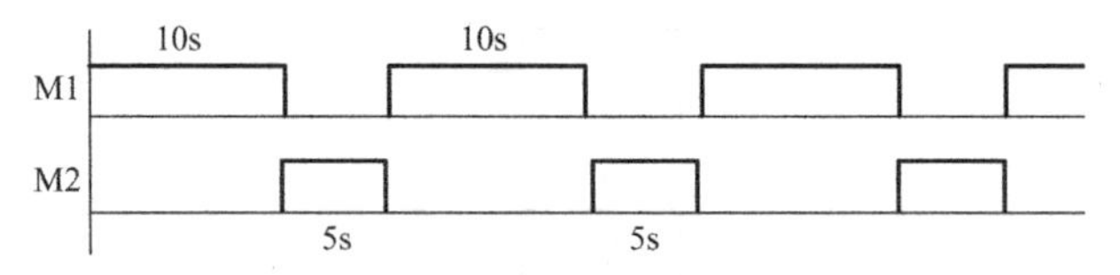

图 3.2.3　两台电动机顺序启停动作示意图

2）I/O 地址分配

分析控制要求，要实现任务需要 1 个输入 2 个输出，I/O 设备及 I/O 地址分配如表 3.2.1 所列。

表 3.2.1　I/O 设备及 I/O 地址分配

输入元件	输入地址	输出元件	输出地址
启动开关	X0	M1 电动机接触器 KM1	Y10
		M2 电动机接触器 KM2	Y11

3）PLC 接线图

由 I/O 地址分配表画出 PLC 接线图，如图 3.2.4 所示。

4）顺序功能图和梯形图程序的设计

(1) 依据顺序功能图的 4 个阶段设计的两台电动机顺序控制的顺序功能图，如图 3.2.5 所示。

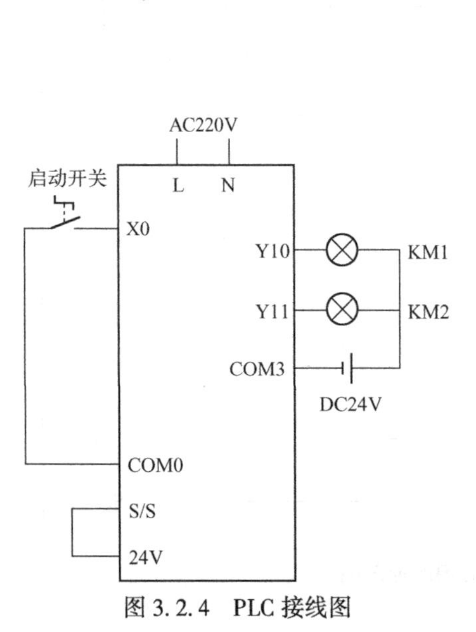

图 3.2.4　PLC 接线图

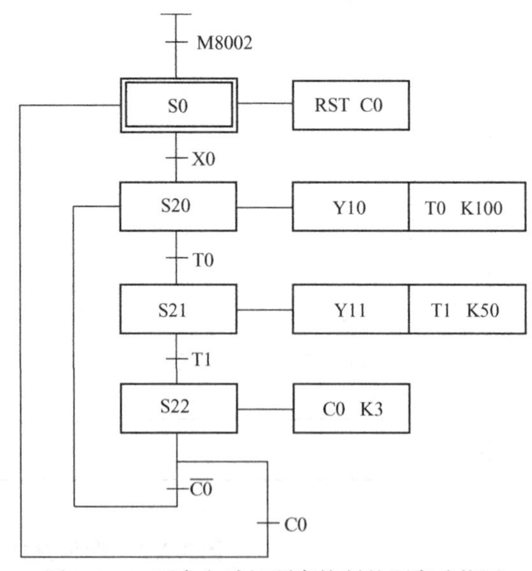

图 3.2.5　两台电动机顺序控制的顺序功能图

（2）编写梯形图程序。根据设计的顺序功能图编写的梯形图，如图 3. 2. 6 所示。

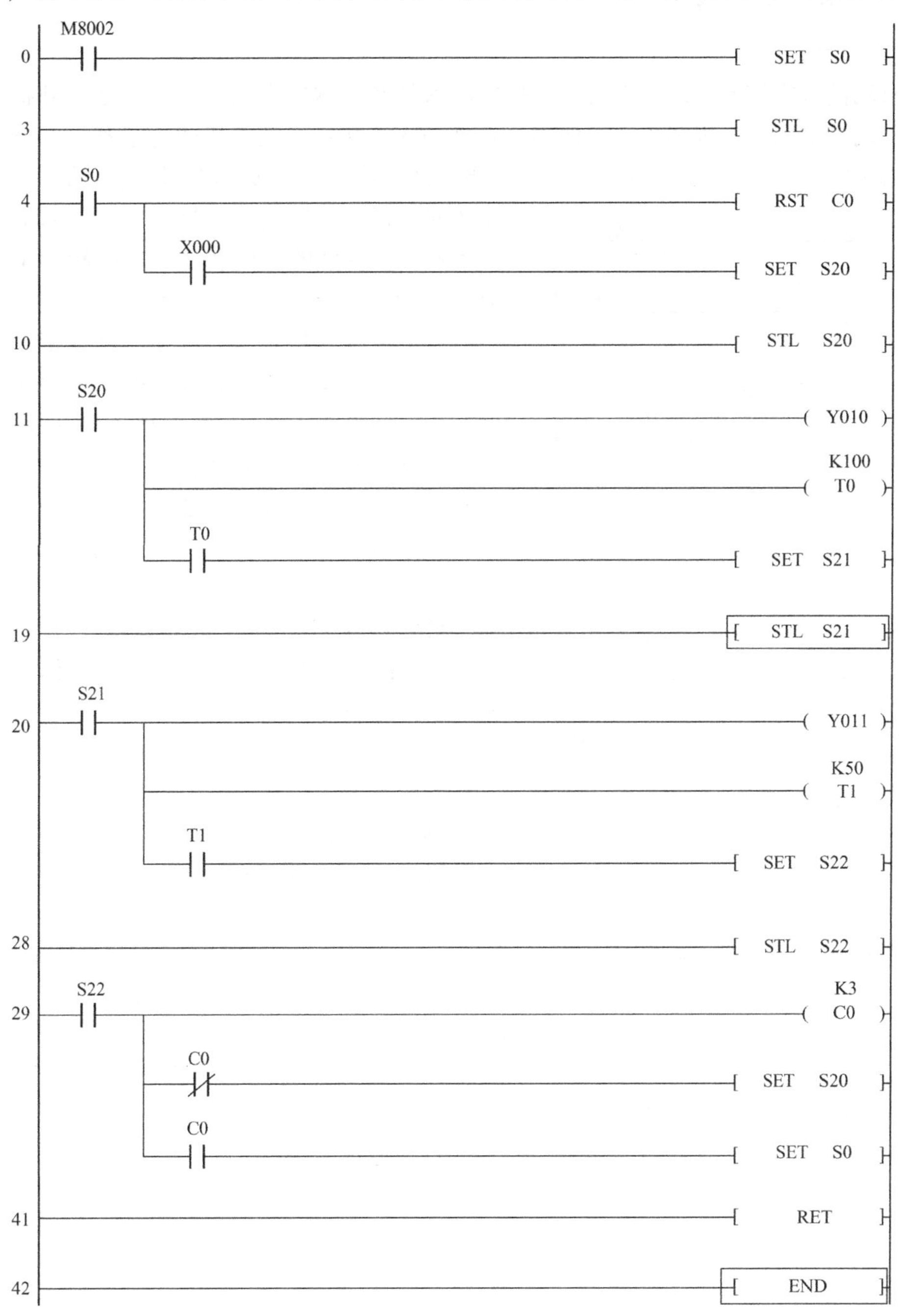

图 3. 2. 6　两台电动机顺序控制的梯形图

5）操作方法

（1）按照图 3. 2. 4 所示，将 I/O 设备分别连接到 PLC 相应的 I/O 点，并连接 PLC 电源。检查电路的正确性，确保无误。

（2）输入图 3. 2. 6 所示的梯形图，下载至 PLC 并运行，根据控制要求进行程序的调试。调试时要注意动作顺序。

2. 洗衣机控制程序设计

1）项目描述

某自动洗衣机控制系统，自动洗衣机的洗衣桶和脱水桶以同一中心安装。外桶固定做盛水用。内桶的四周有很多小孔，使内、外桶的水流相通。洗衣机的进水和排水分别由进水电磁阀和排水电磁阀实现。进水时，通过电控系统使进水电磁阀打开，将水注入外桶内。排水时，通过电控系统使排水电磁阀打开，将水排到机外。洗涤的正向转动、反向转动由电动机驱动波轮正、反转实现。脱水时，通过电控系统将脱水电磁离合器合上，洗涤电动机带动内桶正转进行甩干操作。高、低水位由水位检测开关检测（检测开关提供一对常开触点）。启动按钮用来启动洗衣机工作。洗衣结束后洗衣机自动停机。

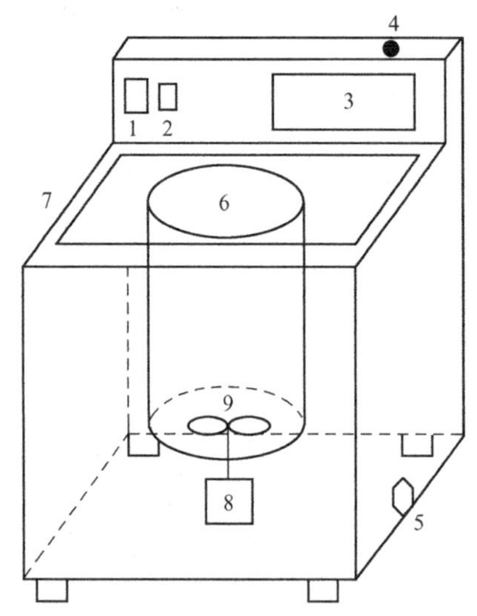

图 3.2.7　全自动洗衣机结构示意图
1—电源开关；2—启动按钮；3—PLC 控制器；4—进水口；5—出水口；6—洗衣桶；7—外桶；8—电动机；9—波轮

控制要求：洗衣机接通电源后，按下启动按钮，洗衣机开始进水。当水位达到高水位时，停止进水并开始正向洗涤，正向洗涤 3s 以后，停止 2s，然后开始反向洗涤，反向洗涤 3s 以后，停止 2s……如此反复进行。当正向洗涤、反向洗涤满 2 次时，开始排水，当水位降低到低水位时，开始脱水，并且继续排水。脱水 10s 后就完成一次从进水到脱水的大循环过程，然后进入下一次大循环过程。当大循环次数满 2 次时，进行洗完报警。报警维持 10s，结束全部过程，洗衣机自动停机。

2）I/O 地址分配

分析控制要求，要实现任务需要 3 个输入 7 个输出，I/O 设备及 I/O 地址分配如表 3.2.2 所列。

表 3.2.2　I/O 设备及 I/O 地址分配

输入元件	输入地址	输出元件	输出地址
启动按钮	X0	进水电磁阀	Y10
高水位开关	X1	电动机正转控制	Y11
低水位开关	X2	电动机反转控制	Y12
		排水电磁阀	Y13
		脱水电磁离合器	Y14
		报警蜂鸣器	Y15
		初始状态指示灯	Y16

3）PLC 接线图

由 I/O 地址分配表画出 PLC 接线图，如图 3.2.8 所示。

4）顺序功能图和梯形图程序的设计

（1）依据 PLC 顺序功能图的 4 个阶段设计得到全自动洗衣机控制的顺序功能图，如图 3.2.9 所示。

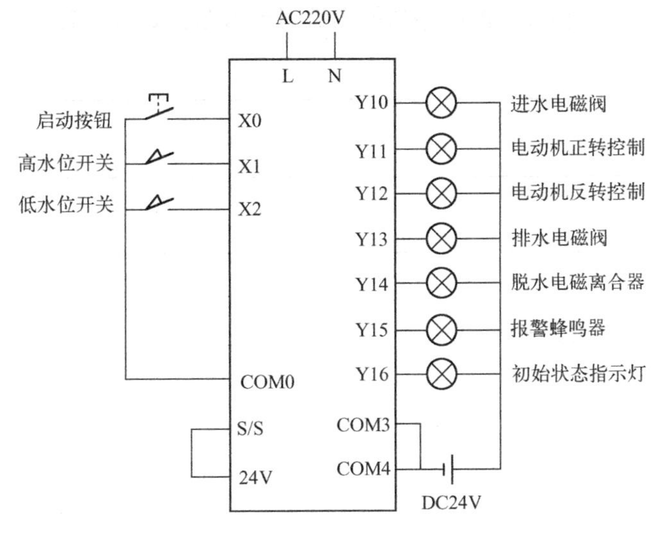

图 3.2.8　PLC 接线图

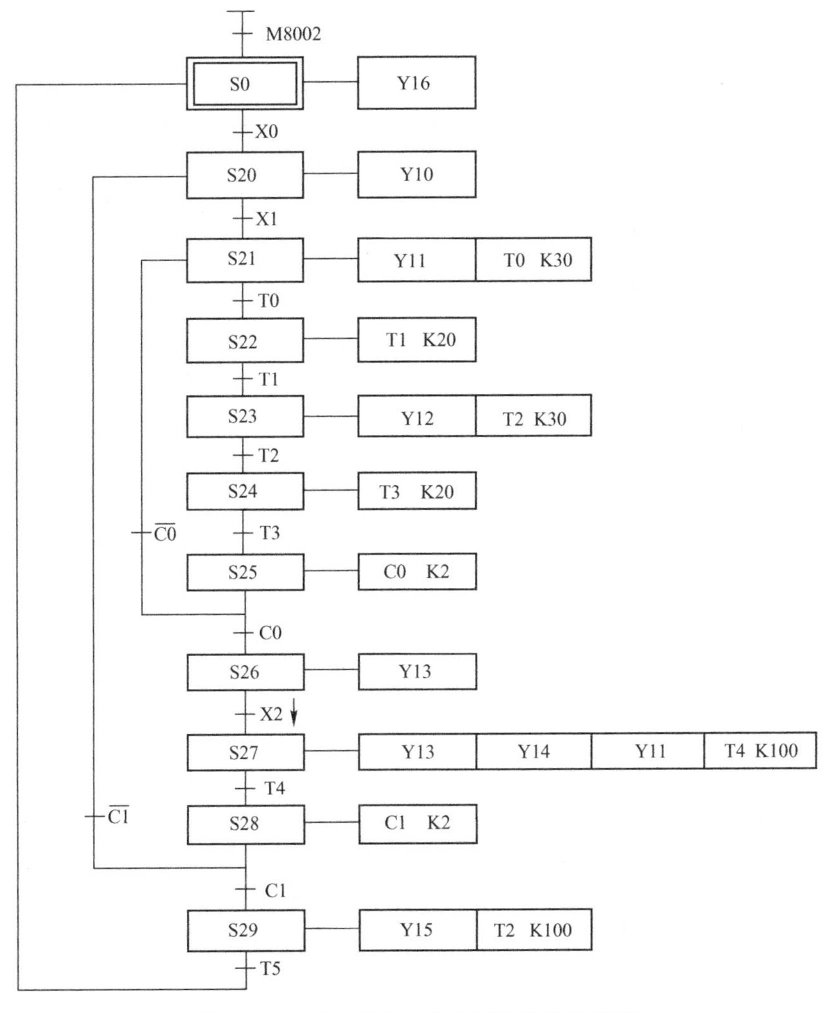

图 3.2.9　全自动洗衣机控制的顺序功能图

（2）编写梯形图。根据设计的顺序功能图编写梯形图，如图 3.2.10 所示。

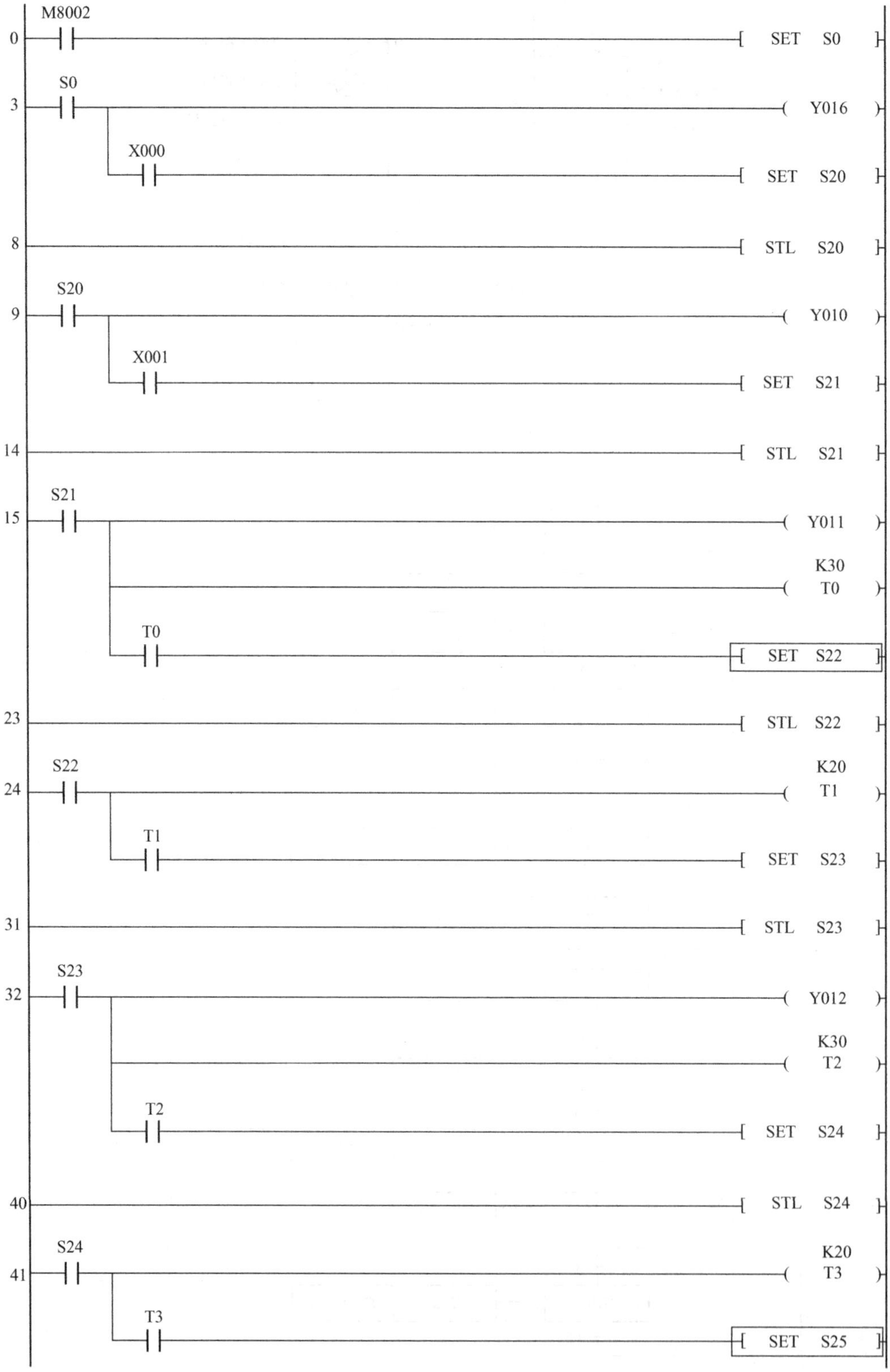

图 3.2.10　全自动洗衣机控制的梯形图

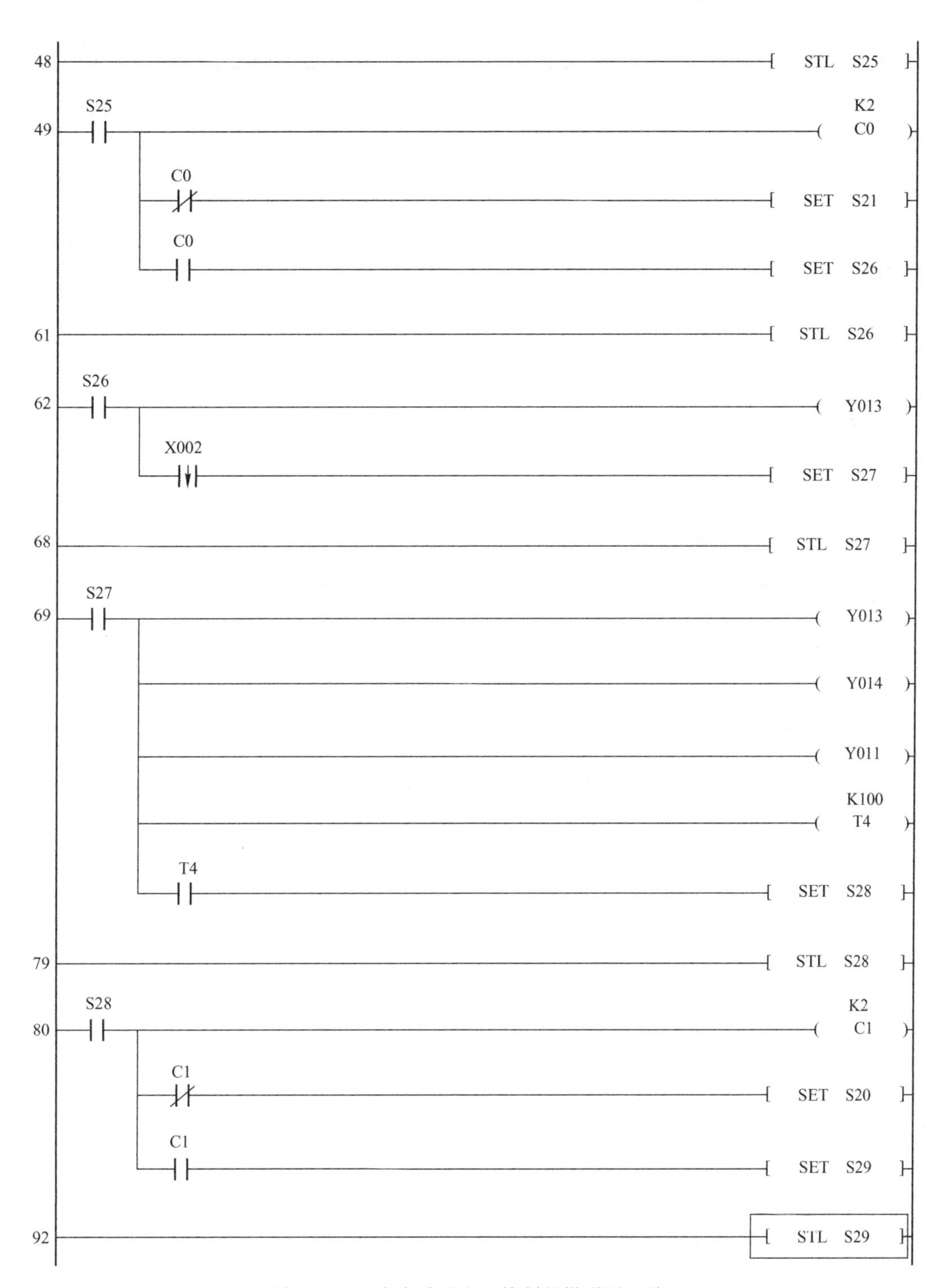

图 3.2.10　全自动洗衣机控制的梯形图（续）

图 3.2.10　全自动洗衣机控制的梯形图（续）

5）操作方法

（1）按照图 3.2.8 所示，将 I/O 设备分别连接到 PLC 相应的 I/O 点，并连接 PLC 电源。检查电路的正确性，确保无误。

（2）输入图 3.2.10 所示的梯形图，下载至 PLC 并运行，根据控制要求进行程序的调试。调试时要注意动作顺序。

3.2.4　考核标准

针对考核任务，相应的考核评分细则参见表 3.2.3 所列。

表 3.2.3　评分细则

序号	考核内容	考核项目	配分	评分标准	得分
1	知识掌握	顺序控制设计法	30 分	掌握循环与跳转流程的顺序控制设计法的编程方法	
2	程序设计	I/O 地址分配	15 分	分析控制要求，正确分配 I/O 地址	
		安装、接线	15 分	（1）正确绘制接线图 （2）按照接线图在实训设备上正确安装接线，操作规范	
		程序设计	15 分	按控制要求正确编写梯形图程序，熟练操作编程软件，将程序下载到 PLC	
		功能实现	15 分	按照控制要求进行调试，实现系统要求的功能	
3	安全文明生产	安全、文明生产	10 分	正确使用设备，具有安全用电意识，操作规范，作业完成后清理现场 违反安全文明生产酌情扣分，重者停止实训	
合计			100 分		

注： 每项内容的扣分不得超过该项的配分。

3.2.5　拓展与提高

如图 3.2.11（a）所示为一个循环与跳转控制的状态图，图 3.2.11（b）所示为使用“起—保—停”电路转换得到的该状态图对应的梯形图。在该程序中 X1 和 X11 的闭合，使程序从 M1 跳转至 M4，X1 闭合和 X11 的断开状态使程序顺序向下运行。另一方面，在 M5 这一步中，使用 X5 的闭合置位 M0，从而实现程序的循环运行。

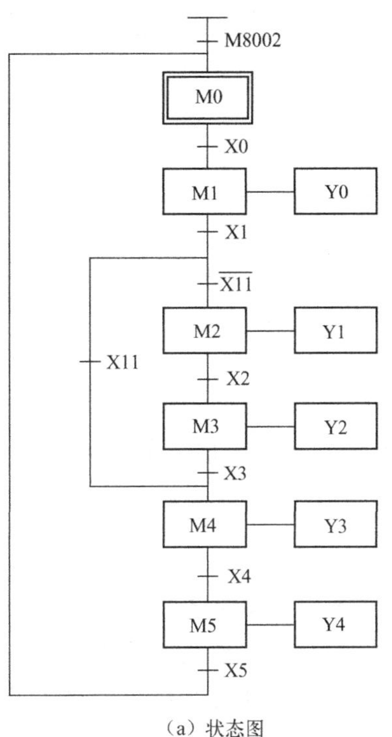

（a）状态图

（b）转换后的梯形图

图 3. 2. 11　循环与跳转流程的梯形图

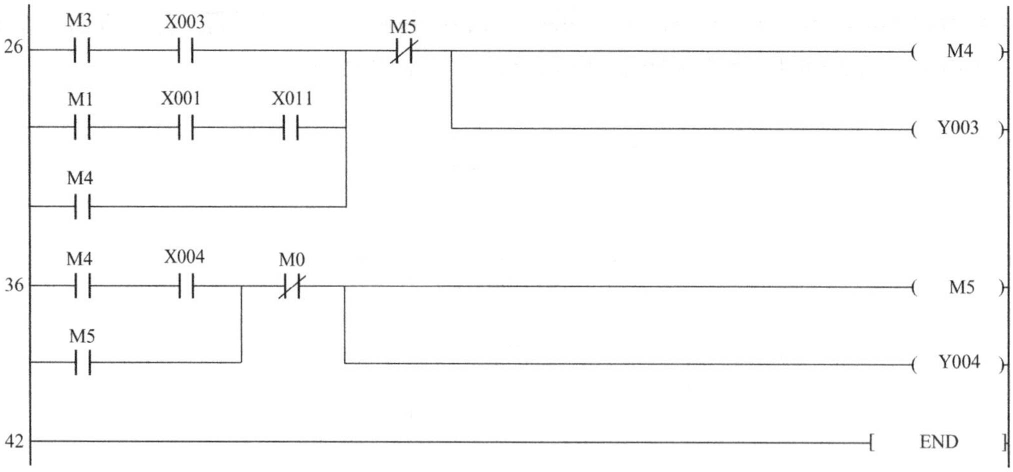

（b）转换后的梯形图

图 3. 2. 11　循环与跳转流程的梯形图（续）

3. 2. 6　思考与练习

1. PLC 控制三台电动机 M1、M2、M3 顺序启动，按下启动按钮 SB1 后，三台电动机顺序自动启动，间隔时间为 5s，完成相关工作后按下停止按钮 SB2，三台电动机逆序停止，间隔时间为 10s。在启动过程中，如果按下停止按钮，则立即停止启动过程，对已经启动的电动机，立即进行逆序停止，直到全部结束。请用顺序控制设计法设计程序。

2. 试用循环与跳转流程设计十字路口交通灯的顺序功能图。

任务 3. 3　选择性分支与并行分支程序设计

3. 3. 1　任务引入与分析

选择分支与并行分支用于具有多流程控制的顺序控制。本任务介绍选择分支与并行分支流程顺序控制设计法的程序设计过程，即选择分支与并行分支流程的顺序功能图及梯形图的编写。

3. 3. 2　基础知识

1. 选择分支与并行分支流程的顺序功能图

1）选择分支

在控制过程中，有多个流程控制需要进行流程的选择或分支选择，哪个流程前面的转移条件成立，就进入哪个流程，这就是选择分支。

选择分支的顺序功能图如图 3. 3. 1 所示。可供选择的分支在分支选择时检查分支前面的转移条件：X0 、X3 、X6，哪个条件为“真”，则执行哪个分支，且每次只可执行一条分支。分支的汇合采用各分支自动转移到新的状态，即 X2 转移到 S26，X5 转移到 S26 ，X10

转移到 S26。

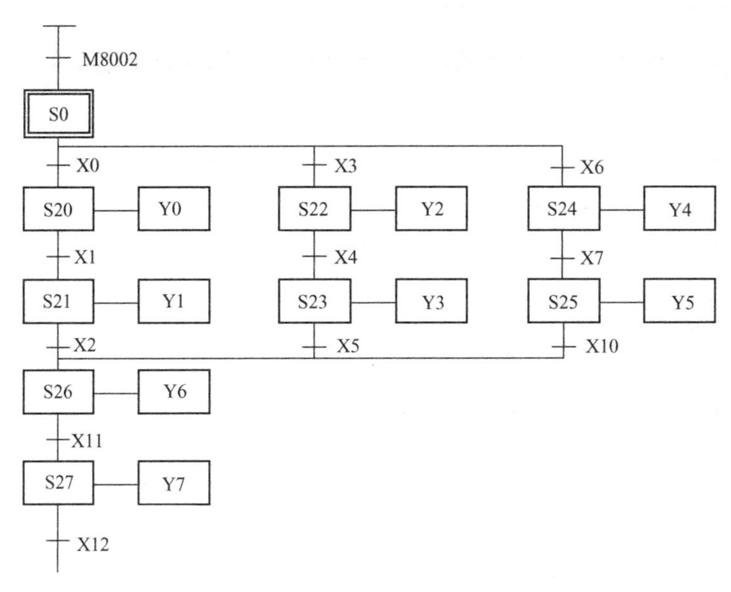

图 3. 3. 1　选择分支的顺序功能图

2）并行分支

将一个顺序控制状态流分成两个或多个不同分支的状态流，这就是并行分支。当状态流分为多个分支时，这些分支必须同时激活；当多个状态流产生的结果相同时，这些分支的状态流合并成一个状态流，即并行分支的汇合。分支汇合时，所有分支的控制流必须都是完成了的。并行分支一般用双水平线表示，分支汇合也用双水平线表示。

并行分支的顺序功能图如图 3. 3. 2 所示。条件 X0 成立时，状态 S20、S22、S24 同时激活，并行分支汇合前要等 S21、S23、S25 都为“真”后，且 X4 条件成立才一起转移到新的状态。

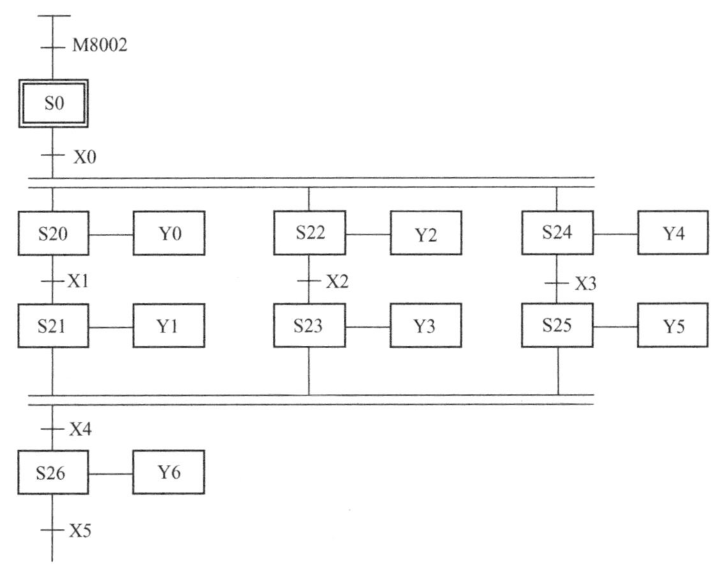

图 3. 3. 2　并行分支的顺序功能图

2. 选择分支与并行分支的编程方法

图 3. 3. 3 所示为根据图 3. 3. 1 中的顺序功能图画出的选择分支流程梯形图。

```
0   M8002                                   [ SET  S0  ]
3                                           [ STL  S0  ]
4   S0      X000                            [ SET  S20 ]
            X003                            [ SET  S22 ]
            X006                            [ SET  S24 ]
17                                          [ STL  S20 ]
18  S20                                     ( Y000 )
            X001                            [ SET  S21 ]
23                                          [ STL  S21 ]
24  S21                                     ( Y001 )
            X002                            [ SET  S26 ]
29                                          [ STL  S22 ]
30  S22                                     ( Y002 )
            X004                            [ SET  S23 ]
35                                          [ STL  S23 ]
36  S23                                     ( Y003 )
            X005                            [ SET  S26 ]
```

图 3. 3. 3　选择分支流程梯形图

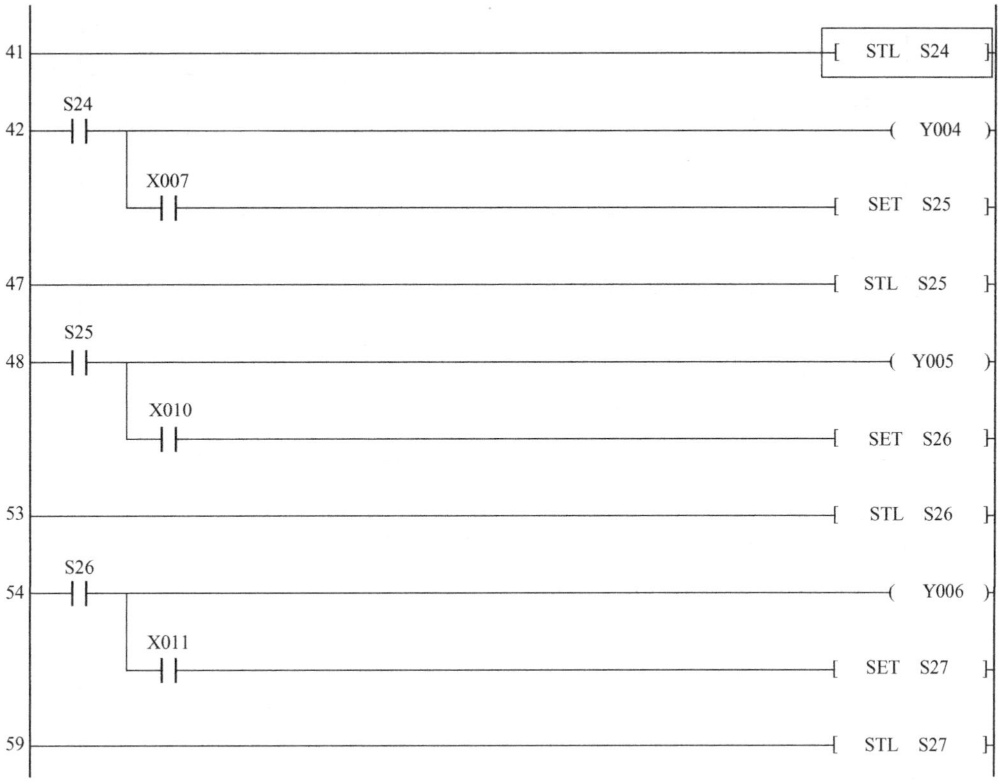

图 3.3.3　选择分支流程梯形图（续）

图 3.3.4 所示为根据图 3.3.2 中的顺序功能图画出的并行分支流程梯形图。

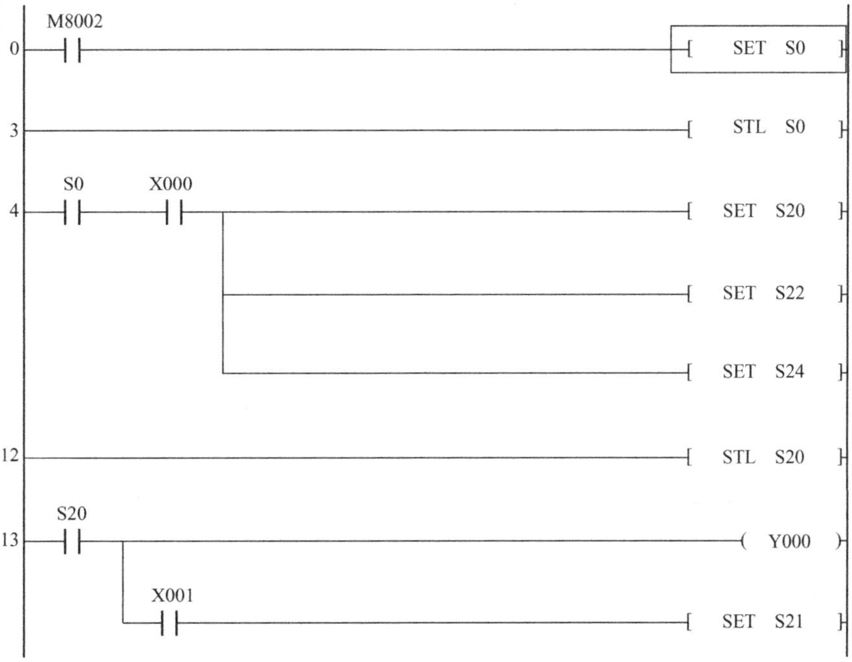

图 3.3.4　并行分支流程的梯形图

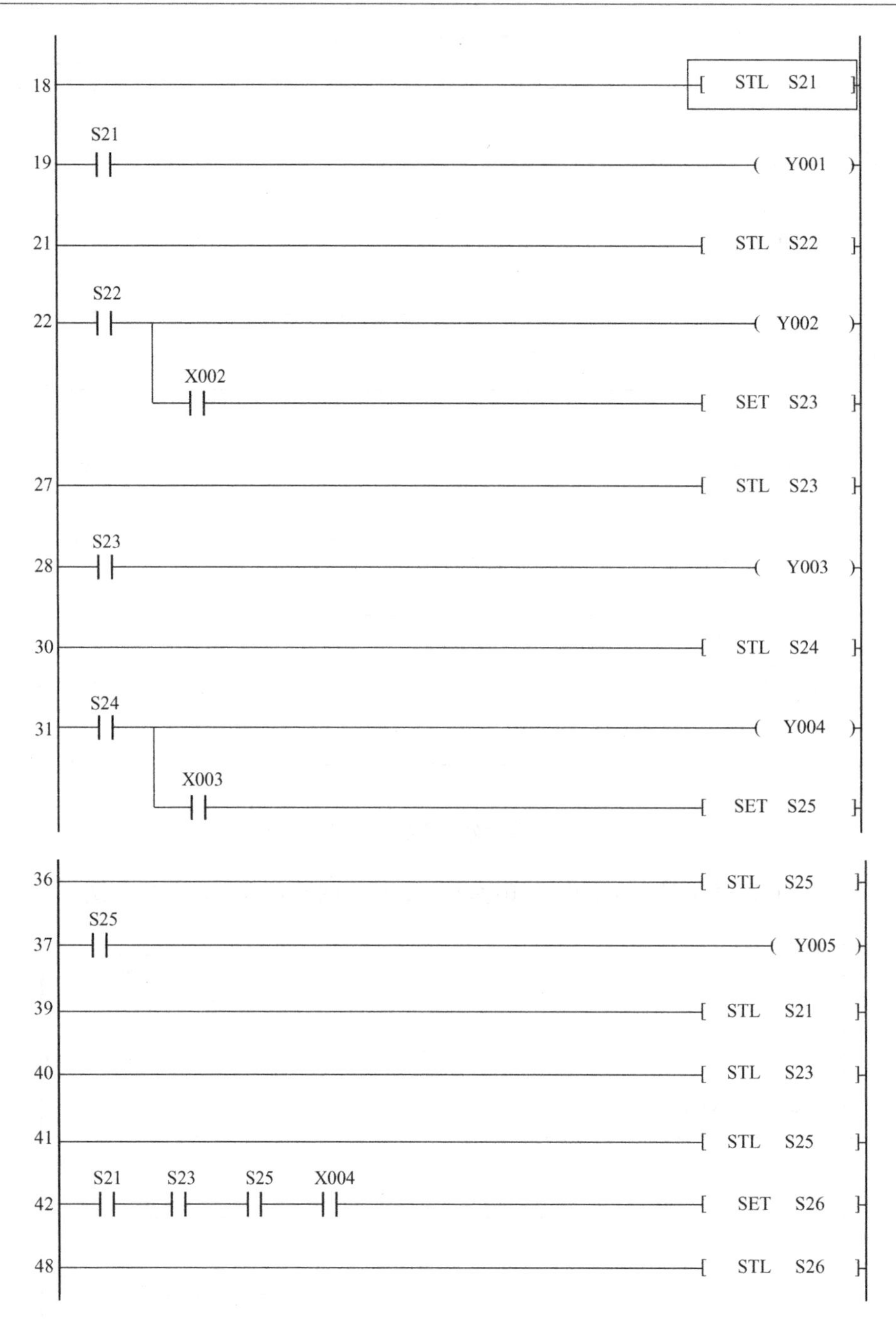

图 3.3.4　并行分支流程梯形图（续）

3.3.3　任务实施

1. 大小球分类传送控制程序设计

1）项目描述

某企业要求设计一个大小球分类传送系统，用 PLC 顺序控制实现，如图 3.3.5 所示。

左上为原点，机械臂的动作顺序为下降、吸住、上升、右行、下降、释放、上升、左行。机械臂下降，当电磁铁压着大球时，下限位开关SQ2断开，压着小球时，SQ2接通，依次可判断吸住的是大球还是小球。左、右移分别由电动机带动皮带轮实现正反转KM1、KM2控制，上升、下降分别由电磁阀YV1、YV2控制，电磁铁由YV3控制。

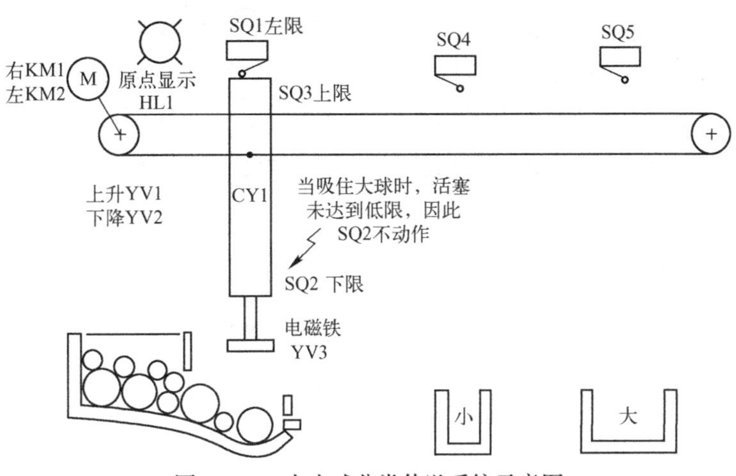

图3.3.5　大小球分类传送系统示意图

2）I/O地址分配

分析控制要求，要实现任务需要6个输入6个输出，I/O设备及I/O地址分配如表3.3.1所列。

表3.3.1　I/O设备及I/O地址分配

输入元件	输入地址	输出元件	输出地址
启动开关	X0	原位指示灯HL1	Y10
左限位SQ1	X1	上升YV1	Y11
下限位SQ2	X2	下降YV2	Y12
上限位SQ3	X3	夹紧/放松YV3	Y13
小球右限位SQ4	X4	右移KM1	Y14
大球右限位SQ5	X5	左移KM2	Y15

3）PLC接线图

由I/O地址分配表画出PLC接线图，如图3.3.6所示。

4）顺序功能图和梯形图程序的设计

(1) 依据顺序功能图的4个阶段设计得大小球分类传送控制的顺序功能图，如图3.3.7所示。

(2) 编写梯形图程序。根据设计的顺序功能图编写梯形图，如图3.3.8所示。

5）操作方法

(1) 按照图3.3.6所示，将I/O设备分别连接到PLC相应的I/O点，并连接PLC电源。检查电路的正确性，确保无误。

(2) 输入图3.3.8所示的梯形图，下载至PLC并运行，根据控制要求进行程序的调试。调试时要注意动作顺序。

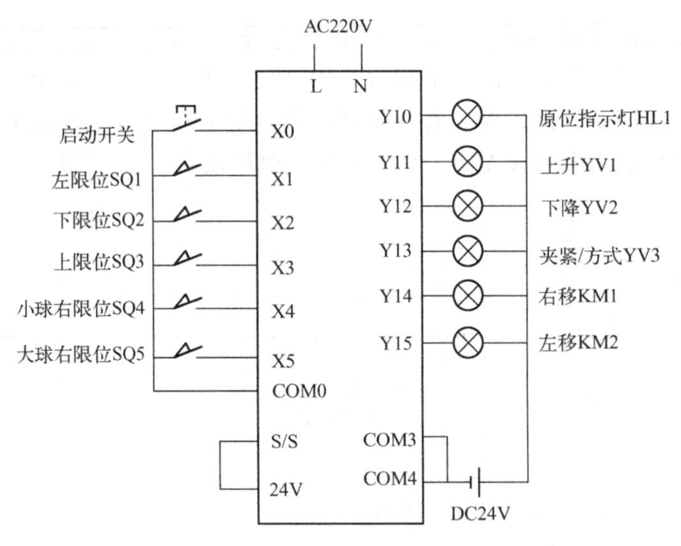

图 3.3.6　PLC 接线图

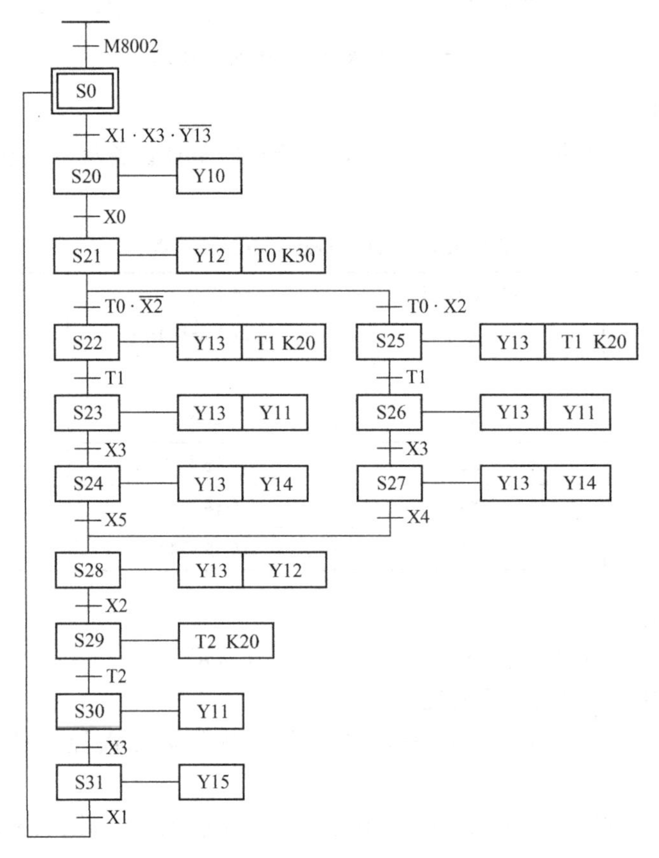

图 3.3.7　大小球分类传送控制的顺序功能图

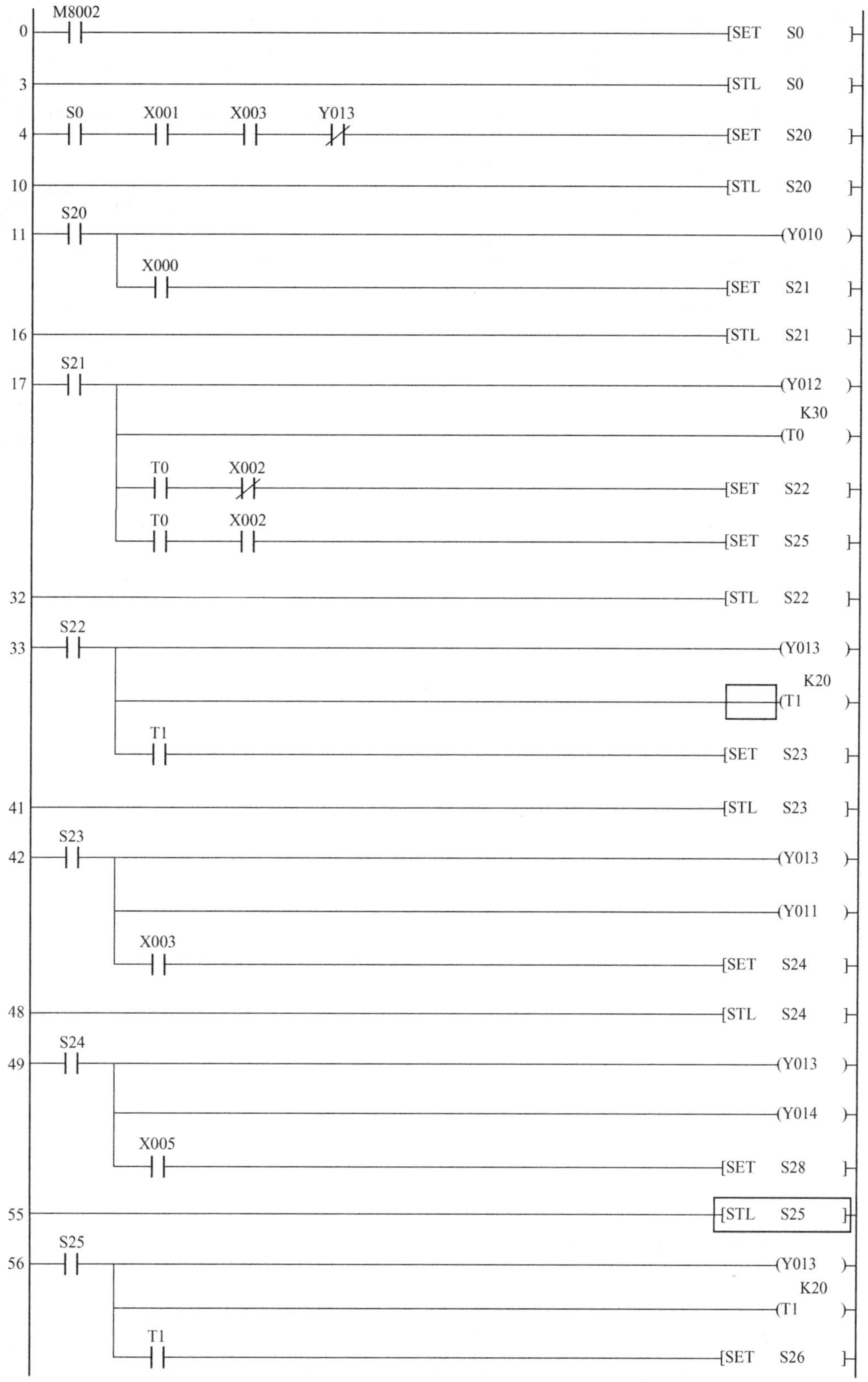

0　M8002　[SET S0]

3　[STL S0]

4　S0　X001　X003　Y013　[SET S20]

10　[STL S20]

11　S20　(Y010)

X000　[SET S21]

16　[STL S21]

17　S21　(Y012)

K30　(T0)

T0　X002　[SET S22]

T0　X002　[SET S25]

32　[STL S22]

33　S22　(Y013)

K20　(T1)

T1　[SET S23]

41　[STL S23]

42　S23　(Y013)

(Y011)

X003　[SET S24]

48　[STL S24]

49　S24　(Y013)

(Y014)

X005　[SET S28]

55　[STL S25]

56　S25　(Y013)

K20　(T1)

T1　[SET S26]

图 3.3.8　大小球分类传送控制的梯形图

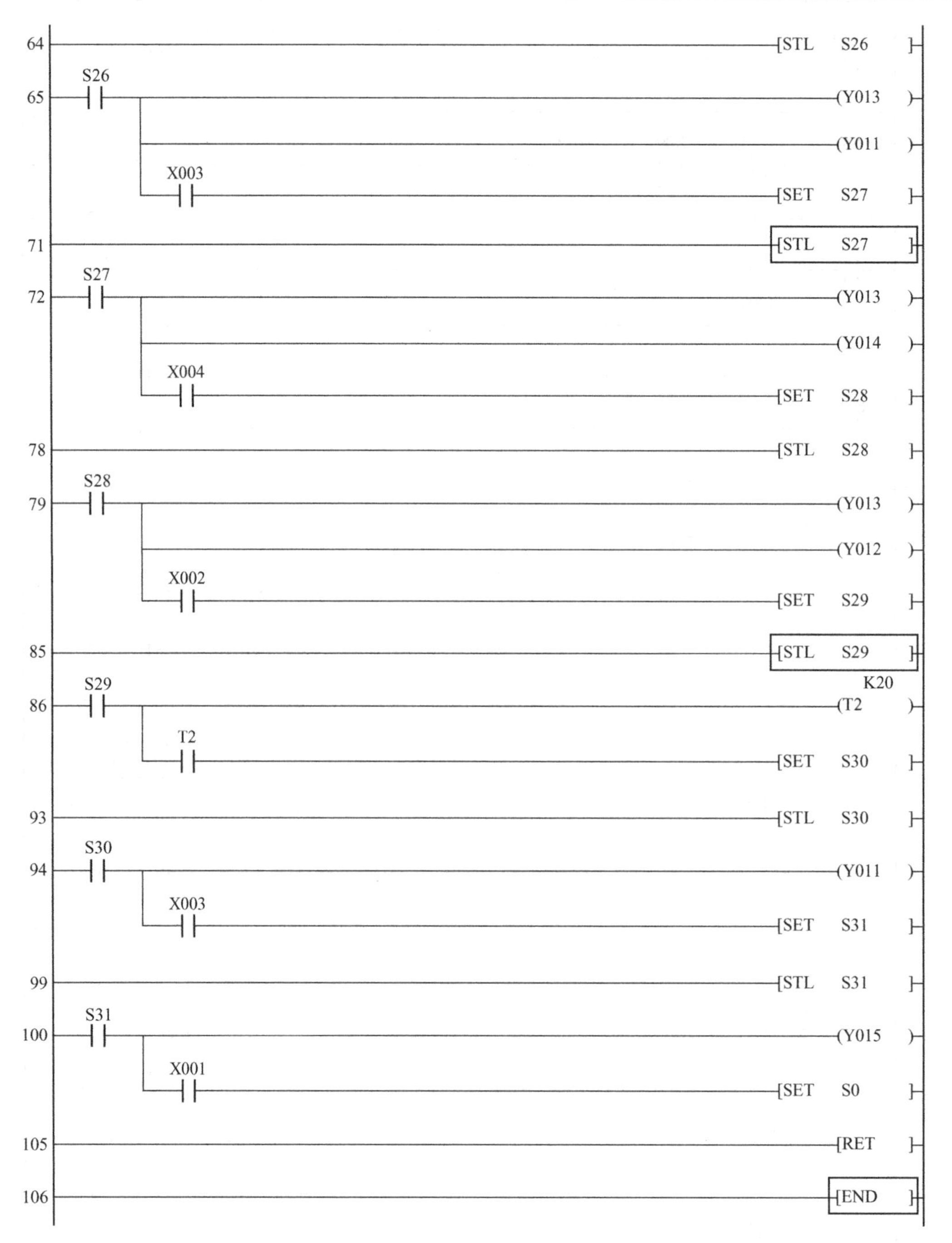

图 3.3.8　大小球分类传送控制的梯形图（续）

2. 人行横道与车道灯控制程序设计

1）项目描述

控制要求如下：无人过马路时，车道常开绿灯，人行横道开红灯。若有人过马路时，按下十字路口按钮 SB1 或 SB2 时，交通灯按照系统工作时序（见表 3.3.2 中所列）的形式工作。在工作期间，按下任何按钮都不起作用。

表 3.3.2　系统工作时序表

马路交通灯	绿灯	黄灯	红灯				绿灯
时间/s	30	10	5	15	5	5	
人行道交通灯	红灯			绿灯	绿灯闪烁	红灯	

2）I/O 地址分配

分析控制要求，要实现任务需要 2 个输入 5 个输出，I/O 设备及 I/O 地址分配如表 3.3.3 所列。

表 3.3.3　I/O 设备及 I/O 地址分配

输 入 元 件	输 入 地 址	输 出 元 件	输 出 地 址
人行道启动按钮 SB1	X0	车道绿灯指示灯 HL1	Y10
人行道启动按钮 SB2	X1	车道黄灯指示灯 HL2	Y11
		车道红灯指示灯 HL3	Y12
		人行红灯指示灯 HL4	Y13
		人行绿灯指示灯 HL5	Y14

3）PLC 接线图

由 I/O 地址分配表画出 PLC 接线图，如图 3.3.9 所示。

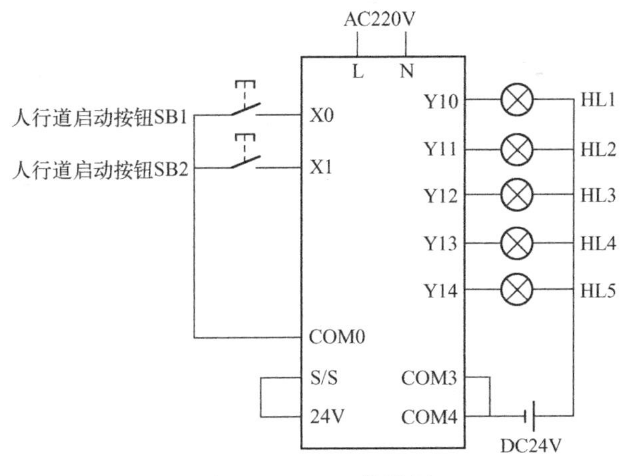

图 3.3.9　PLC 接线图

4）顺序功能图和梯形图程序的设计

（1）依据顺序功能图的 4 个阶段设计得到人行横道与车道灯控制的顺序功能图，如图 3.3.10 所示。

（2）编写梯形图程序。根据设计的顺序功能图编写相应梯形图，如图 3.3.11 所示。

5）操作方法

（1）按照图 3.3.9 所示，将 I/O 设备分别连接到 PLC 相应的 I/O 点，并连接 PLC 电源。检查电路的正确性，确保无误。

M8002
S0
Y10
Y13
X0+X1
S20
Y10
T0 K300
S23
Y13
T3 K450
T0
T3
S21
Y11
T1 K100
S24
Y14
T4 K150
T1
T4
S22
Y12
T2 K300
S25
T5 K50
M8013
Y14
T5
S26
Y13
T6 K50
T6

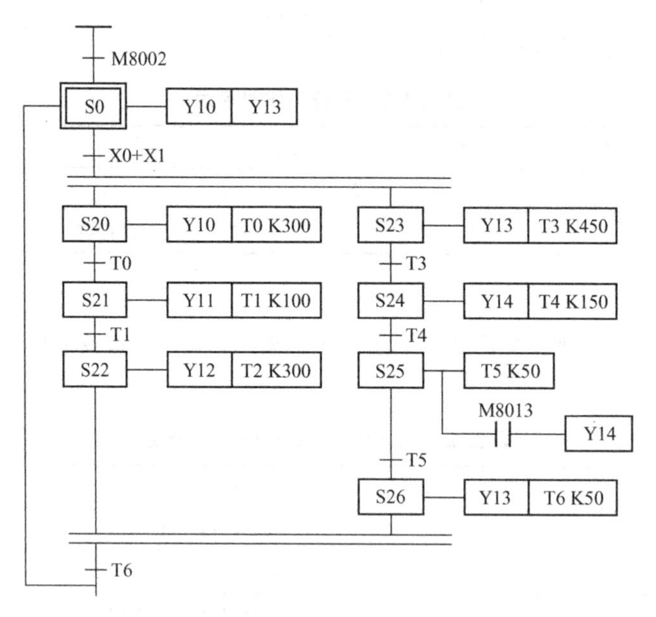

图 3. 3. 10　人行横道与车道灯控制的顺序功能图

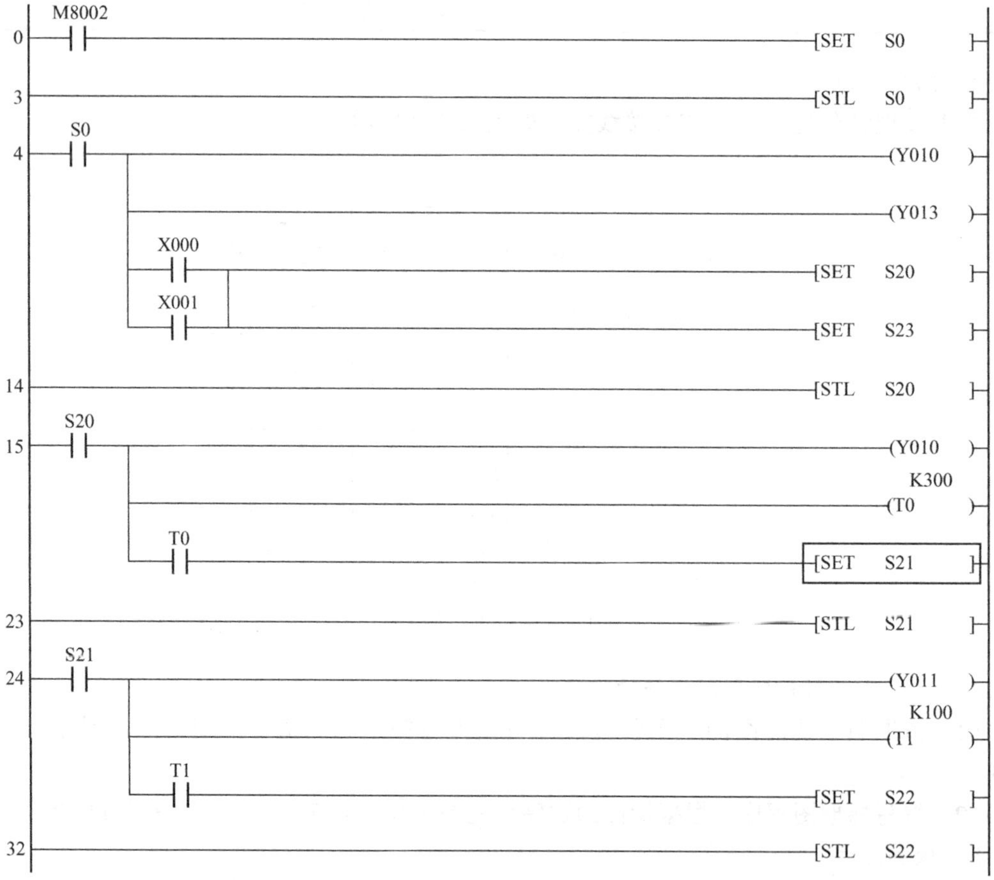

M8002
0
SET S0
3
STL S0
S0
4
Y010
Y013
X000
SET S20
X001
SET S23
14
STL S20
S20
15
Y010
K300
T0
T0
SET S21
23
STL S21
S21
24
Y011
K100
T1
T1
SET S22
32
STL S22

图 3. 3. 11　人行横道与车道灯控制的梯形图

```
33  S22 ─┤├─┬──────────────────────(Y012  )
            │                        K300
            └──────────────────────(T2    )
38  ───────────────────────────────[STL  S23 ]
39  S23 ─┤├─┬──────────────────────(Y013  )
            │                        K450
            ├──────────────────────(T3    )
            │  T3
            └─┤├───────────────────[SET  S24 ]
47  ───────────────────────────────[STL  S24 ]
48  S24 ─┤├─┬──────────────────────(Y014  )
            │                        K150
            ├──────────────────────(T4    )
            │  T4
            └─┤├───────────────────[SET  S25 ]
56  ───────────────────────────────[STL  S25 ]
                                     K50
57  S25 ─┤├─┬──────────────────────(T5    )
            │  M8013
            ├─┤├───────────────────(Y014  )
            │  T5
            └─┤├───────────────────[SET  S26 ]
68  ───────────────────────────────[STL  S26 ]
69  S26 ─┤├─┬──────────────────────(Y013  )
            │                        K50
            └──────────────────────(T6    )
74  ───────────────────────────────[STL  S22 ]
75  ───────────────────────────────[STL  S26 ]
76  S22 ─┤├── S26 ─┤├── T6 ─┤├─────[SET  S0  ]
81  ───────────────────────────────[RET      ]
```

图3.3.11 人行横道与车道灯控制的梯形图（续）

（2）输入图3.3.11所示的梯形图，下载至PLC并运行，根据控制要求进行程序的调试。调试时要注意动作顺序。

3.3.4 考核标准

针对考核任务，相应的考核评分细则参见表3.3.4所列。

表3.3.4 评分细则

序号	考核内容	考核项目	配　分	评分标准	得分
1	知识掌握	顺序控制设计法	30分	掌握选择分支与并行分支流程的顺序控制设计法的编程方法	

续表

序号	考核内容	考核项目	配分	评分标准	得分
2	程序设计	I/O 地址分配	15 分	分析控制要求，正确分配 I/O 地址	
		安装、接线	15 分	(1) 正确绘制接线图 (2) 按照接线图在实训设备上正确安装接线，操作规范	
		程序设计	15 分	按控制要求正确编写梯形图程序，熟练操作编程软件，将程序下载到 PLC	
		功能实现	15 分	按照控制要求进行调试，实现系统要求的功能	
3	安全文明生产	安全、文明生产	10 分	正确使用设备，具有安全用电意识，操作规范，作业完成后清理现场 违反安全文明生产酌情扣分，重者停止实训	
合计			100 分		

注：每项内容的扣分不得超过该项的配分。

3.3.5 拓展与提高

使用“起—保—停”电路实现选择序列与并行序列的顺序功能图到梯形图的转换时需要注意分支和合并的编程方法。

1. 选择序列分支的编程方法

图 3.3.12（a）中步 M0 之后有一个选择序列的分支，设 M0 为活动步，当它的后续步 M1 或 M2 变为活动步时，它应变为非活动步，即 M0 为 OFF，所以应将 M1、M2 的常闭触点与 M0 的线圈串联。

如果某步后面有一个由 *N* 条分支组成的选择序列，该步可能转换到不同的 *N* 步去，则应将这 *N* 个后续步对应的存储器位的常闭触点与该步的线圈串联，作为结束该步的条件。

2. 选择序列合并的编程方法

如图 3.3.12（b）所示，步 M2 之前有一个选择序列的合并，当步 M1 为活动步，并且转换条件 X1 满足，或者步 M0 为活动步，并且转换条件 X2 满足，步 M2 都应变为活动步，即控制存储器位 M2 的启动条件应为两条并联的支路，每条支路分别由 M1、X1 或者 M0、X2 的常开触点串联。

一般对于选择序列的合并，如果某步之前有 *N* 条分支汇合，则控制该步的启动电路由 *N* 条支路并联而成，各支路由前一级步对应的存储器位的常开触点与相应的转换条件对应的触点或电路串联而成。

3. 并行序列分支的编程方法

图 3.3.12（a）中步 M2 之后有一个并行分支，当 M2 为活动步且转换条件 X3 满足，则步 M3 和 M5 同时变为活动步，即 M2 和 X3 的常开触点串联分别作为 M3 和 M5 的启动电路，与此同时，步 M2 应变为非活动步。步 M3 和 M5 是同时变为活动步，只需将 M3 或 M5 的常闭触点与 M2 的线圈串联即可。

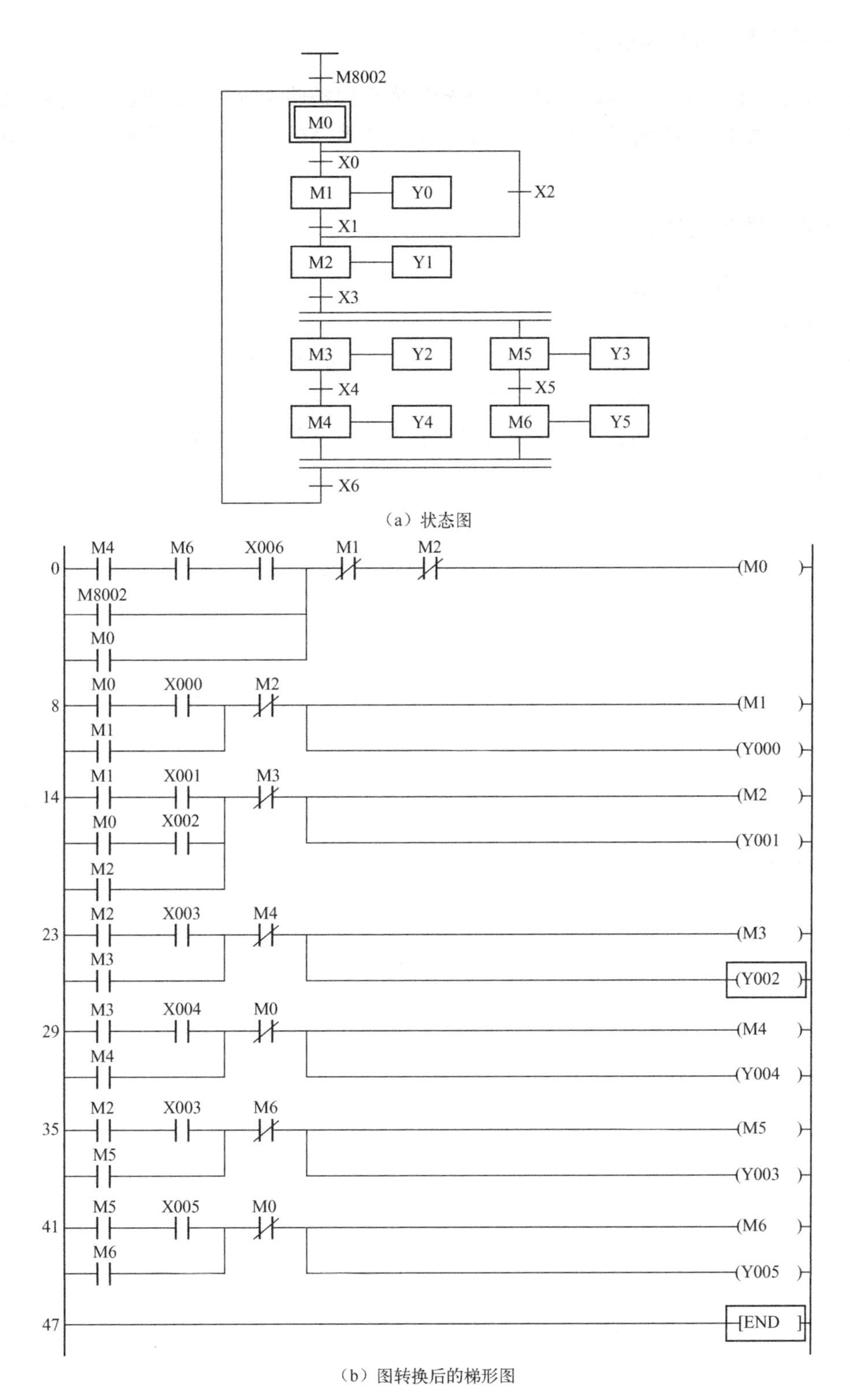

（a）状态图

（b）图转换后的梯形图

图 3. 3. 12　选择与并行流程

4. 并行序列合并的编程方法

步M0之前有一个并行支路的合并，该转换实现的条件为所有的前级步（即M4和M6）为活动步且转换条件X6满足。因此，应将M4、M6和X6的常开触点串联，作为M0的启动条件。

3.3.6 思考与练习

1. 按钮式交通灯控制练习

控制要求如下：

如图3.3.13所示正常情况下，汽车通行，即主干道Y13绿灯亮，人行道Y15红灯亮；当有行人想过马路时，就按下按钮。当按下按钮X0（或X1）之后，主干道交通灯将从绿5s→绿闪3s→黄2s→红20s，当主干道红灯时，人行道从红灯亮变为绿灯亮，15s后，人行道绿灯闪烁，闪烁5s后转为主干道绿灯亮，人行道红灯亮。

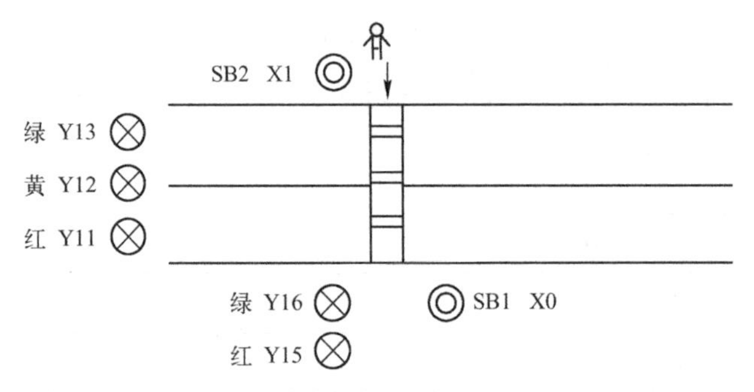

图3.3.13　按钮式交通灯示意图

2. 根据图3.3.14中的顺序功能图写出梯形图。

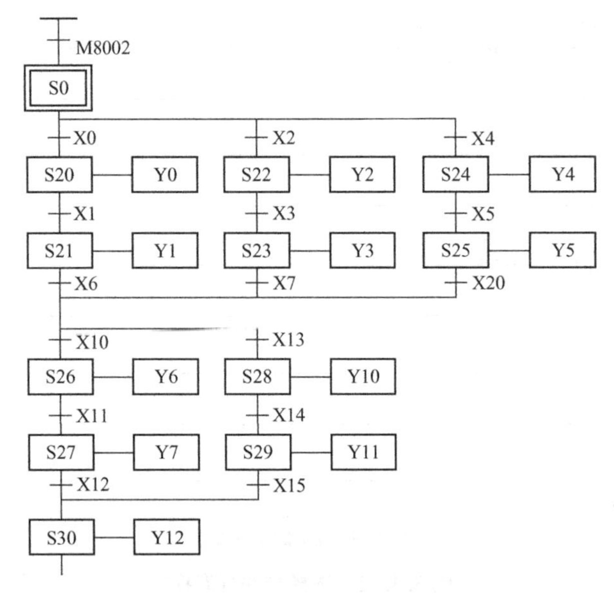

图3.3.14　顺序功能图

项目 4　典型功能指令及其应用

任务 4.1　功能指令概述

4.1.1　任务引入与分析

FX 系列 PLC 除了基本指令、步进指令外，还有许多功能指令。功能指令实际上就是许多功能不同的子程序。FX 系列 PLC 功能指令可分为程序控制类、数据传送类、比较类、四则运算类、逻辑运算类、特殊函数类、移位与循环类、数据处理类、高速处理类、外部输入/输出处理类和设备通信类等。

4.1.2　基础知识

1. 数制与数制转换

按进位的原则进行计数，称为进位计数制，简称“数制”或“进制”。在日常生活中经常要用到数制，通常以十进制数进行计数，除了十进制计数以外，还有许多非十进制数的计数方法。例如，60 分钟为 1 小时，用的是六十进制计数法；1 星期 7 天，采用的是七进制计数法；1 年有 12 个月，采用的是十二进制计数法。当然，在生活中还有许多其他各种各样的进制计数法。

在计算机系统中多采用二进制，其主要原因在于其电路设计简单、运算简单、工作可靠、逻辑性强。但不论采用的是哪一种数制，其计数和运算都有共同的规律和特点。

数制的进位遵循逢 *N* 进一的规则，其中 *N* 是指数制中所需要的数字字符的总个数，称为基数。例如，十进制数用 0~9 这个不同的符号来表示数值，10 就是数字字符的总个数，也是十进制的基数，表示逢十进一。

任何一种数制表示的数都可以写成按位权展开的多项式之和，位权是指一个数字在某个固定位置上所代表的值，处在不同位置上的数字符号所代表的值不同，每个数字的位置决定了它的值或位权。而位权与基数的关系是，各进制中位权的值是基数的若干次幂。如十进制数 730.28 可以表示为

$$(730.28)_{10}=7\times10^{2}+3\times10^{1}+0\times10^{0}+2\times10^{-1}+8\times10^{-2}$$

位权表示法的原则是数字的总个数等于基数，每个数字都要乘以基数的幂次，而该幂次是由每个数所在的位置所决定的。排列方式是以小数点为界，整数部分自右向左依次为 0 次方、1 次方、2 次方……小数部分自左向右依次为负 1 次方、负 2 次方、负 3 次方……

各进制含义如下：

- 十进制数，逢十进一，数字由 0~9 组成。

- 二进制数，逢二进一，数字由 0、1 组成。
- 十六进制数，逢十六进一，由数字 0~9 和 A~F 组成。

将数由一种数制转换成另一种数制称为数制间的转换。由于计算机采用二进制，但用计算机解决实际问题时对数值的输入/输出通常使用十进制，这就有一个十进制向二进制转换或由二进制向十进制转换的过程。也就是说，在使用计算机进行数据处理时首先必须把输入的十进制数转换成计算机所能接受的二进制数；计算机在运行结束后，再把二进制数转换为人们所习惯的十进制数输出。这两个转换过程完全由计算机系统自动完成，不需要人工参与。

十进制数与非十进制数相互转换有以下几种情况：

(1) 十进制整数转换为二进制数的方法。用十进制整数除 2 取余数，逆序排列。

如：

$$(10)_{10}=(1011)_2$$

(2) 二进制整数转换为十六进制数的方法。二进制数从右向左 4 位一组分开，高位不足 4 位用 0 补足 4 位，然后分别把每组换成十六进制数，连起来即为所求的十六进制数。

如：

$$(110\ 1101\ 0101)_2=(6D6)_{16}$$

(3) 十六进制整数转换为二进制数的方法：把十六进制数的每一位转换成 4 位二进制数，连起来即为对应的二进制数。

如：

$$(57A)_{16}=(0101\ 0111\ 1010)_2$$

2. BCD 码

在一些数字系统，如计算机和数字式仪器中，往往采用二进制码表示十进制数。通常，把用一组 4 位二进制码来表示一位十进制数的编码方法称为 BCD 码。

4 位二进制码共有 16 种组合，可从中取 10 组来表示 0~9 这 10 个数，根据不同的选取方法，可以复制出很多种 BCD 码，其中 8421BCD 码最为常用。十进制数与 8421BCD 码对应关系如表 4.1.1 所列。

表 4.1.1　十进制数与 8421BCD 码对应关系

十进制数	0	1	2	3	4	5	6	7	8	9
8421 码	0000	00001	0010	0011	0100	0101	0110	0111	1000	1001

如：十进制数 7256 化成 8421 BCD 码为 0111 0010 0101 0110。

3. 数值规定

对于 16 位或 32 位的整数，规定最高位为符号位，最高位为 0 表示正数，最高位为 1 表示负数。如图 4.1.1 所示中 D0 的 1 位图，最高位 b15 为 0，所以 D0 为一个正数。

图 4.1.1　数据位

其值为：$1\times2^0+0\times2^1+1\times2^2+0\times2^3+\cdots+0\times2^{13}+1\times2^{14}$

4. 功能指令的基本格式

功能指令由操作码与操作数两部分组成。操作码又称为指令助记符，用来表示指令的功能，即告诉机器要做什么操作。操作数用来指明参与操作的对象，即告诉机器对哪些元件进行操作。操作数分为源操作数、目的操作数和其他操作数。源操作数用S表示，指执行指令后数据不变的操作数，两个或两个以上时用S1、S2表示。目的操作数用D表示，指执行指令后数据被刷新的操作数，两个或两个以上时用D1、D2表示。其他操作数用m、n表示，补充注释的常数，用K（十进制）和H（十六进制）表示，两个或两个以上时用m1、m2，n1、n2表示。

FX系列传送指令示例如图4.1.2所示，这是一条传送指令，K125是源操作数，D20是目标操作数，X1是执行条件。当X1接通时，就把常数125送到数据寄存器D20中去。

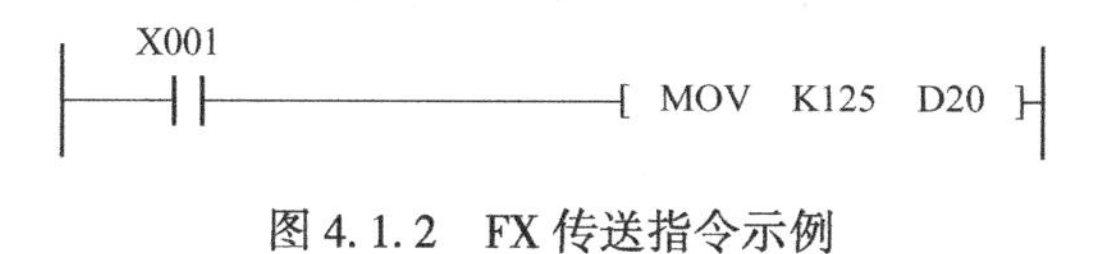

图4.1.2　FX传送指令示例

1）功能指令的表示形式

功能指令按功能号FNC00~FNC＊＊＊编排。每条功能指令都要有一个指令助记符，有的功能指令只需指定助记符，但大部分功能指令在指定助记符的同时还需要指定操作元件，操作元件由1~4个操作数组成。功能指令的表示如图4.1.3所示。

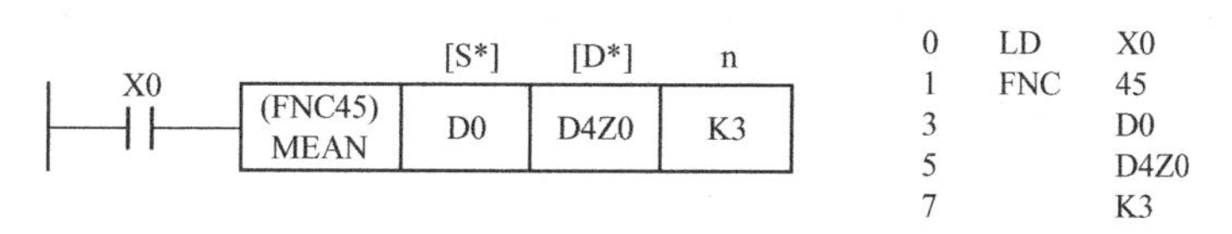

图4.1.3　功能指令的表示

在图4.1.3中，这是一条表示平均值的功能指令，其功能号为FNC45，助记符为MEAN，D0为源操作数的首元件，K3为源操作数的个数（3个），D4Z0为目标地址，存放计算的结果。

[S·]叫做源操作数，其内容不随指令执行而变化，在可利用变址修改软元件的情况下，用加“·”符号的[S·]表示，源操作数的数量多时，用[S1·]、[S2·]等表示。

[D·]叫做目标操作数，其内容随指令执行而改变，如果需要变址操作时，用加“·”符号的[D·]表示，源操作数的数量多时，用[D1·]、[D2·]等表示。

[n·]叫做其他操作数，它既不是源操作数，又不是目标操作数，常用来表示常数或者作为源操作数或目标操作数的补充说明，可用十进制K、十六进制H和数据寄存器D来表示。在需要表示多个这类操作数时，可用[n1·]、[n2·]等表示。若具有变址功能，可用加“·”的符号[n2·]表示。此外，其他操作数还可用[m]来表示。

2）数据长度

功能指令可处理16位数据和32位数据，例如，在图4.1.4中，在功能指令MOV前加D，即DMOV指令，表示处理32位数据，处理32位数据时，用元件号相邻的两个元件组成元件对，元件对的首地址用奇数、偶数均可以。

X000
MOV D10 D12
将D10中的数送到D12中
(处理16位数据)
X001
DMOV D20 D22
将D12和D20中的数送到D23
和D22中（处理32位数据）

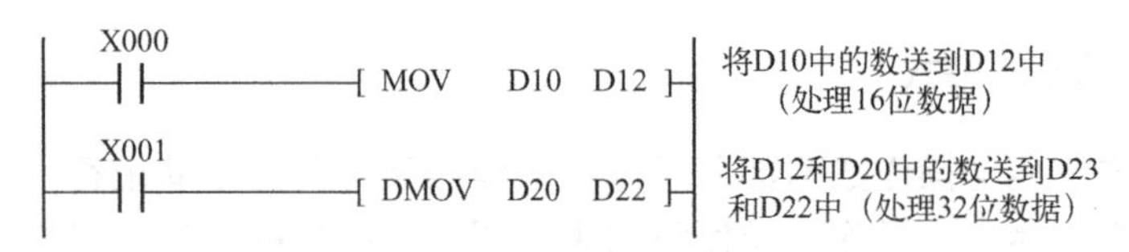

图 4.1.4　数据长度说明

注意： 32 位计数器 C200~C255 的当前值不能用做 16 位数据的操作数，只能用做 32 位数据操作数。

3）指令类型

FX 系列 PLC 的功能指令有连续执行型和脉冲执行型两种形式。在指令助记符后加 P 表示脉冲执行型指令。

连续执行型指令举例如图 4.1.5 所示，当 X1 为 ON 时，DMOV 指令在每个扫描周期都被执行一次。

脉冲执行型指令举例如图 4.1.6 所示，MOVP 指令仅在当 X0 由 OFF 转变为 ON 时执行一次，以后就不再执行。

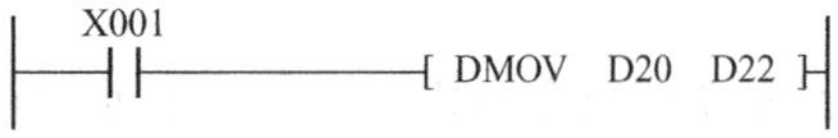

X001
DMOV D20 D22

图 4.1.5　连续执行型指令举例

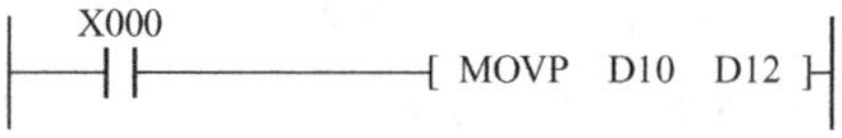

X000
MOVP D10 D12

图 4.1.6　脉冲执行型指令举例

P 和 D 可同时使用，如 DMOVP 表示 32 位数据的脉冲执行方式。某些指令如 XCH、INC、DEC、ALT 等，用连续执行方式或脉冲执行方式时要特别注意，因为不同的方式会得到不同的执行结果。

4）操作数

操作数按功能分有源操作数、目标操作数和其他操作数；按组成形式分有位元件、字元件和常数。

（1）位元件和字元件。只处理 ON/OFF 状态的元件称为位元件，如 X、Y、M、S 等。另外，T、C 的触头也是位元件。处理数据的元件称为字元件，如 T（定时器的当前值）、C（计数器的当前值）、D 等。但由位元件也可构成字元件进行数据处理，位元件组合用 Kn 加首元件号表示。

（2）位元件的组合。4 个位元件为一组合单元。KnM0 中的 n 是组数，16 位操作时为 K1~K4，32 位操作时为 K1~K8。如 K2M0 表示由 M0~M7 组成的 8（2 组×4 位=8 位）位数据，M0 是低位，M7 是高位。K4M10 表示由 M10~M25 组成的 16（4 组×4 位）位数据，M10 是最低位，M25 是最高位。

当一个 16 位的数据传送到 K1M0、K2M0、K3M0 时，只传送相应的低位数据，较高位的数据不传送。32 位数据传送类似。

被组合的位元件的首元件号可以是任意的，但习惯上采用以 0 结尾的元件，如 X0、X10 等。

（3）变址寄存器。变址寄存器是用来修改操作对象的元件号，其操作方式与普通数据寄存器一样。对于 16 位的指令，可用 V 或 Z 来表示。对于 32 位指令，V、Z 自动组合成对使用，V 为高 16 位，Z 位低 16 位。

如图 4. 1. 7 所示，当 X0 为 ON 时，K10 传送到 V0，K20 传送到 Z0，所以 V0 的数据为 10，Z0 的数据为 20。当执行(D5V0)+(D15Z0)→(D40Z0)时，即执行(D15)+(D35)→(D60)，若改变 V0、Z0 的值，则可完成不同数据寄存器的求和运算。这样，使用变址寄存器可以使编程简化。

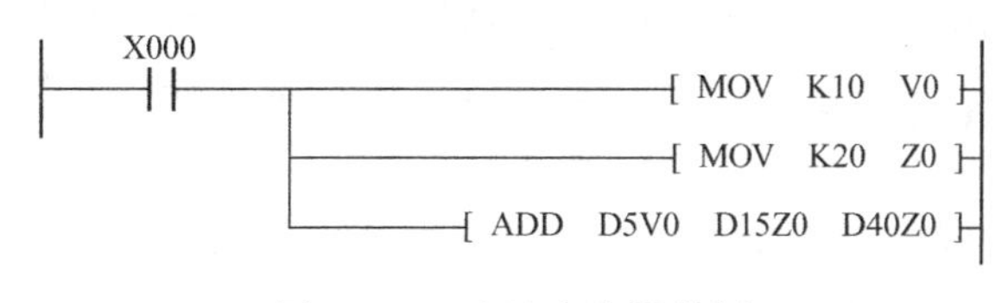

图 4. 1. 7　变址寄存器举例

5. 数据寄存器

数据寄存器是用于存放各种数据的软元件。FX2 系列 PLC 中第一个数据寄存器都是 16 位的（最高位为正、负符号位），也可用两个数据寄存器合并起来存储 32 位数据（最高位为正、负符号位）。通常，数据寄存器可分为以下几类。

（1）通用数据寄存器（D0~D199）。通用数据寄存器只要不写入其他数据，已写入的数据不会变化。但是，由 RUN→STOP 时，全部数据均清零（若特殊辅助继电器 M8033 已被驱动，则数据不被清零）。

（2）停电保持用寄存器（D200~D999）。停电保持用寄存器基本上与通用数据寄存器相同。除非改写，否则原有数据不会丢失，不论电源接通与否，PLC 运行与否，其内容也不会发生变化。然而在两台 PLC 做点对点的通信时，D490~D509 被用做通信操作。

（3）文件寄存器（D1000 ~ D2999）。文件寄存器是在用户程序存储器（RAM、EEPROM、EPROM）内的一个存储区，以 500 点为一个单位，最多可在参数设置时达到 2000 点。用外围设备口进行写入操作。在 PLC 运行时，可用 BMOV 指令读到通用数据寄存器中，但是不能用指令将数据写入文件寄存器。用 BMOV 指令将数据写入 RAM 后，再从 RAM 中读出。将数据写入 EEPROM 时，需要花费一定的时间，务必请注意。

（4）RAM 文件寄存器（D6000~D7999）。当驱动特殊辅助继电器 M8074 后，由于采用的扫描被禁止，上述的数据寄存器可作为文件寄存器处理，用 BMOV 指令传送数据（写入或读出）。

（5）特殊用寄存器（D8000~D8255）。特殊用寄存器用于写入特定目的的数据，用来监控 PLC 中各种元件的运行，其内容在电源接通时，写入初始化值（一般先清零，然后由系统 ROM 来写入）。

6. 数据表示方法

FX_{2N}系列可编程序控制器提供的数据表示方法分为位软元件、字软元件、位软元件组合等。位软元件指处理开关（ON/OFF）信息的元件，如 X、Y、M、S；字软元件指处理数据的元件，如 D；位软元件组合表示数据以 4 个位元件一组，代表 4 个 BCD 码，也表示一位十进制数，用 KnMm 表示，K 为十进制位数，也是位元件的组数，M 为位元件，m 为位元件的首地址，一般 0 结尾的元件。如 K2X000 表示以 X0000 为首地址的 8 位，即 X000～X007。

FX_{2N}系列可编程序控制器提供的数据长度分为 16 位和 32 位两种。参与运算的数据默认为 16 位二进制数据；32 位数据在操作码前面加 D（Double）表示，此时只写出元件的首地址，且首地址为 32 位数据中的低 16 位数据，高 16 位数据放在比首地址高一位的地址中，如图 4.1.8 所示。

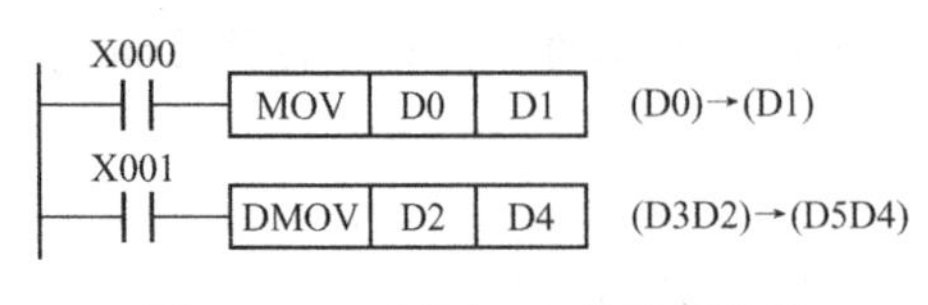

图 4.1.8　16 位与 32 位数据传送

功能指令的执行方式分为连续执行方式和脉冲执行方式。连续执行方式是指每个扫描周期都重复执行一次。脉冲执行方式是指在信号 OFF→ON 时执行一次，在指令后加 P（Pulse）表示。如图 4.1.9 所示，当 X010 接通时，每个扫描周期都重复执行将 D0 传送给 D1 的操作；而 D2 传送给 D4 的操作只在 X011 信号 OFF→ON 时执行一次。

功能指令还提供变址寄存器 V、Z，用于改变操作数的地址，其作用是存放改变地址的数据。实际地址等于当前地址加变址数据，32 位运算时 V 和 Z 可组合使用，V 为高 16 位，Z 为低 16 位。变址寄存器的使用如图 4.1.10 所示。

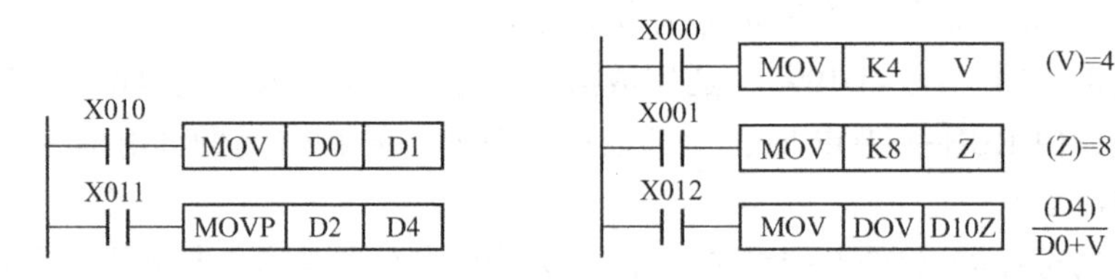

图 4.1.9　连续执行方式与脉冲执行方式　　图 4.1.10　变址寄存器的使用

任务 4.2　程序流控制指令及其应用

4.2.1　任务引入与分析

PLC 用于程序流控制的常用功能指令共有 10 条，如条件跳转（指令记号 CJ）、子程序调用（指令记号 CALL）、子程序返回（指令记号 SRET）、中断返回（指令记号 IRET）、允许中断（指令记号 EI）、禁止中断（指令记号 DI）、主程序结束（指令记号 FEND）、看门狗定时器（指令记号 WDT）、循环范围的开始（指令记号 FOR）、循环范围的结束（指令记号 NEXT）。下面先介绍前面几条指令。

4.2.2　基础知识

1. 条件跳转指令 CJ

（1）指令格式。该指令的指令名称、助记符、功能号、操作数和程序步长如表 4.2.1 所列。

表 4.2.1　条件跳转指令表

指令名称	功能号与助记符	操作数 [D·]	程序步长
条件跳转指令	FNC00　CJ	P0~P4095，P63 即 END 所在步，不需要标记	16 位；3 步，标号 P：1 步

（2）指令说明。

① CJ 为条件跳转指令，如图 4.2.1 所示，若 X0 为 ON，程序跳转到标号 P1 处；若 X0 为 OFF，则按顺序执行程序，这称为条件跳转。当执行条件为 M8000 时，称为无条件跳转。

② 在图 4.2.1 中，若整个程序中 Y1 的线圈只出现了一次，则当 X0 接通发生跳转时，Y1 保持跳转前的状态。定时器、计时器也类似。

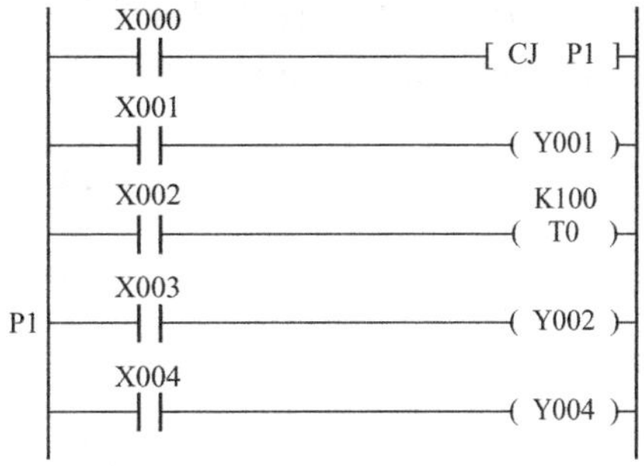

X000 [CJ P1]
X001 (Y001)
X002 (T0 K100)
P1 X003 (Y002)
X004 (Y004)

图 4.2.1　条件跳转指令的应用

③ 在使用条件跳转指令时，只要保证在一个周期内同样的线圈不扫描多次，允许使用多线圈输出，这为我们编写程序带来了方便。

④ 指令中的跳转标记 P□□不可重复使用，但两条条件跳转指令可以使用同一跳转标记。

⑤ 使用 CJP 指令时，跳转只执行一个扫描周期。

2. 子程序调用指令 CALL 和子程序返回指令 SRET

（1）指令格式。该指令的指令名称、助记符、功能号、操作数和程序步长如表 4.2.2 所列。

表 4.2.2　子程序指令表

指令名称	功能号与助记符	操作数 [D·]	程序步长
子程序调用	FNC01　CALL	指针 P0~P62，P64~P4095 可嵌套 5 级	16 位；3 步，标号 P：1 步
子程序返回	FNC02　SRET	无操作数	1 步

（2）指令说明。子程序是为一些特定控制目的编制的相对独立的程序。为了区别于主程序，规定在程序编写时，将主程序排在前面，子程序排在后面，并以主程序结束指令 FEND（FNC06）将这两部分程序隔开。

子程序指令在梯形图中的表示如图 4.2.2 所示。图 4.2.2 中，子程序调用指令 CALL 安排在主程序中，X1 是子程序执行的条件，当 X1 置 1 时，执行指针标号为 P10 的子程序一次。子程序 P10 安排在主程序结束指令 FEND 之后，标号 P10 和子程序返回指令 SRET 之间的程序构成 P10 子程序的内容，当执行到返回指令 SRET①时，返回主程序。若主程序带有多个子程序或子程序中嵌套子程序时，子程序可依次列在主程序结束指令之后，并以不同的标号相区别。如图 4.2.2 所示，第一个子程序又嵌套第二个子程序，当第一个子程序执行中 X30 为 ON 时，调用标号 P11 开始的第二个子程序，执行到 SRET②时，返回第一个子程序断点处继续执行。这样在子程序内调用指令可达 4 次，整个程序嵌套可多达 5 次。

下面分析子程序调用指令执行的意义。在图 4.2.2 中，若调用指令改为非脉冲执行指令 CALLP10，当 X1 置 1 并保持不变时，每当程序执行到该指令时，都转去执行 P10 子程序，遇到 SRET 指令即返回原断点继续执行原程序。而在 X1 置 0 时，程序的扫描就仅在主程序中进行。子程序的这种执行方式在对有多个控制功能需要依一定的条件有选择地实现时，是有重要意义的，它可以使程序的结构简洁明了。编程时将这些相对独立的功能都设置成子程序，而在主程序中再设置一些入口条件对这些子程序控制就可以了。当有多个子程序排列在一起时，标号和最近的一个子程序返回指令构成一个子程序。

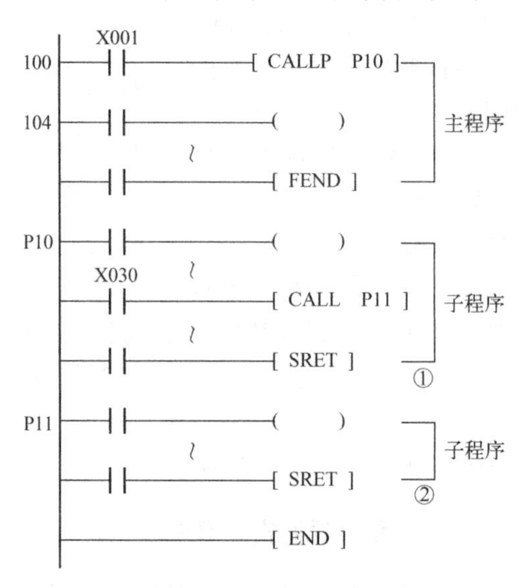

图 4.2.2 子程序在梯形图中的表示

3. 中断返回指令

(1) 指令格式。该指令的指令名称、助记符、功能号、操作数和程序步长如表 4.2.3 所列。

表 4.2.3 中断返回指令表

指令名称	功能号与助记符	操作数	程序步长
		[D·]	
中断返回指令	FNC03 IRET	无	16 位：1 步
允许中断指令	FNC04 EI	无	1 步
禁止中断指令	FNC05 DI	无	1 步

(2) 中断指针 I。中断是计算机所特有的一种工作方式。主程序在执行过程中，中断主程序的执行去执行中断子程序。与前面所谈的子程序一样，中断子程序也是为某些特定的控制功能而设定的。和普通子程序不同的是，这些特定的控制功能都有一个共同的特点，即要求响应时间小于机器的中断源，FX_{2N}系列 PLC 有三类中断源：输入中断、定时器中断和计数器中断。为了区别不同的中断及在程序中标明中断的入口，规定了中断指针标号。FX 系列 PLC 中断指针 I 的地址如表 4.2.4 所列，并且不能重复。

表4.2.4　FX_{2N}系列PLC中断指针I的地址表

指令名称	中断用指针		
	输入中断用	定时器中断用	计数器中断用
中断返回指令	I00□（X000） I10□（X001） I20□（X002） I30□（X003） I40□（X004） I50□（X005） 6点	I6□□ I7□□ I8□□ 3点	I010 I020 I030 I040 I050 I060 6点
允许中断指令			
禁止中断指令			

① 输入中断指针。输入中断指针表示的格式如图4.2.3所示。6个输入中断指针仅接收对应特定输入地址号X0～X5的信号触发，才执行中断子程序，不受PLC扫描周期的影响，由于输入中断处理可以处理比扫描周期还短的信号，因而PLC厂家在制造中已对PLC做了必要的优先处理和短时脉冲处理的控制使用。

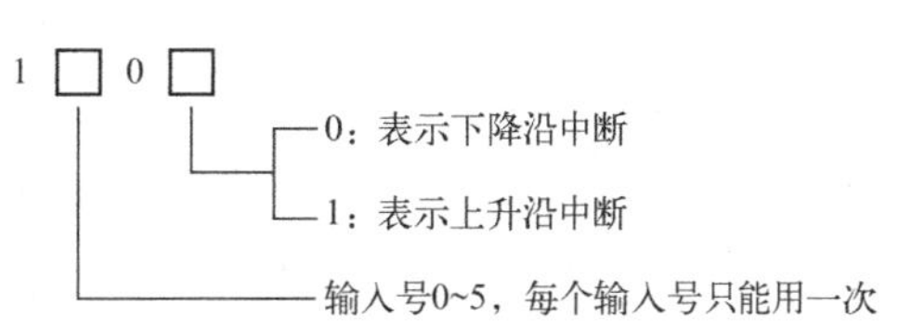

图4.2.3　输入中断指针表示的格式

如I001在输入X0从OFF→ON变化时，才执行由该指针作为标号的中断程序，并在执行中断返回指令IRET处返回。

② 定时器中断。定时器中断用指针格式表示的意义如图4.2.4（a）所示。用于需要指定中断时间执行中断子程序或不受PLC扫描周期影响的循环中断处理控制程序。

定时器中断为机内信号中断。由指定编号为I6～I8的专用定时器控制。设定时间在10～99ms范围每一个设定周期就中断一次。

如I610为每隔10ms就执行标号为I610后面的中断程序一次，在中断返回指令IRET处返回。

③ 计数器中断指针。计数器中断用指针格式表示的意义如图4.2.4（b）所示。根据PLC内部的高速计数器的比较结果，执行中断子程序，用于优先控制利用高速计数器的计数结果。该指针的中断动作要与高速计数器比较置位指令HSCS组合使用。

在图4.2.5中，当高速计数器C255的当前值与K1000相等时，发生中断，中断指针指向中断程序，执行中断程序后返回原来的程序。

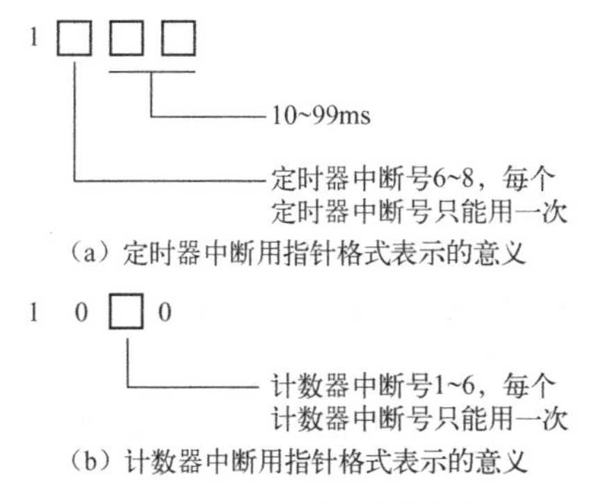

图4.2.4　中断指针的格式

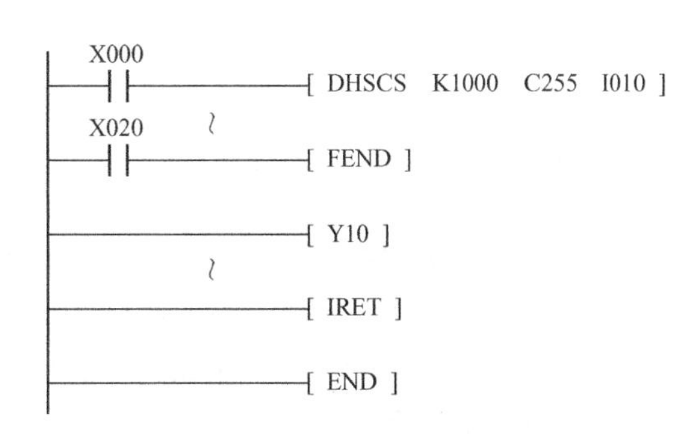

图4.2.5　高速计数器中断

以上讨论的中断用指针的动作会受到机器内特殊辅助继电器 M8050～M8059 的控制，如表 4.2.5 所列，它们若接通，则中断禁止。如 M8059 接通，则计数器中断全部禁止。

表 4.2.5　特殊辅助继电器中断禁止控制

编　号	名　称	备　注
M8050	I00□禁止	输入中断禁止
M8051	I10□禁止	
M8052	I20□禁止	
M8053	I30□禁止	
M8054	I40□禁止	输入中断禁止
M8055	I50□禁止	
M8056	I60□禁止	定时器中断禁止
M8057	I70□禁止	
M8058	I80□禁止	
M8059	I010～I060 禁止	计数器中断禁止

4.2.3　任务实施

1. 输送带的点动与连续运行的混合控制

某输送带的工作过程示意图，如图 4.2.6 所示。

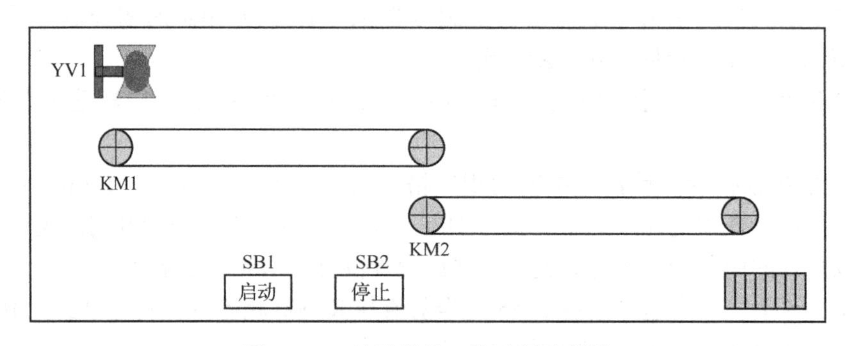

图 4.2.6　输送带的工作过程示意图

其控制要求如下：该系统具有自动工作方式与手动点动工作方式，具体由自动工作与手动点动工作转换开关 S1 选择。当 S1＝1 时为手动点动工作，系统可通过 3 个点动按钮对电磁阀和电动机进行控制，以便对设备进行调整、检修和事故处理。在自动工作方式下。

（1）启动时，为了避免在后段输送带上造成物料堆积，要求以逆物料流动方向按一定时间间隔顺序启动，其启动顺序为：按启动按钮 SB1，第二条输送带的接触器 KM2 吸合启动 M2 电动机，延时 3s 后，第一条输送带的接触器 KM1 吸合启动 M1 电动机，延时 3s 后，卸料斗的电磁阀 YV1 吸合。

（2）停止时，卸料斗的电磁阀 YV1 尚未吸合时，接触器 KM1、KM2 可立即断电使输送带停止；当卸料斗的电磁阀YV1吸合时，为了使输送带上不残留物料，要求沿物料流动方向按一定时间间隔顺序停止。其停止顺序为：按SB2停止按钮，卸料斗的电磁阀YV1断开，延时6s后，第一输送带的接触器KM1断开，此后再延时6s，第二条输送带的接触器KM2断开。

（3）故障停止：在正常运转中，当第二条输送带电动机发生故障时（热继电器FR2触点断开），卸料斗、第一条和第二条输送带同时停止。当第一条输送带电动机发生故障时（热继电器FR1触点断开），卸料斗、第一条输送带同时停止，经6s延时后，第二条输送带再停止。

① 确定输入/输出（I/O）分配表，输送带I/O分配表如表4.2.6所示。

表4.2.6　输送带I/O分配表

输　入		输　出	
输入设备	输入编号	输出设备	输出编号
启动按钮SB1	X000	电磁阀YV1	Y000
停止按钮SB2	X001	接触器KM1	Y004
M1过载保护	X002	接触器KM2	Y005
M2过载保护	X003		
电磁阀点动按钮SB3	X004		
电动机M1点动按钮SB4	X005		
电动机M2点动按钮SB5	X006		
手动、自动转换开关S1	X007		

② 根据工艺要求画出手动、自动程序结构，如图4.2.7所示。

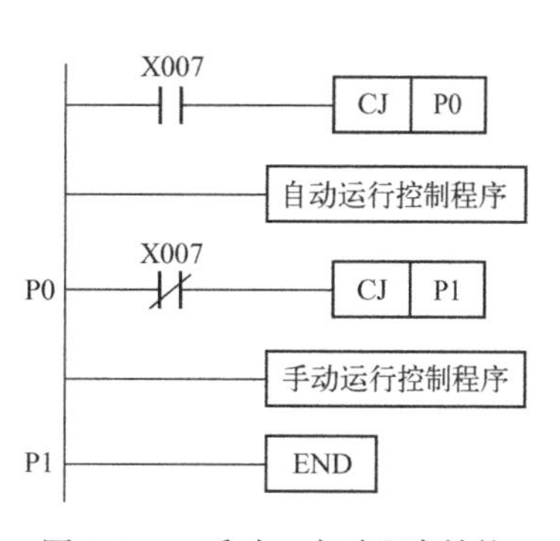

图4.2.7　手动、自动程序结构

③ 根据自动运行时的工艺要求画出输送带状态转移图，如图4.2.8所示。图中X002、X003为M1、M2过热保护，由于采用热继电器时，常闭触点比常开触点输入有优先级（即常闭触点先断开后，常开触点才接通），因此，做保护使用时一般都采用常闭触点进行输入。

④ 根据手动、自动程序结构图和状态转移图4.2.8所示写出梯形图程序，指令语句表如下所示：

```
0    LD     X 007              46   LD     X001
1    CJ     P9                 47   SET    S23
4    LDI    X003               49   LDI    X002
5    OR     M8002              50   SET    S24
6    SET    S0                 52   STL    S23
8    STL    S0                 53   OUT    T2     K60
9    ZRST   Y004   Y005        56   LD     T2
14   ZRST   S20    S24         57   SET    S24
19   LD     X000               59   STL    S24
20   SET    S20                60   RST    Y004
```

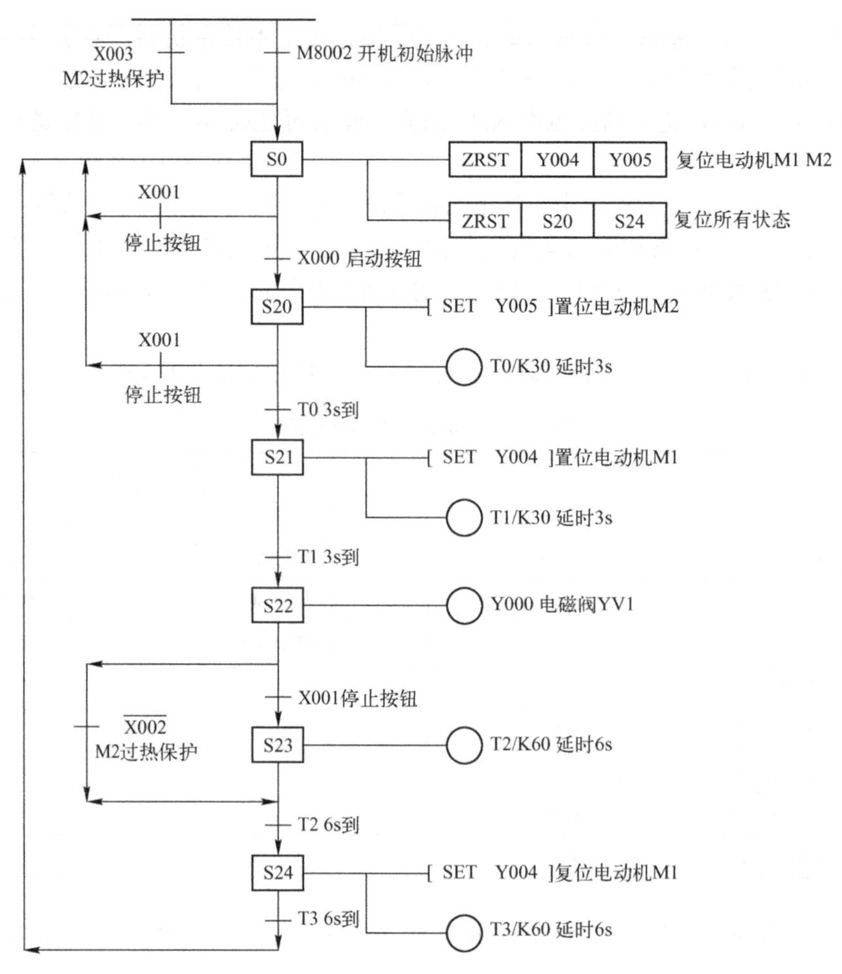

图 4.2.8　输送带状态转移图

```
22    STL    S20
23    SET    Y005
24    OUT    T1     K30
27    LD     T0
28    SET    S21
30    LD     X001
31    SET    S0
33    STL    S21
34    SET    Y004
35    OUT    T1     K30
38    LD     T1
39    SET    S22
41    LD     X001
42    SET    S0
44    STL    S22
45    OUT    Y000
61    OUT    T3     K60
64    LD     T3
65    SET    S0
67    RET
68    P0
69    LDI    X007
70    CJ     P1
73    LD     X004
74    OUT    Y000
75    LD     X005
76    OUT    Y004
77    LD     X006
78    OUT    Y005
79    P1
80    END
```

4.2.4　考核标准

针对考核任务，相应的考核评分细则参见表 4.2.7。

表 4.2.7　考核评分细则

序号	考核项目	考核内容	配　分	考核要求及评分标准	得　分
1	知识掌握	程序流指令与编程方法	30 分	(1) 指令使用正确 (10 分) (2) 编程正确 (20 分)	
2	程序设计	I/O 地址分配	15 分	分析系统控制要求，正确完成 I/O 地址分配	
		安装与接线	15 分	正确绘制系统接线图 按系统接线图在配线板上正确安装与接线	
		控制程序设计	15 分	按控制要求完成控制程序设计，梯形图正确、规范 熟练操作编程软件，将所编写的程序下载到 PLC	
		功能实现	15 分	按照被控设备的动作要求进行模拟调试，达到控制要求	
3	职业素养	6S 规范	共 10 分，从总分中扣	正确使用设备，具有安全用电意识，操作符合规范要求 操作过程中无不文明行为，具有良好的职业操守 作业完成后及时清理、清扫工作现场，工具完整归位	
合计			100 分		

注意：每项内容的扣分不得超过该项的配分。

任务结束前，填写、核实制作和维修记录单并存档。

4.2.5　思考与练习

1. 用跳转指令编写以下程序：控制两只灯，分别接于 Y0、Y1。控制要求如下：

(1) 要求能实现自动控制与手动控制的切换，切换开关接于 X0，若 X0 为 OFF 则为手动操作，若 X0 为 ON，则切换到自动运行。

(2) 手动控制时，能分别用一个开关控制它们的启停，两个灯的启/停开关分别为 X1、X2。

(3) 自动运行时，两只灯能每隔 1s 交替闪亮。

2. 某化工反应装置完成多液体物料的化合工作，连续运行。使用 PLC 完成物料的比例投入及送出，并完成反应装置温度的控制设计工作。反应物料的比例投入根据装置内酸碱度经运算控制有关阀门的开启程度实现，反应物的送出以进入物料的量经运算控制出阀门的开启程序实现。温度控制使用加温及降温设备，温度需维持在一个区间内。在设计程序的总体结构时，将运算为主的程序内容作为主程序；将加温及降温等逻辑控制为主的程序作为子程序。子程序的执行条件 X10 及 X11 为温度高限位继电器及温度低限位继电器输入信号。

任务 4.3 比较类指令与传送类指令及其应用

4.3.1 任务引入与分析

FX 系列 PLC 数据传送与比较类指令包含有比较指令、区间比较指令、传送与移位传送指令、取反传送指令、块传送指令、多点传送指令、数据交换指令、BCD 码转换指令、BIN 转换指令等，如表 4.3.1 所列。

表 4.3.1 比较与传送指令表

FNC No.	指令记号	符号	功能
10	CMP	CMP S1 S2 D	比较
11	ZCP	ZCP S1 S2 S D	区间比较
12	MOV	MOV S D	传送
13	SMOV	SMOV s m1 m2 D n	位移动
14	CML	CML S D	反转传送
15	BMOV	BMOV S D n	成批传送
16	FMOV	FMOV S D n	多点传送
17	XCH	XCH D1 D2	交换
18	BCD	BCD S D	BCD 转换
19	BIN	BIN S D	BIN 转换

4.3.2 基础知识

1. 比较指令

(1) 比较指令的指令名称、助记符、功能号、操作数和程序步长如表 4.3.2 所列。

表 4.3.2 比较指令表

指令名称	功能号与助记符	操作数			程序步长
		[S1 ·]	[S2 ·]	[D ·]	
比较指令	FNC10 CMP	K、H、KnY、KnM、KnS、T、C、D、V、U□\G□		Y、M、S、D□. b	CMP、CMPP7 步 DCMP、DCMPP13 步

（2）指令使用说明。比较指令CMP是将源操作数［S1·］与［S2·］的数据进行比较，在其大小一致时，目标操作数［D·］动作，如图4.3.1所示。数据比较是进行数值大小的比较（即带符号比较）。所有的源数据均按二进制数处理。当比较指令的操作数不完整，或指定的操作数的元件号超出了允许范围等情况时，用比较指令就会出错。目标软元件指定M0时，M0、M1、M2自动被占用。

当X000断开时，CMP指令不执行，M0～M2保持X000断开前的状态。如果要清除比较结果，可以采用RST指令进行复位，如图4.3.2所示。

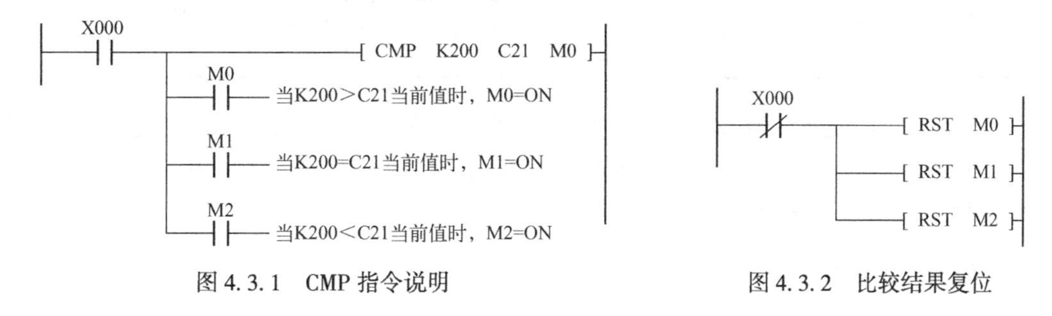

图4.3.1 CMP指令说明　　图4.3.2 比较结果复位

2. 区间比较指令

（1）区间比较指令的指令名称、助记符、功能号、操作数和程序步长如表4.3.3所列。

表4.3.3 区间比较指令表

指令名称	功能号与助记符	操作数				程序步长
		［S1·］	［S2·］	［S·］	［D·］	
区间比较指令	FNC11 ZCP	K、H、KnX、KnY、KnM、KnS、T、C、D、V、Z、U□\G□			Y、M、S、U□.b	ZPC、ZCPPP 9步 DZCP、DZCPP 17步

（2）指令使用说明。如图4.3.3所示是区间比较指令ZCP的使用说明。该指令是将一个数据［S·］与上、下两个源数据［S1·］和［S2·］间的数据进行代数比较（即带符号比较），在其比较的范围内对应目标操作数中M3、M4、M5软元件动作。［S1·］的数据应小于或等于［S2·］的数据。若［S1·］的数据比［S2·］的数据大，则［S2·］的数据被看做与［S1·］的数据一样大。

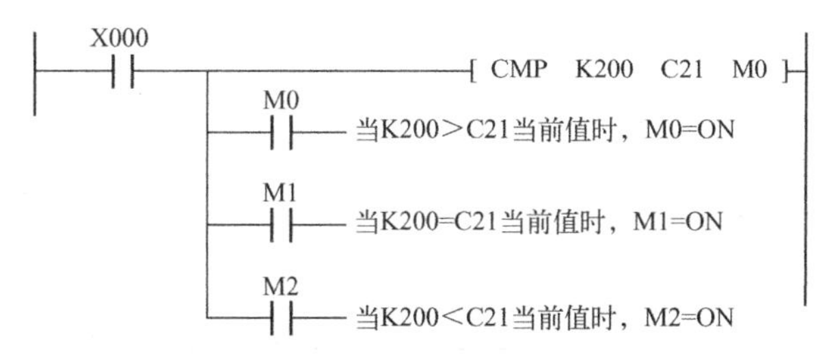

图4.3.3 区间比较指令ZCP的使用说明

当X000断开时，即使ZCP指令不执行，M3～M5也保持X000断开前的状态。在不执行指令清除比较结果时，可采用RST指令进行比较结果复位。

3. 传送指令

（1）传送指令的指令名称、助记符、功能号、操作数和程序步长如表 4.3.4 所列。

表 4.3.4　传送指令表

指令名称	功能号与助记符	操作数		程序步长
		[S·]	[D·]	
传送指令	FNC12　MOV	K、H、KnX、KnY、KnM、KnS、T、C、D、V、Z、U□\G□	KnY、KnM、KnS、T、C、D、V、Z、U□\G□	MOV、MOVP 5 步 DMOV、DMOVP 9 步

（2）指令使用说明。当 X000=ON 时，源操作数 [S·] 中的常数 K100 传送到目标操作软元件 D10 中。当指令执行时，常数 K100 自动转换成二进制传送至 D10 中。当 X000 断开指令不执行时，D10 中数据保持不变。

4. 移位传送指令

（1）移位传送指令的指令名称、助记符、功能号、操作数和程序步长如表 4.3.5 所列。

表 4.3.5　移位传送指令表

指令名称	功能号与助记符	操作数					程序步长
		[S·]	m1	m2	[D·]	n	
移位传送比较指令	FNC13　SMOV	KnX、KnY、KnM、KnS、T、C、D、V、Z、U□\G□	K、H=1~4	K、H=1~4	KnX、KnY、KnM、KnS、T、C、D、V、Z、U□\G□	K、H=1~4	SMOV、SMOVP 11 步

（2）指令使用说明。SMOV 指令是进行数据分配与合成的指令。该指令是将源操作数中二进制（BIN）码自动转换成 BCD 码，按源操作数中指定的起始位 m1 和移位的位数 m2 向目标操作数中指定的起始位 n 进行移位传送，目标操作数中未被移位传送的 BCD 位，数值不变，然后再自动转换成二进制（BIN）码，如图 4.3.4 所示。

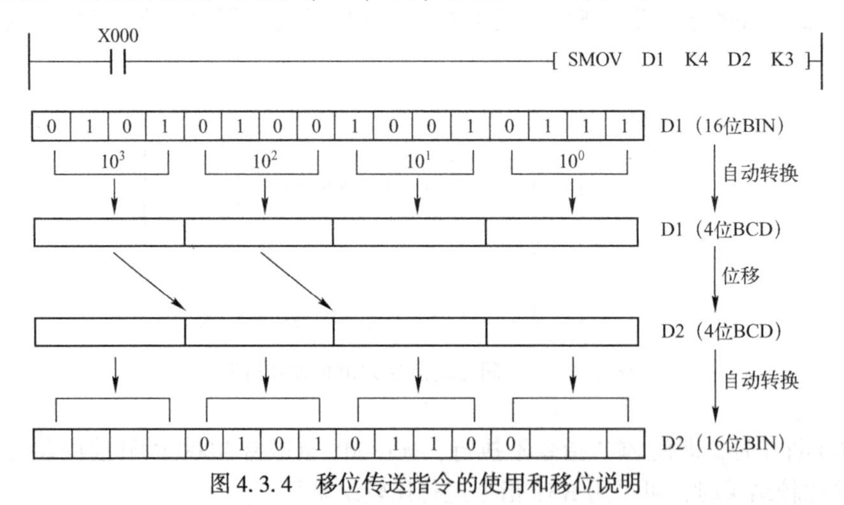

图 4.3.4　移位传送指令的使用和移位说明

源操作数为负以及 BCD 码的值超过 9999 都将出现错误。

（3）移位传送指令应用举例。如图 4.3.5 所示是 3 位 BCD 码数字开关与不连续的输入端连接实现数据的组合。由图 4.3.5 中程序可知，数字开关经 X020~X027 输入的 2 位 BCD 码自动以二进制数存入 D2 中的低 4 位。通过移位传送指令将 D1 中最低位的 BCD 码传送到 D2 中的第 3 位（BCD 码），并自动以二进制存入 D2，实现了数据组合。

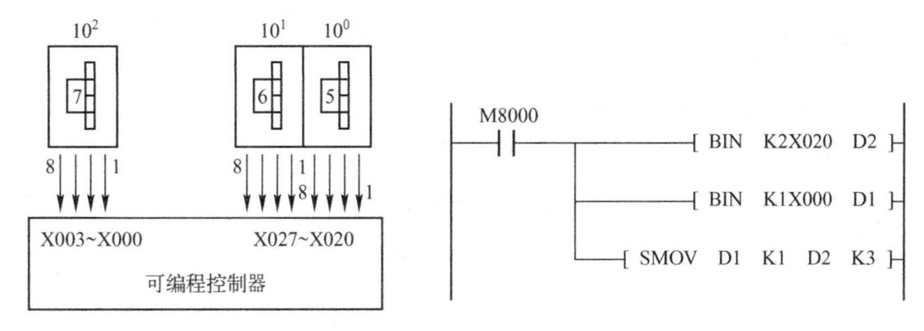

图 4.3.5　3 位 BCD 码数字开关与不连续的输入端连接实现数据的组合

5. 取反传送指令

（1）取反传送指令的指令名称、助记符、功能号、操作数和程序步长如表 4.3.6 所列。

表 4.3.6　取反传送指令表

指令名称	功能号与助记符	操作数		程序步长
		[S·]	[D·]	
块传送指令	FNC14　CML	K、H、KnX、KnY、KnM、KnS、T、C、D、V、Z、U□\G□	KnY、KnM、KnS、T、C、D、V、Z、U□\G□	CML、CLMP5 步 DCML、DCMLP9 步

（2）指令使用说明。该指令的使用说明如图 4.3.6 所示，其功能是将源数据的各位取反（0 变为 1，1 变为 0）再向目标传送。若将常数 K 用于源数据，则自动进行二进制数变换。该指令常用于 PLC 输出的逻辑进行取反输出的情况。

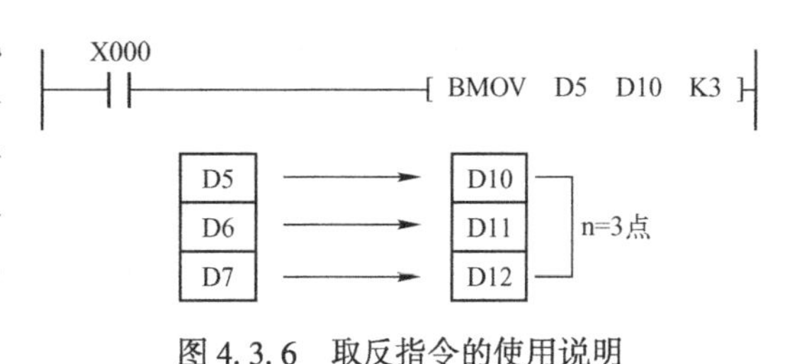

图 4.3.6　取反指令的使用说明

6. 块传送指令

（1）块传送指令的指令名称、助记符、功能号、操作数和程序步长如表 4.3.7 所列。

表 4.3.7　块传送指令表

指令名称	功能号与助记符	操作数			程序步长
		[S·]	[D·]	n	
块传送指令	FNC15　BMOV	KnX、KnY、KnM、KnS、T、C、D、U□\G□	KnY、KnM、KnS、T、C、D、U□\G□	K、H≤512	BMOV、BMOVP7 步

（2）指令使用说明。BMOV 指令是从源操作数指定的软元件开始的 n 点数据传送到指定的目标操作数开始的 n 点软元件，如果元件号超出允许的元件号范围，数据仅传送到允许的范围内，如图 4.3.7 所示。

图 4.3.7　块传送指令的使用说明

7. 多点传送指令

（1）多点传送指令的指令名称、助记符、功能号、操作数和程序步长如表 4.3.8 所列。

表 4.3.8　多点传送指令表

指令名称	功能号与助记符	操作数			程序步长
		[S·]	[D·]	n	
多点传送指令	FNC16　FMOV	K、H、KnX、KnY、KnM、KnS、T、C、D、V、Z U□\G□	KnY、KnM、KnS、T、C、D、U□\G□	K、H≤512	FMOV、FMOVP 7 步 DFMOV、DFMOVP 13 步

（2）指令使用说明。FMOV 指令是将源操作数指定的软元件的内容以目标操作数指定的起始软元件的 n 点软元件传送，n 点软元件的内容都一样。如图 4.3.8 所示，当 X000 为 ON 时，K10 传送到 D1～D5 中。如果目标操作数指定的软元件超出允许的元件号范围，数据仅传送到允许的范围内。

8. 数据交换指令

（1）数据交换指令的指令名称、助记符、功能号、操作数和程序步长如表 4.3.9 所列。

表 4.3.9　数据交换指令表

指令名称	功能号与助记符	操作数		程序步长
		[D1·]	[D2·]	
数据交换指令	FNC17　XCH	KnX、KnY、KnM、KnS、T、C、D、V、Z、U□\G□	KnY、KnM、KnS、T、C、D、V、Z、U□\G□	XCH、XCHP 5 步 DXCH、DXCHP 9 步

（2）指令使用说明。XCH 指令是在指定的目标软元件间进行数据交换，指令说明如图 4.3.8 所示。在指令执行前，目标元件 D10 和 D11 中的数据分别为 130 和 100，即 D10 和 D11 中的数据进行了交换。

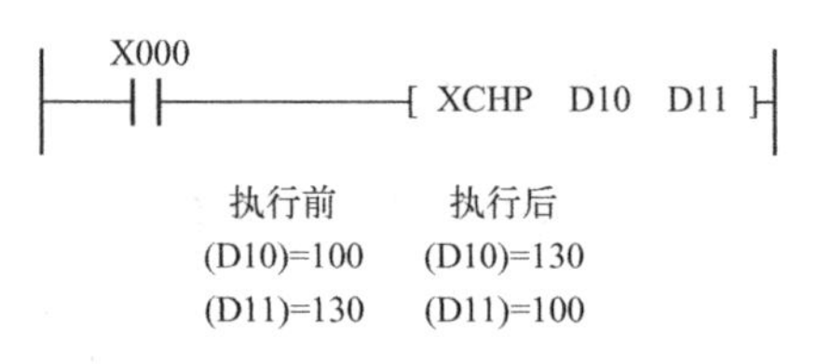

图 4.3.8　数据交换指令说明

若要实现高 8 位与低 8 位的数据交换，可采用高、低位交换特殊继电器 M8160 来实现。如图 4.3.9 所示，当 M8160 为 ON，目标元件为同一地址号时（不同地址号，错误标号继电器 M8067 接通，不执行指令），16 位数据进行高 8 位与低 8 位的交换；如果是 32 位，指令作用与此相同，这种功能与高、低位字节交换指令 FNC147（SWAP）功能相同。

9. BCD 码转换指令

（1）BCD 码转换指令的指令名称、助记符、功能号、操作数和程序步长如表 4.3.10 所示。

表 4.3.10　BCD 码转换指令表

指令名称	功能号与助记符	操作数		程序步长
		[S·]	[D·]	
BCD 码转换	FNC18　BCD	KnX、KnY、KnM、KnS、T、C、D、V、Z、U□\G□	KnY、KnM、KnS、T、C、D、V、Z、U□\G□	BCD、BCDP 5 步 DBCD、DBCDP 9 步

（2）指令使用说明。BCD 码转换指令是将源元件中的二进制数转换成 BCD 码送到目标元件中。BCD 码转换指令的说明如图 4.3.10 所示。当 X000＝ON 时，源元件 D12 中的二进制数转换成 BCD 码送到目标元件 Y000～Y007 中，可用于驱动七段数码显示器。

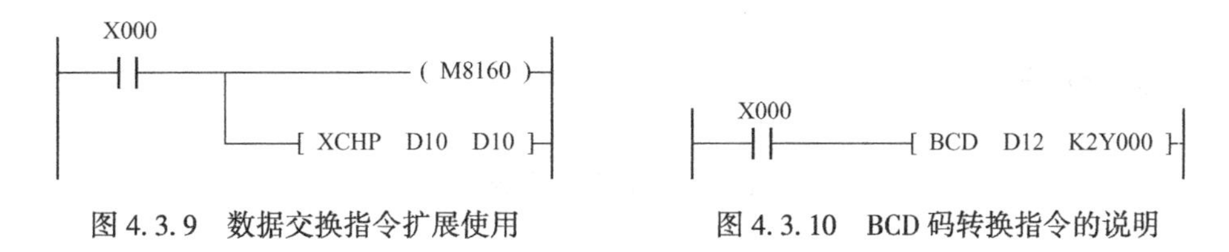

图 4.3.9　数据交换指令扩展使用　　图 4.3.10　BCD 码转换指令的说明

如果是 16 位操作，转换的 BCD 码若超出 0～9999，将会出错；如果是 32 位操作，则转换结果超出 0～99 999 999 的范围，将会出错。

BCD 码转换指令常用于 PLC 的二进制数变为七段显示等需要用 BCD 码向外部输出的场合。

10. BIN 转换指令

（1）BIN 转换指令的指令名称、助记符、功能号、操作数和程序步长如表 4.3.11 所列。

表 4.3.11　BIN 码转换指令表

指令名称	功能号与助记符	操作数		程序步长
		[S·]	[D·]	
BIN 转换	FNC119　BIN	KnX、KnY、KnM、KnS、T、C、D、V、Z、U□\G□	KnY、KnM、KnS、T、C、D、V、Z、U□\G□	BIN、BINP5 步 DBIN、DBINP9 步

（2）指令使用说明。BIN 转换指令是将源元件中 BCD 码转换成二进制数送到目标元件中。源数据范围：16 位操作数作为 0～9999，32 位操作为 0～99 999 999。

BIN 转换指令使用说明如图 4.3.11 所示，当 M8067 为 ON（运算错误），M8068（运算错误锁存）为 OFF。

如图 4.3.12 所示是用七段显示器显示数字开关输入 PLC 中的 BCD 码数据。在采用

BCD 码的数字开关向 PLC 输入时，要用 BIN 转换指令；若要输出 BCD 码到七段显示器时，应采用 BCD 转换指令。

```
X010
─┤├──────[ BIN  K2X000  D12 ]
```

图 4. 3. 11　BIN 转换指令使用说明

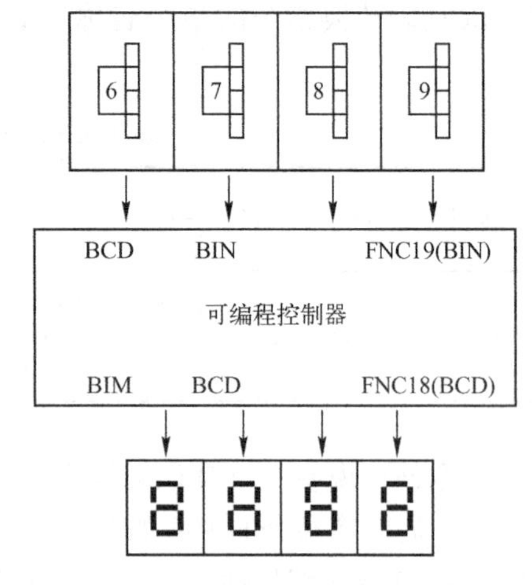

图 4. 3. 12　BIN 与 BCD 码转换指令应用

4. 3. 3　任务实施

计件包装系统设计

某计件包装系统的工作过程示意图，如图 4. 3. 13 所示。

其控制要求如下：按下启动按钮 SB1 启动传送带 1 转动，传送带 1 上的器件经过检测传感器时，传感器发出一个器件的计数脉冲，并将器件传送到传送带 2 上的箱子里进行计数包装，根据需要盒内的工件数量由外部拨码盘设定（0～99），且只能在系统停止时才能设定，用两位数码管显示当前计数值，计数到达时，延时 3s，停止传送带 1，同时启动传送带 2，传送带 2 保持运行 5s 后，再启动传送带 1，重复以上计数过程，当中途按下停止按钮 SB2 后，本次包装才能停止。

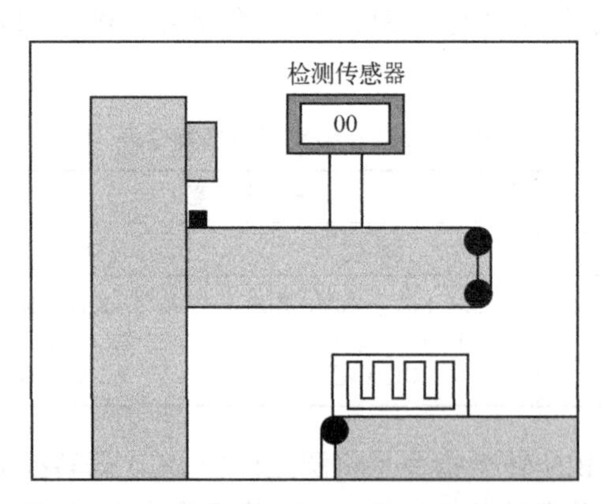

图 4. 3. 13　计件包装系统的工作过程示意图

（1）确定输入/输出（I/O）分配表，如表 4. 3. 12 所列。

表 4.3.12　计件包装系统 I/O 分配表

输　入		输　出	
输入设备	输入编号	输出设备	输出编号
拨码盘输入 1	X000	数码管显示 1	Y000
	X001		Y001
	X002		Y002
	X003		Y003
拨码盘输入 2	X004	数码管显示 2	Y004
	X005		Y005
	X006		Y006
	X007		Y007
启动按钮 SB1	X010	传送带 1	Y010
停止按钮 SB2	X011	传送带 2	Y011
检测传感器	X012		

（2）根据工艺要求画出状态转移图，如图 4.3.14 所示。

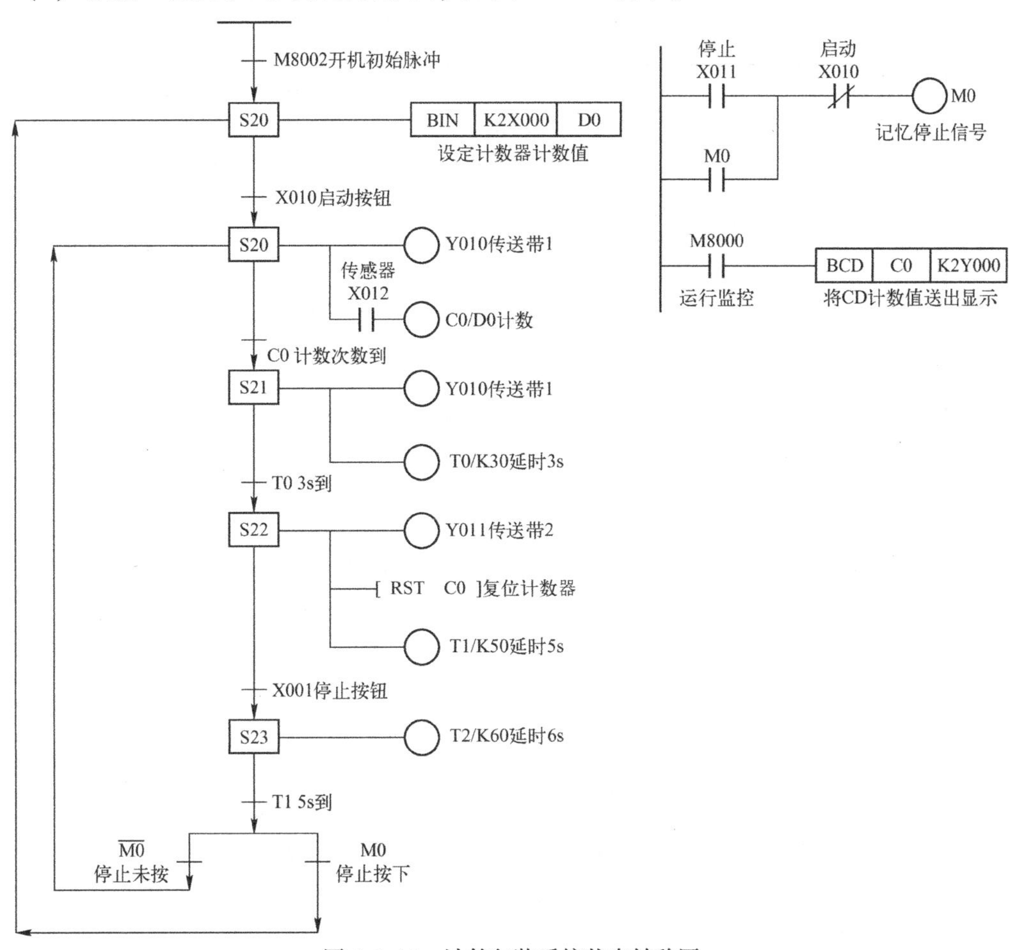

图 4.3.14　计件包装系统状态转移图

（3）根据状态转移图画出梯形图与指令语句表，如图 4. 3. 15 所示。

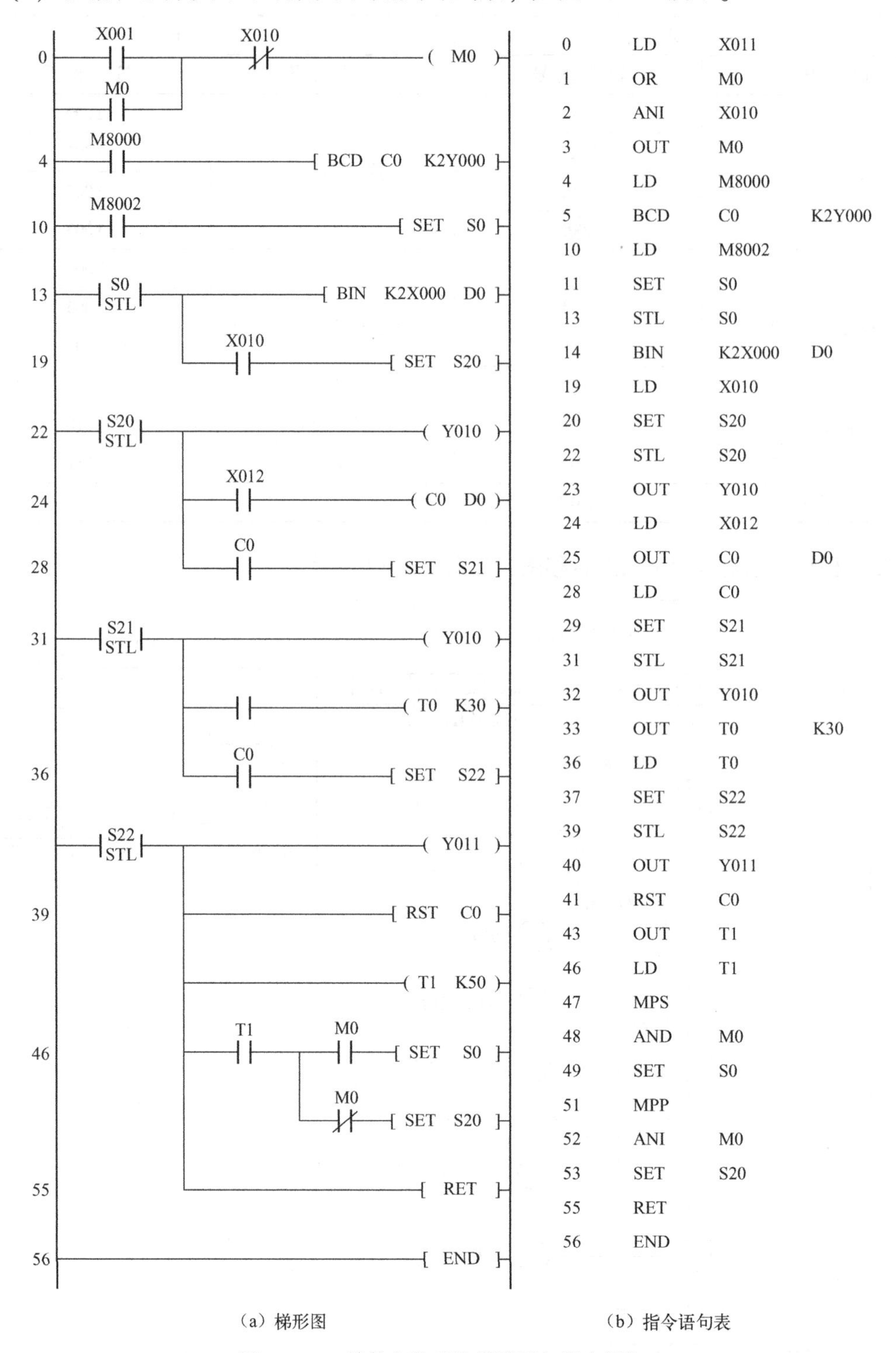

0	LD	X011	
1	OR	M0	
2	ANI	X010	
3	OUT	M0	
4	LD	M8000	
5	BCD	C0	K2Y000
10	LD	M8002	
11	SET	S0	
13	STL	S0	
14	BIN	K2X000	D0
19	LD	X010	
20	SET	S20	
22	STL	S20	
23	OUT	Y010	
24	LD	X012	
25	OUT	C0	D0
28	LD	C0	
29	SET	S21	
31	STL	S21	
32	OUT	Y010	
33	OUT	T0	K30
36	LD	T0	
37	SET	S22	
39	STL	S22	
40	OUT	Y011	
41	RST	C0	
43	OUT	T1	
46	LD	T1	
47	MPS		
48	AND	M0	
49	SET	S0	
51	MPP		
52	ANI	M0	
53	SET	S20	
55	RET		
56	END		

（a）梯形图　　　　（b）指令语句表

图 4. 3. 15　计件包装系统梯形图与指令语句表

4.3.4 考核标准

针对考核任务，相应的考核评分细则参见表4.3.13。

表4.3.13 考核评分细则

序号	考核项目	考核内容	配分	考核要求及评分标准	得分
1	知识掌握	程序流指令与编程方法	30分	（1）指令使用正确（10分） （2）编程正确（20分）	
2	程序设计	I/O地址分配	15分	分析系统控制要求，正确完成I/O地址分配	
		安装与接线	15分	正确绘制系统接线图 按系统接线图在配线板上正确安装与接线	
		控制程序设计	15分	按控制要求完成控制程序设计，梯形图正确、规范 熟练操作编程软件，将所编写的程序下载到PLC	
		功能实现	15分	按照被控设备的动作要求进行模拟调试，达到控制要求	
3	职业素养	6S规范	共10分，从总分中扣	正确使用设备，具有安全用电意识，操作符合规范要求 操作过程中无不文明行为，具有良好的职业操守 作业完成后及时清理、清扫工作现场，工具完整归位	
合计			100分		

注意：每项内容的扣分不得超过该项的配分。

任务结束前，填写、核实制作和维修记录单并存档。

4.3.5 思考与练习

1. 用传送指令编写控制程序，实现对三相异步电动机的丫/△降压启动。

设启动按钮为X0，停止按钮为X1；主电路电源接触器KM1接于Y000，电动机丫形接法接触器KM2接于Y001，电动机△形接法接触器KM3接于Y002。启动时，Y000、Y001为ON，电动机丫接法启动，6s后，Y000继续为ON，断开Y001，再过1s后接通Y000、Y002。按下停止按钮时电动机停止。

2. 应用计数器与比较指令，构成24h可设定定时时间的定时控制器，控制要求如下：

（1）早上6:30，电铃（Y000）每秒呼一次，响6次后自动停止。

（2）9:00~17:00，启动寝室报警系统（Y001）。

（3）晚上6:00开校内照明（Y002）。

（4）晚上10:00关校内照明（Y002断开）。

任务 4.4　算术与逻辑运算类指令及其应用

4.4.1　任务引入与分析

算术与逻辑运算指令是基本运算指令，可完成四则运算和逻辑运算，可通过运算实现数据的传送、变位及其他控制功能，如表 4.4.1 所列。

表 4.4.1　算术与逻辑运算指令表

FNC No.	指令记号	符　号	功　能
20	ADD	ADD S1 S2 D	BIN 加法
21	SUB	SUB S1 S2 D	BIN 减法
22	MUL	MUL S1 S2 D	BIN 乘法
23	DIV	DIV S1 S2 D	BIN 除法
24	INC	INC D	BIN 加一
25	DEC	DEC D	BIN 减一
26	WAND	WAND S1 S2 D	逻辑与
27	WOR	WOR S1 S2 D	逻辑或
28	WXOR	WXOR S1 S2 D	逻辑异或
29	NEG	NEG D	求补码

PLC 有整数四则运算和实数四则运算两种，前者指令较简单，参加运算的数据只能是整数。而实数运算是浮点运算，是一种高精度的运算。

4.4.2　基础知识

1. 二进制加法指令

（1）二进制加法指令的指令名称、助记符、功能号、操作数和程序步长如表 4.4.2 所列。

表 4.4.2　二进制加法指令表

指令名称	功能号与助记符	操作数			程序步长
		[S1 ·]	[S2 ·]	[D ·]	
二进制加法	FNC20　ADD	K、H、KnX、KnY、KnM、KnS、T、C、D、V、Z、U□\G□		KnY、KnM、KnS、T、C、D、V、Z、U□\G□	ADD、ADDP 7 步 DADD、DADDP 13 步

(2) 指令使用说明。ADD 加法指令是将指定的源元件中的二进制数相加，结果送到指定的目标元件中。ADD 加法指令的使用说明如图 4.4.1 所示。

当执行条件 X000 由 OFF 变为 ON 时，(D0)+(D1)的结果存入 D2 中。运算是代数运算，如 5+(−3)= 2。

ADD 加法指令有 3 个常用的辅助寄存器：M8020 为零标志位，M8021 为借位标志位，M8022 为进位标志位。如果运算结果为 0，则零标志位 M8020 置 1；如果运算结果超过 32 767（16 位）或 214 748 367（32 位）则进位标志位 M8022 置 1；如果运算结果小于−32 767（16 位）或−2 147 483 647（32 位），则借位标志位 M8021 置 1。

注意： 对于 16 位的加法操作，32 767+1 的结果为 0，−32 768+(−1)的结果也为 0。

在 32 位运算中，被指定的起始字元件是低 16 位元件，而下一个字元件为高 16 位元件，如 D0(D1)，其中 D0 存放的是低 16 位，D1 存放的是高 16 位。

源和目标可以用相同的元件号。若源和目标元件号相同而采用连续执行的加法指令时，加法的结果在每个扫描周期都会改变。若采用脉冲执行型指令时，如图 4.4.2 所示，当 X001 从 OFF 变为 ON 时，D0 的数据加 1，这与 INCP（二进制加 1）指令的执行结果相似，不同之处在于使用 ADD 指令时，零位、错位、进位标志按上述方法置位。

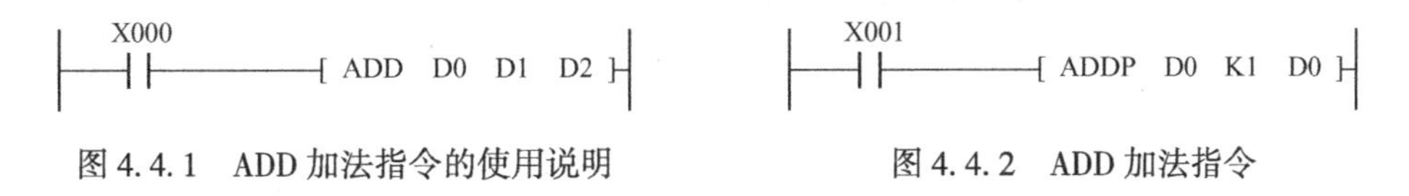

图 4.4.1　ADD 加法指令的使用说明　　图 4.4.2　ADD 加法指令

2. 二进制减法指令

(1) 二进制减法指令的指令名称、助记符、功能号、操作数和程序步长如表 4.4.3 所列。

表 4.4.3　二进制减法指令表

指令名称	功能号与助记符	操作数			程序步长
		[S1 ·]	[S2 ·]	[D ·]	
二进制减法	FNC21　SUB	K、H、KnX、KnY、KnM、KnS、T、C、D、V、Z、U□\G□		KnY、KnM、KnS、T、C、D、V、Z、U□\G□	SUB、SUBP 7 步 DSUB、DSUBP 13 步

(2) 指令使用说明。SUB 指令是将指定的源元件中的二进制数相减，结果送到指定的目标元件中去。SUB 减法指令的说明如图 4.4.3 所示。

当执行条件 X000 由 OFF 变为 ON 时，(D10)−(D12)的值存入 D14 中，运算是代数运

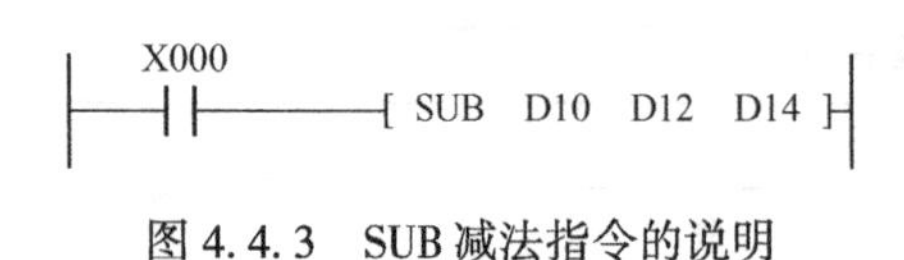

图 4.4.3　SUB 减法指令的说明

算，如 5-8=-3。

各种标志的动作、32 位运算中软元件的指定方法、连续执行型和脉冲执行型的差异等均与加法指令相同。

3. 二进制乘法指令

（1）二进制乘法指令的指令名称、助记符、功能号、操作数和程序步长如表 4.4.4 所列。

表 4.4.4　二进制乘法指令表

指令名称	功能号与助记符	操作数			程序步长
		[S1·]	[S2·]	[D·]	
二进制乘法	FNC22　MUL	K、H、KnX、KnY、KnM、KnS、T、C、D、Z、U□\G□		KnY、KnM、KnS、T、C、D、Z（限 16 位）、U□\G□	MUL、MULP 7 步 DMUL、DMULP 13 步

（2）指令使用说明。MUL 乘法指令是将指定的源元件中的二进制数相乘，结果送到指定的目标元件中去。它分为 16 位和 32 位操作两种情况。

16 位乘法运算 MUL 乘法指令使用说明如图 4.4.4 所示，当 X000 由 OFF 变为 ON 时，（D10）乘以（D12），将计算结果存入（D15，D14）。源操作数是 16 位的，目标操作数是 32 位的。

32 位乘法运算如图 4.4.5 所示，当执行条件 X000 由 OFF 变为 ON 时，（D1，D0）乘以（D3，D2），将计算结果存入（D7，D6，D5，D4）中。源操作数是 32 位的，目标操作数是 64 位的。

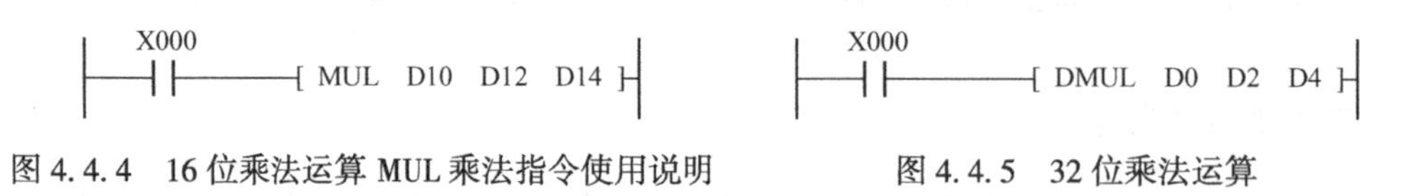

图 4.4.4　16 位乘法运算 MUL 乘法指令使用说明　　　图 4.4.5　32 位乘法运算

4. 二进制除法指令

（1）二进制除法指令的指令名称、助记符、功能号、操作数和程序步长如表 4.4.5 所列。

表 4.4.5　二进制除法指令表

指令名称	功能号与助记符	操作数			程序步长
		[S1·]	[S2·]	[D·]	
二进制除法	FNC23　DIV	K、H、KnX、KnY、KnM、KnS、T、C、D、Z、U□\G□		KnY、KnM、KnS、T、C、D、Z（限 16 位）、U□\G□	DIV、DIVP 7 步 DDIV、DDIVP 13 步

（2）指令使用说明。DIY 除法指令是将指定的源元件中的二进制数相除，[S1·]为被除数，[S2·]为除数，商送到指定的目标元件 [D·]中去，余数送到目标元件 [D·]+1 的元件中。它也分为 16 位和 32 位两种运算情况。

如图 4.4.6 所示的是 DIV 除法指令 16 位运算，当执行条件 X000 由 OFF 变为 ON 时，(D0) 除以 (D2)，计算结果商存入 D4 中，余数存入 D5 中。若(D0)= 19，(D2)= 3，则商(D4)= 6 余数，(D5)= 1。

如图 4.4.7 所示的是 32 位除法运算，当执行条件 X001 由 OFF 变为 ON 时，(D1，D0) 除以 (D3，D2)，计算结果商存入 (D5，D4)，余数存入 (D7，D6) 中。

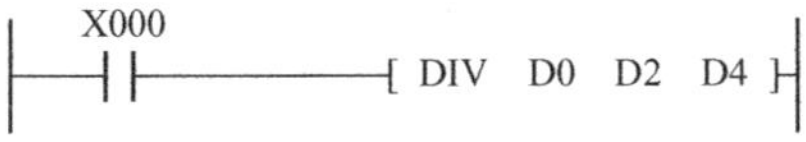

X000 —| |— [DIV D0 D2 D4]

图 4.4.6　DIV 除法指令 16 位运算

X001 —| |— [DDIV D0 D2 D4]

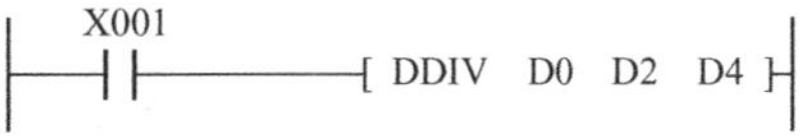

图 4.4.7　32 位除法运算

商与余数的二进制最高位为符号位，0 为正，1 为负。被除数或除数中有一个不是负数时，商为负数；被除数为负数时，余数为负数。

5. 二进制加 1 指令

（1）二进制加 1 指令的指令名称、助记符、功能号、操作数和程序步长如表 4.4.6 所列。

表 4.4.6　二进制加 1 指令表

指令名称	功能号与助记符	操作数	程序步长
		[D·]	
加 1 指令	FNC24　INC	KnY、KnM、KnS、T、C、D、V、Z、U□\G□	INC、INCP 7 步，DINC、DINCP 13 步

（2）指令使用说明。加 1 指令的说明如图 4.4.8 所示。当 X000 由 OFF 变为 ON 时，由 [D·]指定的元件 D0 中的二进制数加 1 存入 D0。其中 D0 既是源操作数又是目标操作数。

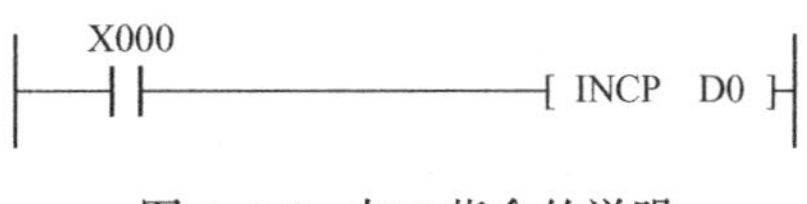

图 4.4.8　加 1 指令的说明

若用连续指令时，每个扫描周期都会加 1。

16 位运算时，+32 767 加 1 则变为-32 768，但标志位不动作。同样，在 32 位运算时，+2 147 483 647 再加 1 则变为-21 474 883 647，标志位不动作。

6. 二进制减 1 指令

（1）二进制减 1 指令的指令名称、助记符、功能号、操作数和程序步长如表 4.4.7 所列。

表 4.4.7　二进制减 1 指令表

指令名称	功能号与助记符	操作数	程序步长
		[D·]	
减 1 指令	FNC25　DEC	KnY、KnM、KnS、T、C、D、V、Z、U□\G□	DEC、DECP 7 步，DDEC、DDECP 13 步

（2）指令使用说明。减 1 指令的说明如图 4.4.9 所示。当 X000 由 OFF 变为 ON 时，由［D0·］指定的元件 D0 中的二进制数减 1 存入 D0，D0 既是源操作数又是目标操作数。若用连续指令时，每个扫描周期都会减 1。

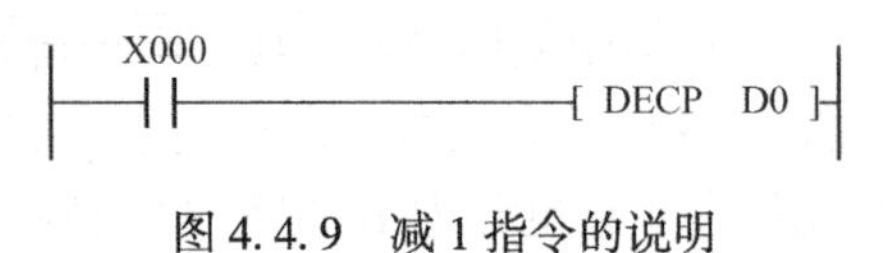

图 4.4.9　减 1 指令的说明

7. 逻辑字与、或、异或指令

（1）逻辑字与、或、异或指令的指令名称、助记符、功能号、操作数和程序步长如表 4.4.8 所列。

表 4.4.8　逻辑运算指令表

指令名称	功能号与助记符	操作数		程序步长
		［S1·］［S2·］	［D·］	
逻辑字与	FNC26　AND	K、H、KnX、KnY、KnM、KnS、T、C、D、Z、U□\G□	KnY、KnM、KnS、T、C、D、Z、U□\G□	WAND、WANDP 7 步 DWAND、DWANDP 13 步
逻辑字或	FNC27　OR	K、H、KnX、KnY、KnM、KnS、T、C、D、Z、U□\G□	KnY、KnM、KnS、T、C、D、Z、U□\G□	WOR、WORP 7 步 DWOR、DWORP 13 步
逻辑字异或	FNC28　XOR	K、H、KnX、KnY、KnM、KnS、T、C、D、Z、U□\G□	KnY、KnM、KnS、T、C、D、Z、U□\G□	WXOR、WXORP 7 步 DWXOR、DWXORP 13 步

图 4.4.10　逻辑字与指令说明

（2）指令使用说明。逻辑字与指令说明如图 4.4.10 所示。当 X000 为 ON 时，［S1·］指定的 D10 和［S2·］指定的 D12 内数据按各位对应进行逻辑字与运算，结果存于由［D·］指定的 D14 中。若 D10 中的数据为 0101 0011 1100 1011，D12 中的数据为 1100 0011 1010 0111，则执行逻辑字与指令后的结果 0100 0011 1000 0011 存入 D14 中。

逻辑字或指令的使用说明如图 4.4.11 所示，当 X000 为 ON 时，［S1·］指令的 D10 和［S2·］指令的 D12 内数据按各位对应进行逻辑字或运算，结果存于由［D·］指令的元件 D14 中。若 D10 中的数据为 0101 0011 1100 1011，D12 中的数据为 1100 0011 1010 011，则执行逻辑字或指令后的结果 1101 0011 1110 1111 存入 D14 中。

逻辑字异或指令的使用说明如图 4.4.12 所示，当 X000 为 ON 时，［S1·］指令的 D10 和［S2·］指令的 D12 内数据按各位对应进行逻辑字异或运算，结果存于由［D·］指定的元件 D14 中。若 D10 中的数据为 0101 0011 1100 1011，D12 中的数据为 1100 0011 1010 0111，则执行逻辑字异或指令后的结果 1001 0000 0110 1100 存入 D14 中。

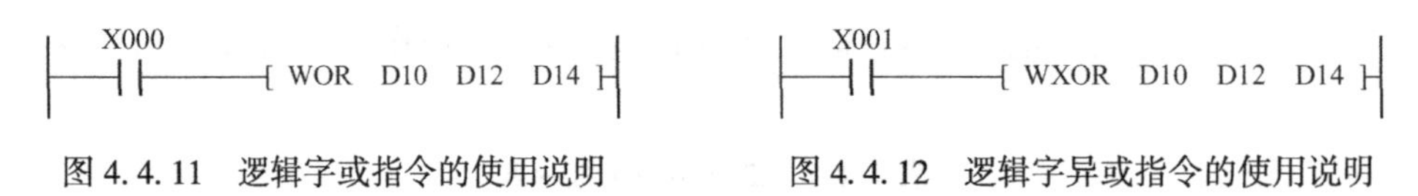

图 4.4.11　逻辑字或指令的使用说明　　图 4.4.12　逻辑字异或指令的使用说明

8. 求补码指令

（1）求补码指令的指令名称、助记符、功能号、操作数和程序步长如表 4.4.9 所列。

表 4.4.9　求补码指令表

指令名称	功能号与助记符	操作数	程序步长
		[D·]	
求补码指令	FNC29　NEG	KnY、KnM、KnS、T、C、D、V、Z、U□\G□	NEG、NCPP3 步，DNEG、DINEGP5 步

(2) 指令使用说明。求补码指令仅对负数求补码，其使用说明如图 4.4.13 所示，当 X000 由 OFF 变为 ON 时，由 [D·] 指令的元件 D10 中的二进制负数按位取反后加 1，求得的补码存入 D10 中。

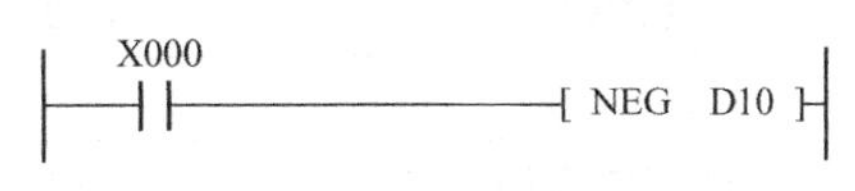

图 4.4.13　求补码指令使用说明

若执行指令前 D10 中的二进制数为 1001 0011 1100 1110，则执行完 NEGP 指令后 D10 中的二进制数变为 0110 1100 0011 0010。

注意：若使用的是连续指令，则在各个扫描周期都执行求补运算。

4.4.3　任务实施

循环次数可设定的喷漆流水线设计

某喷漆流水线系统的工作过程示意图，如图 4.4.14 所示。

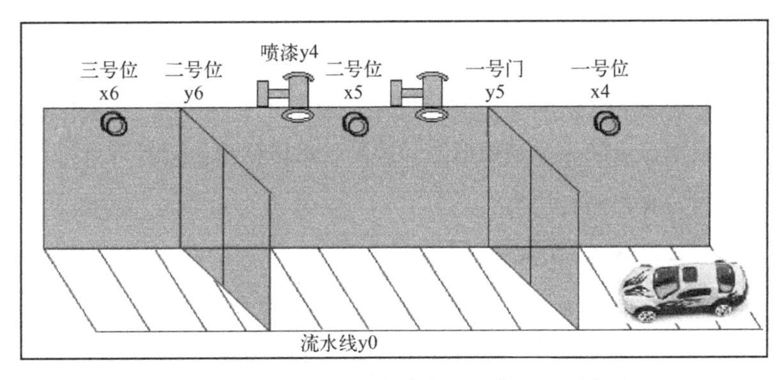

图 4.4.14　喷漆流水线系统的工作过程示意图

其控制要求如下：待加工的轿车台数在设备停止时，可根据需要用两个按钮设定（0~99），并通过另一个按钮切换显示设定数、已加工数和待加工数。

按启动按钮 SO1 传送带转动，轿车到一号位，发出一号位到位信号，传送带停止；延时 1s，一号门打开；延时 2s，传送带继续转动；轿车到二号位，发出二号位到位信号，传送带停止一号门关闭；延时 2s 后，打开喷漆电动机，延时 6s 后停止。同时打开二号门延时 2s，传送带继续转动；轿车到三号位，发出三号位到位信号，传送带停止，同时二号门关闭，且计数一次，延时 4s 后，再继续循环工作，直到完成所有待加工的轿车后工艺全部停止。

按暂停按钮 X007 后，整个工艺完成时暂停加工，再按启动按钮继续运行。

(1) 确定输入/输出（I/O）分配表，如表 4.4.10 所列。

表 4.4.10　喷漆流水线系统 I/O 分配表

输　入		输　出	
输入设备	输入编号	输出设备	输出编号
启动按钮	X000	传送带	Y000
设定增加	X001	显示设定数	Y001
设定减少	X002	显示已加工数	Y002
显示选择	X003	显示待加工数	Y003
一号限位置开关	X004	喷漆电动机	Y004
二号限位置开关	X005	一号门开启	Y005
三号限位置开关	X006	二号门开启	Y006
暂停按钮	X007	传送带	Y007
		数码管显示加工台数	Y010
			Y011
			Y012
			Y013
			Y014
			Y015
			Y016
			Y017

（2）根据工艺要求画出显示部分控制梯形图，如图 4.4.15 所示。画出控制状态转移图，如图 4.4.16 所示。根据显示部分控制梯形图和控制状态转移图，读者可自行写指令语句表。

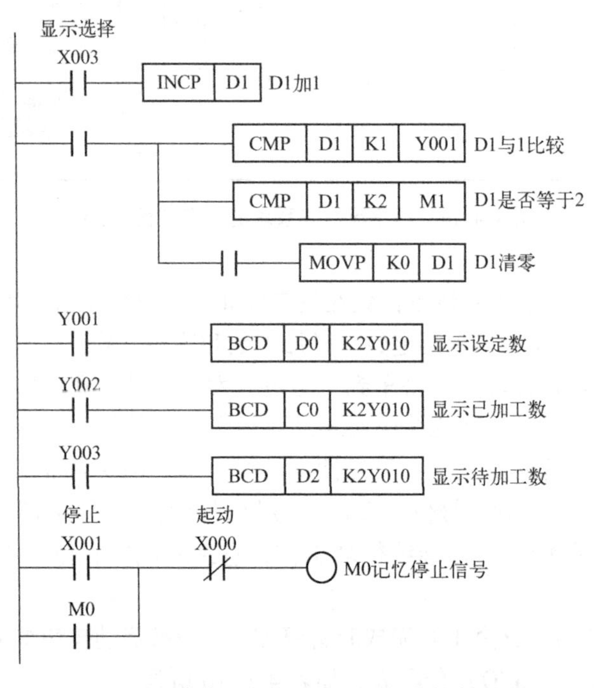

图 4.4.15　喷漆流水线系统显示部分控制梯形图

4.4.4　考核标准

针对考核任务，相应的考核评分细则参见表4.4.11。

表4.4.11　考核评分细则

序号	考核项目	考核内容	配　分	考核要求及评分标准	得　分
1	知识掌握	程序流指令与编程方法	30分	（1）指令使用正确（10分） （2）编程正确（20分）	
2	程序设计	I/O地址分配	15分	分析系统控制要求，正确完成I/O地址分配	
		安装与接线	15分	正确绘制系统接线图 按系统接线图在配线板上正确安装与接线	
		控制程序设计	15分	按控制要求完成控制程序设计，梯形图正确、规范 熟练操作编程软件，将所编写的程序下载到PLC	
		功能实现	15分	按照被控设备的动作要求进行模拟调试，达到控制要求	
3	职业素养	6S规范	共10分，从总分中扣	正确使用设备，具有安全用电意识，操作符合规范要求 操作过程中无不文明行为，具有良好的职业操守 作业完成后及时清理、清扫工作现场，工具完整归位	
合计			100分		

注意：每项内容的扣分不得超过该项的配分。

任务结束前，填写、核实制作和维修记录单并存档。

4.4.5　思考与练习

1. 用编程实现$\frac{25X}{3}+12$算式的运算。式中“X”代表通过拨码开关从K4X0输入的BCD码数。运算结果送输出口K4Y0，以BCD码的格式进行显示（设25X的值在0～+32 767之间）。

2. 利用乘除法指令实现灯组的移位控制。有一组灯共15个，分别接于Y000至Y016（按八进制编码）。要求：当X000为ON时，灯正序每隔1s单个移位，并循环。当X001为ON且Y000为OFF时，灯反序每隔1s单个移位，直至Y000为ON，停止。

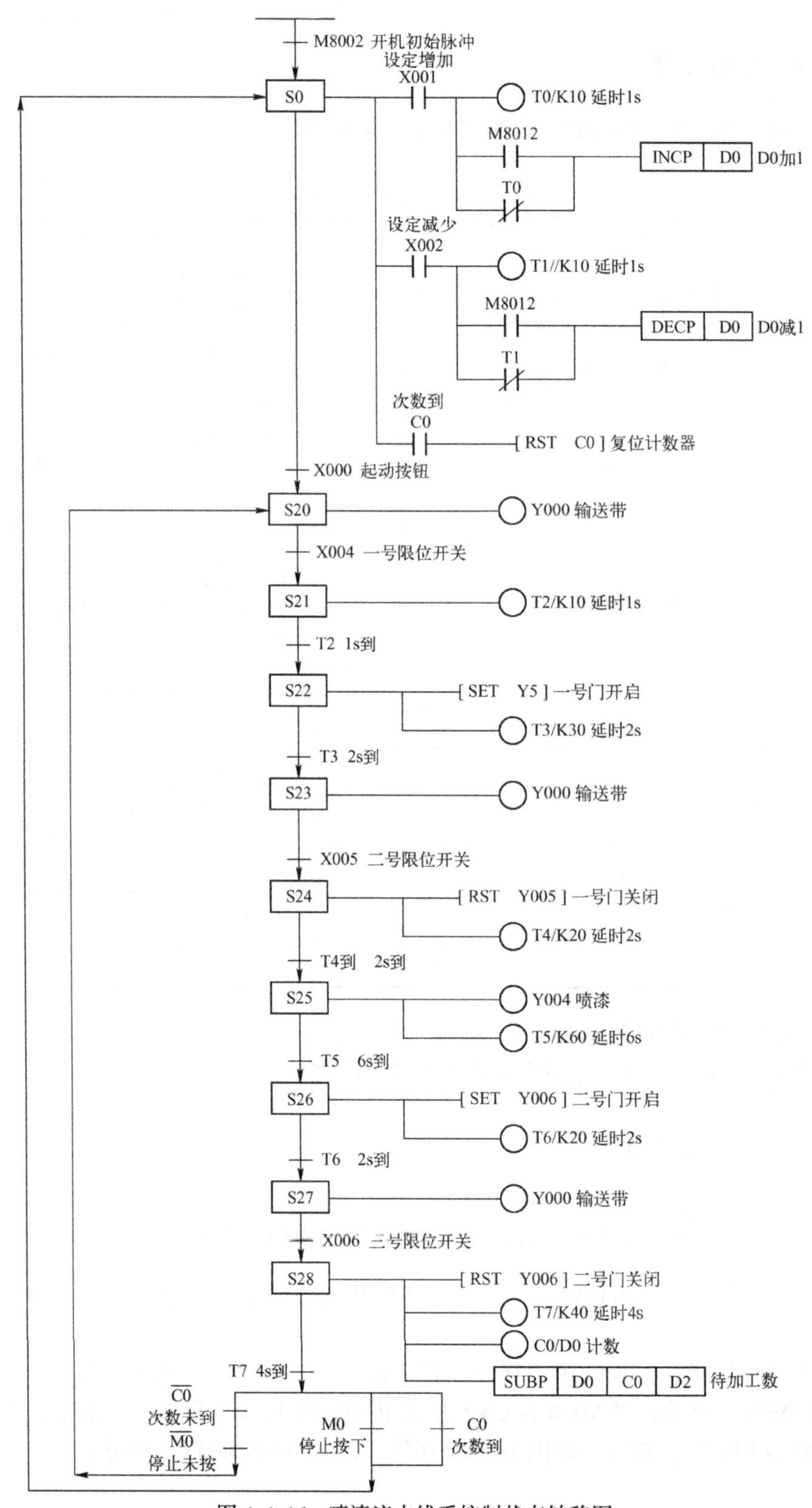

图 4.4.16　喷漆流水线系控制状态转移图

任务 4.5　移位指令与数据处理指令及其应用

4.5.1　任务引入与分析

FX 系列 PLC 移位指令有循环移位、位移位、字移位及先入先出的 FIFO 指令等 10 种，其中循环移位分为带进位循环及不带进位的循环，位或字移位有左移和右移之分。指令分别如表 4.5.1 所列。

表 4.5.1　移位指令表

FNC No.	指令记号	符　号	功　能
30	ROR	ROR　D　n	循环右移
31	ROL	ROL　D　n	循环左移
32	RCR	RCR　D　n	带进位循环右移
33	RCL	RCL　D　n	带进位循环左移
34	SFTR	SFTR　S　D　n1　n2	位右移
35	SFTL	SFTL　S　D　n1　n2	位左移
36	WSFR	WSFR　S　D　n1　n2	字右移
37	WSFL	WSFL　S　D　n1　n2	字左移
38	SFWR	SFWR　S　D　n	移位写入［先入先出/先入后出控制用］
39	SFRD	SFRD　S　D　n	移位读出［先入先出控制用］

数据处理指令有区间复位指令；编码、译码指令及平均值计算指令。其中区间复位指令可用于数据区的初始化，编码、译码指令可用于字元件中某个置 1 位的位码的编译，指令如表 4.5.2 所列。

表 4.5.2　数据处理指令表

FNC No.	指令记号	符　号	功　能
40	ZRST	ZRST　D1　D2	成批复位

续表

FNC No.	指令记号	符　号	功　能
41	DECO	DECO S D n	译码
42	ENCO	ENCO S D n	编码
43	SUM	SUM S D	ON 位数
44	BON	BON S D n	ON 位的判别
45	MEAN	MEAN S D n	平均值
46	ANS	ANS S D n	信号报警器置位
47	ANR		信号报警器复位
48	SQR		BIN 开平方
49	FLT		BIN 整数→二进制浮点数转换

4.5.2 基础知识

1. 移位指令

1) *循环右移和循环左移指令*

(1) 循环右移和循环左移指令的指令名称、助记符、功能号、操作数和程序步长如表 4.5.3 所列。

表 4.5.3　循环右移和循环左移指令表

指令名称	功能号与助记符	操作数		程序步长
		[S1 ·]	[D ·]	
循环右移	FNC30　ROR	KnY、KnM、KnS、T、C、D、Z、U□\G□	K、H n≤16（16 位）、 n≤32（32 位）	ROR、RORP 5 步 DROR、DRORP 9 步
循环左移	FNC31　ROL			ROL、ROLP 5 步 DROL、DROLP 9 步

(2) 指令使用说明。循环右移指令可以使 16 位数据、32 位数据向右循环移位，其使用说明如图 4.5.1 所示，当 X000 由 OFF 变为 ON 时，[D ·]指定的元件内各位数据向右移 *n* 位，最后一次从低位移出的状态存于进位标志 M8022 中。

循环左移指令可以使 16 位数据、32 位数据向左循环移位，其使用说明如图 4.5.2 所示，当 X000 由 OFF 变为 ON 时，[D ·]指定的元件内各位数据向左移 *n* 位，最后一次从高位移出的状态存于进位标志 M8022 中。

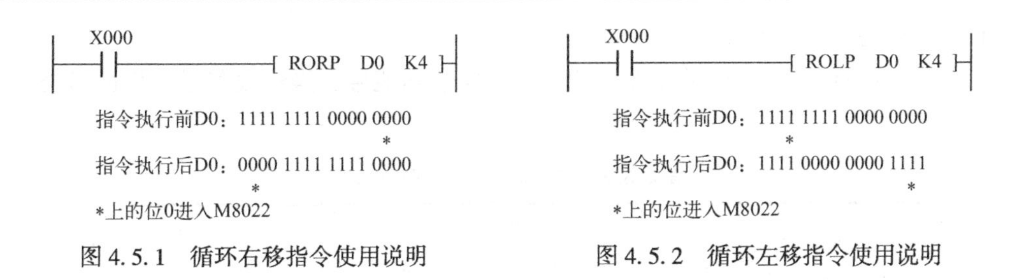

图 4.5.1　循环右移指令使用说明

图 4.5.2　循环左移指令使用说明

用连续指令执行时，循环移位操作每个周期执行一次。

在指定位软元件的场合下，只有 K4（16 位）或 K8（32 位）有效，如 K4Y0、K8M0。

2）带进位循环移和循环左移指令

（1）带进位循环右移和循环左移指令的指令名称、助记符、功能号、操作数和程序步长如表 4.5.4 所列。

（2）指令使用说明。带进位循环右移指令可以使 16 位数据、32 位数据向右循环移位，其使用说明如图 4.5.3 所示，当 X000 由 OFF 变为 ON 时，M8022 驱动之前的状态首先被移入［D·］，且［D·］内各位数据向右移 n 位，最后一次从低位移出的状态存于进位标志 M8022 中。

带进位循环左移指令可以使 16 位数据、32 位数据向左循环移位，其使用说明如图 4.5.4 所示，当 X000 由 OFF 变为 ON 时，M8022 驱动之前的状态首先被移入［D·］，且［D·］内各位数据向左移 n 位，最后一次从高位移出的状态存于进位标志 M8022 中。

表 4.5.4　带进位循环右移和循环左移指令表

指令名称	功能号与助记符	操作数		程序步长
		［D·］	n	
循环右移	FNC32　RCR	KnY、KnM、KnS、T、C、D、Z、U□\G□	K、H n≤16（16 位）、 n≤32（32 位）	RCR、RCRP 5 步 DRCR、DRCRP 9 步
循环左移	FNC33　RCL			RCL、RCLP 5 步 DRCL、DRCLP 9 步

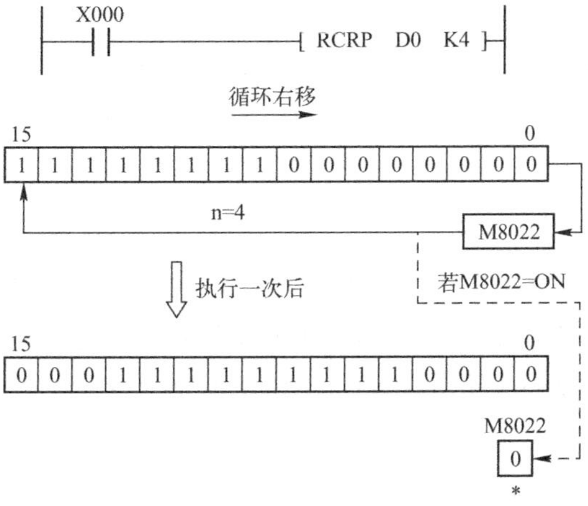

图 4.5.3　带进位循环右移指令使用说明

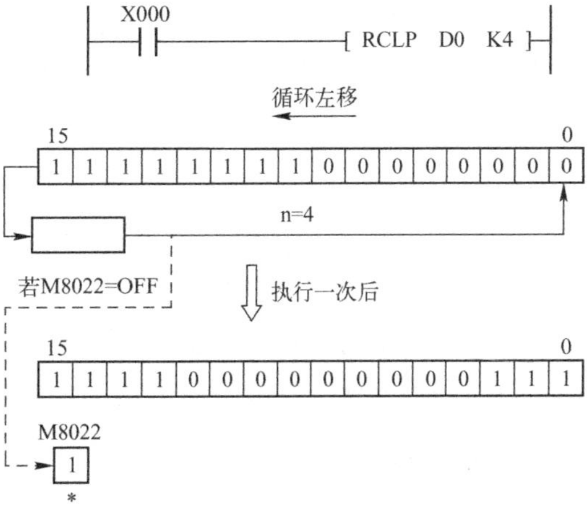

图 4.5.4　带进位循环左移指令使用说明

3）位右移与位左移指令

（1）位右移与位左移指令的指令名称、助记符、功能号、操作数和程序步长如表 4.5.5 所列。

表 4.5.5　位右移和位左移指令表

指令名称	功能号与助记符	操作数				程序步长
		[S·]	[D·]	n1	n2	
位右移	FNC34　SFTR	X、Y、M、S、D□. b	Y、M、S、D□. b	K、H n2≤n1≤1024		SFTR、SFTRP 9 步
位左移	FNC35　SFTL					SFTL、SFTLP 9 步

（2）指令使用说明。位移位指令是对[D·]所指定的 n1 个位元件连同[S·]所指定的 n2 个位元件的数据右移或左移 n2 位，如图 4.5.5 所示为位右移指令执行时的数据变化情况。

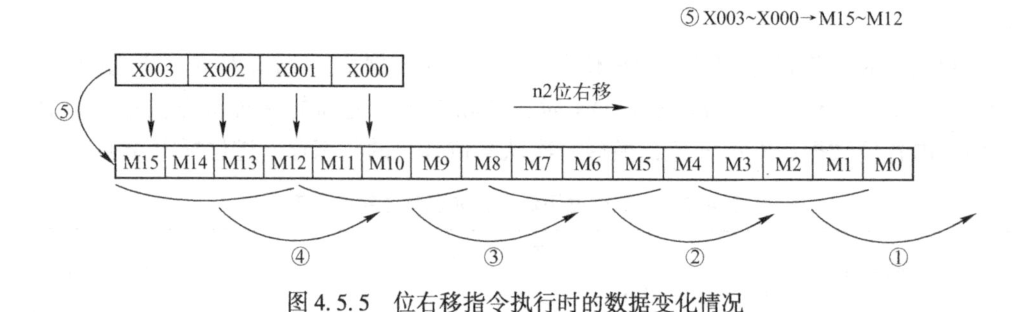

图 4.5.5　位右移指令执行时的数据变化情况

4）字右移与字左移指令

（1）字右移与字左移指令的指令名称、助记符、功能号、操作数和程序步长如表 4.5.6 所列。

表 4.5.6　字右移和字左移指令表

指令名称	功能号与助记符	操作数				程序步长
		[S·]	[D·]	n1	n2	
位右移	FNC36　WSFR	KnX、KnY、KnM、KnS、T、C、D、U□/G□	KnY、KnM、KnS、T、C、D、U□/G□	K、H n2≤n1≤1024		WSFR、WSFRP 9 步
位左移	FNC37　WSFL					WSFL、WSFLP 9 步

（2）指令使用说明。字移位指令是对[D·]所指定的 n1 个字元件连同[S·]所指定的 n2 个字元件右移或左移 n2 个字数据，如图 4.5.6 所示为字右移指令执行时的数据变化情况。

2. 数据处理指令

1）区间复位指令

（1）区间复位指令的指令名称、助记符、功能号、操作数和程序步长如表 4.5.7 所列。

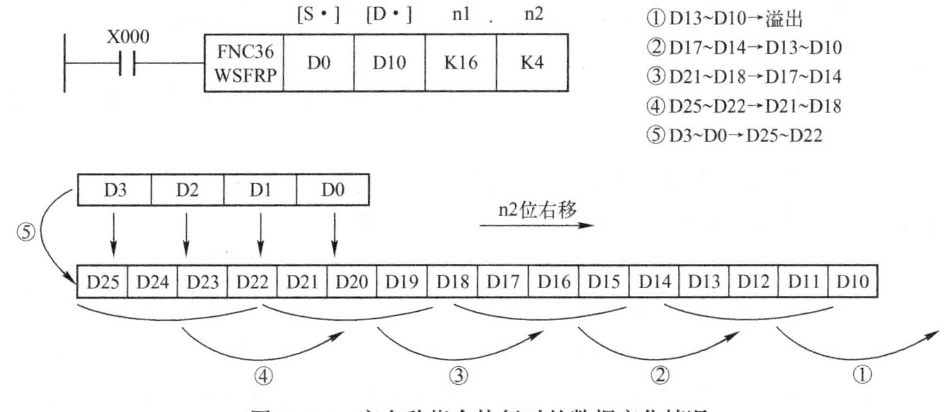

图 4.5.6　字右移指令执行时的数据变化情况

表 4.5.7　区间复位指令表

指令名称	功能号与助记符	操作数		程序步长
		[D1·]	[D2·]	
区间复位	FNC40　ZRST	Y、M、S、T、C、D、U□\G□（D1 元件号≤D2 元件号）		ZRST、ZRSTP 5 步

（2）指令使用说明。区间复位指令也称为成批复位指令，使用说明如图 4.5.7 所示。当 M8002 由 OFF 变为 ON 时，执行区间复位指令。位元件 M500～M599 成批复位，字元件 C235～C255 成批复位，状态器 S0～S127 成批复位。

```
 M8002
──┤├──┬──────────[ ZRST  M500  M599 ]─
      ├──────────[ ZRST  C235  C255 ]─
      └──────────[ ZRST  S0    S127 ]─
```

图 4.5.7　区间复位指令的使用说明

目标操作数[D1·]和[D2·]指定的元件应为同类软元件，[D1·]指定的元件号应小于[D2·]指定的元件号。若[D1·]指定的元件号大于[D2·]指定的元件号，则只有对[D1·]指定的元件被复位。

该指令为 16 位处理指令，但是可在[D1·]、[D2·]中指令 32 位计数器。需要注意的是不能混合指令，既要么全部是 16 位计数器，要么全部是 32 位计数器。

2）解码指令

（1）解码指令的指令名称、助记符、功能号、操作数和程序步长如表 4.5.8 所列。

表 4.5.8　解码指令表

指令名称	功能号与助记符	操作数			程序步长
		[S·]	[D·]	n	
解码指令	FNC41　DECO	K、H、X、Y、M、S、T、C、D、V、Z、U□\G□	Y、M、S、T、C、D、U□\G□	K、H n=1～8	DECO、DECOP 7 步

（2）指令使用说明。

● 当[D·]是 Y、M、S 位元件时，解码指令根据[S·]指定的起始地址的 n 位连续的位元件所表示的十进制码值 Q，对[D·]指定的 2^n 位目标元件的第 Q 位（不含目标元件位本身）置 1，其他位置 0。

当 n=0 时，程序步操作 n=1~8 以外时，出现运算错误；n=8 时，[D·]的位数为 $2^8=256$。

驱动输入为 OFF 时，不执行指令，上一次解码输出置 1 的位保持不变。

注意：若指令为连续执行型，则在各个扫描周期都执行。

- 当[D·]是字元件时，DECO 指令以源[S·]所指定字元件的低 n 位所表示的十进制码 Q，对[D·]指定的目标字元件的第 Q 位（不含最低位）置 1，其他位置 0。

当 n=0 时，程序不执行；n 在 1~4 以外时，出现运算错误；当 n≤4 时，则在[D·]的 $2^8=256$ 位范围解码；当 n≤3 时，在[D·] $2^3=8$ 位范围解码，高 8 位均为 0。

驱动输入为 OFF，不执行指令，上一次解码输出置 1 的位保持不变。

注意：若指令是连续执行型，则在各个扫描周期都会执行。

3）编码指令

（1）编码指令的指令名称、助记符、功能号、操作数和程序步长如表 4.5.9 所列。

表 4.5.9　编码指令表

指令名称	功能号与助记符	操作数			程序步长
		[S·]	[D·]	n	
编码指令	FNC42　ENCO	X、Y、M、S、T、C、D、V、Z、U□\G□	T、C、D、V、Z、U□\G□	K、H n=1~8	ENCO、ENCOP 7 步

（2）指令使用说明。

- 当[S·]是位元件时，以源操作数[S·]指定的位元件为首地址、长度为 2^n 的为位元件中，指令将最高置 1 的位号存放到目标[D·]指定的元件中，[D·]指定元件中数值的范围由 n 确定。

当源操作数的第一个（即第 0 位）位元件为 1 时，即[D·]中存入 0。当源操作数中无 1 时，出现运算错误。

当 n=0 时，程序不执行；n>8 时，出现运算错误；n=8 时，[S·]中位数为 $2^8=256$。

驱动输入为 OFF 时，不执行指令，上次编码输出保持不变。

注意：若指令是连续执行型，则在各个扫描周期都执行。

- 当[S·]是字元件时，在其可读长度为位 2^n 位中，最高置 1 的位被存放到目标[D·]指定元件中，[D·]中数值的范围由 n 确定。

当源操作数的第一位（即第 0 位）为 1 时，即[D·]中存入 0，当源操作数中无 1 时，出现运算错误。

当 n=0 时，程序不执行；n 在 14 以外时，出现运算错误；n=4 时，[S·]中位数位为 $2^4=16$。

驱动输入为 OFF 时，不执行指令，上次编码输出保持不变。

注意：若指令是连续执行型指令，则在各个扫描周期都执行。

4）求置 ON 位总和指令

（1）求置 ON 位总和指令的指令名称、助记符、功能号、操作数和程序步长如表 4.5.10 所列。

表 4.5.10　求置 ON 位总和指令表

指令名称	功能号与助记符	操作数		程序步长
		[S·]	[D·]	
求置 ON 位总和指令	FNC42　SUM	K、H、KnX、KnY、KnM、KnS、T、C、D、V、Z、U□\G□	KnY、KnM、KnS、T、C、D、V、Z、U□\G□	SUM、SUMP 7 步

(2) 指令使用说明。求置 ON 位总和指令是将源操作数[S·]指定元件中置 1 的总和存入目标操作数[D·]。源元件 D0 中有 9 个位为 1，当 X000 为 ON 时，将 D0 中置 1 的总和 9 存入目标元件 D2 中。若 D0 中为 0，则 0 标志 M8020 动作。

若使用 DSUM 或 DSUMP 指令，则将 32 位数据中置 1 的位数之和写入到目标操作数。

5) ON 位判断指令

(1) ON 位判断指令的指令名称、助记符、功能号、操作数和程序步长如表 4.5.11 所列。

表 4.5.11　ON 位判断指令表

指令名称	功能号与助记符	操作数			程序步长
		[S·]	[D·]	n	
ON 位判断指令	FNC44　BON	K、H、KnX、KnY、KnM、KnS、T、C、D、V、Z、U□\G□	Y、M、S、D□\.b	K、H n=1~8	BON、BONP 7 步 DBON、DBONP 13 步

(2) 指令使用说明。ON 位判断指令可能用[D·]指定的位元件来判断源[S·]中第 n 位是否为 ON。若为 ON，[D·]指定的位元件动作，反之则为 OFF。使用说明如图 4.5.8 所示，当 X000 为 ON 时，判断 D10 中第 15 位，若为 1，则 M0 位 ON，反之为 OFF，X000 变为 OFF 时，M0 状态不变化。

执行 16 位指令时，n=0~15，执行 32 位指令时，n=0~31。

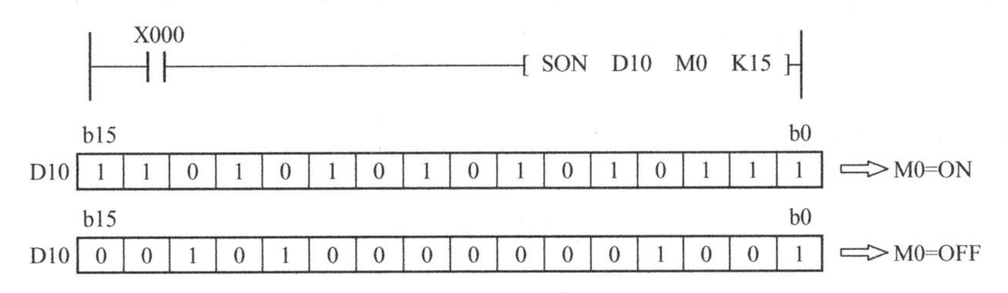

图 4.5.8　ON 位判断指令的使用说明

6) 平均值指令

(1) 平均值指令的指令名称、助记符、功能号、操作数和程序步长如表 4.5.12 所列。

表 4.5.12　平均值指令表

指令名称	功能号与助记符	操作数			程序步长
		[S·]	[D·]	n	
平均值指令	FNC45　MEAN	KnX、KnY、KnM、KnS、T、C、D、U□\G□	KnY、KnM、KnS、T、C、D、V、Z、U□\G□	K、H n=1~64	MEAN、MEANP 7 步 DMEAN、DMEANP 7 步

(2) 指令使用说明。平均值指令 MEAN 是将[S·]指定的 n 个（元件）源操作数据的平均值（用 n 除然后求代数和）存入目标操作数[D·]中，舍去余数。MEAN 指令使用说明如图 4.5.9 所示。

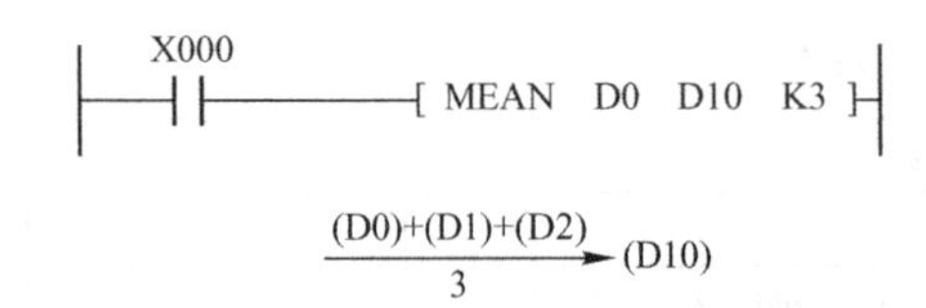

图 4.5.9　MEAN 指令使用说明

当 n 超出元件规定地址号范围时，n 值自动减小；n 在 1~64 以外时，会发生错误。

7）标志置位和复位指令

（1）标志置位和复位指令的指令名称、助记符、功能号、操作数和程序步长如表 4.5.13 所列。

表 4.5.13　标志置位和复位指令表

指令名称	功能号与助记符	操作数			程序步长
		[S·]	M	[D·]	
标志置位	FNC46　ANS	T T0~T199	M = 1~32 767 （100ms 为单位）	S （T0~T199）	ANS、ANSP 7 步
标志复位	FNC47　ANR				ANR、ANRP 1 步

（2）指令使用说明。标志置位指令是驱动信号报警器 M8048 动作的方便指令，当执行条件为 ON 时，[S·]中定位器定时 m（100ms 单位）后，[D·]指定的标志状态寄存器置位，同时 M8048 动作。使用说明如图 4.5.10 所示，若 X000 与 X001 同时接通 1s 以上，则 S900 被置位，同时 M8048 动作，定时器复位。以后即使 X000 或 X001 为 OFF，S900 置位的状态不变。若 X000 与 X001 同时接通不满 1s 变为 OFF，则定时器复位，S900 不置位。

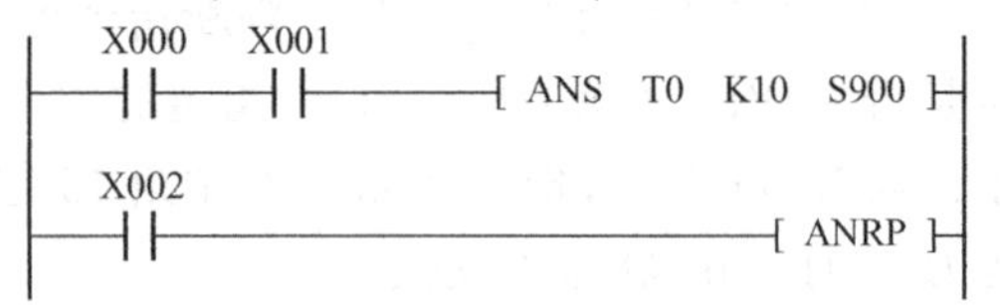

图 4.5.10　标志置位和复位指令的使用说明

标志复位指令可将被置位的标志状态寄存器复位。使用说明如图 4.5.10 所示，当 X002 为 ON 时，如果有多个标志状态寄存器动作，则将动作的新地址号的标志状态复位。

若采用连续型 ANR 指令，X002 为 ON 时，则在每隔扫描周期中按顺序对标志状态寄存器复位，直至 M8018 为 OFF。

4.5.3　任务实施

花式喷泉控制系统设计

某花式喷泉系统的工作过程示意图，如图 4.5.11 所示。

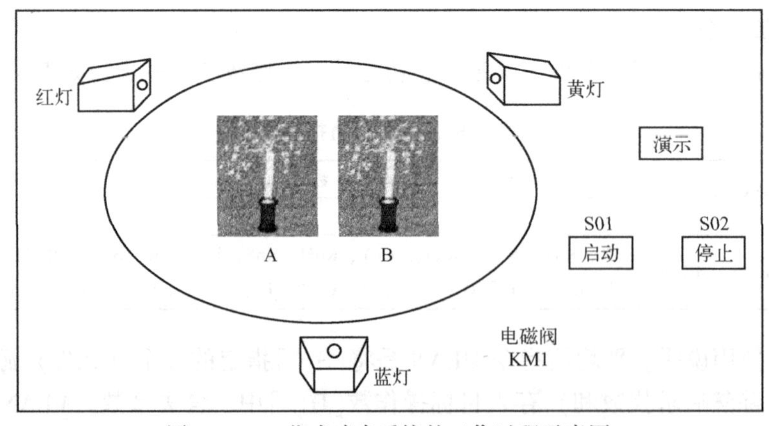

图 4.5.11　花式喷泉系统的工作过程示意图

其控制要求如下：喷水池有红、黄、蓝三色灯，两个喷水龙头和一个带动龙头移动电磁阀，按 S01 启动按钮开始动作，喷水池的动作以 45s 为一个循环，每 5s 为一个节拍，如此不断循环直到按下 S02 停止按钮后停止。

灯、喷水龙头和电磁阀的动作安排，如表 4.5.14 所列，状态表中在该设备有输出的节拍下显示灰色，无输出为空白。

表 4.5.14　花式喷泉工作状态表

设　备	1	2	3	4	5	6	7	8	9
红灯									
黄灯									
蓝灯									
喷水龙头 A									
喷水龙头 B									
电磁阀									

（1）确定输入/输出（I/O）分配表，如表 4.5.15 所列。

（2）根据工艺要求画出控制梯形图，如图 4.5.12（a）所示。花式喷泉系统指令语句表，如图 4.5.12（b）所示。

表 4.5.15　花式喷泉系统 I/O 分配表

输　入		输　出	
输入设备	输入编号	输出设备	输出编号
启动按钮 S01	X000	红灯	Y000
停止按钮 S02	X001	黄灯	Y001
		蓝灯	Y002
		喷水龙头 A	Y003
		喷水龙头 B	Y004
		电磁阀	Y005

4.5.4　考核标准

针对考核任务，相应的考核评分细则参见表 4.5.16。

表 4.5.16　考核评分细则

序号	考核项目	考核内容	配分	考核要求及评分标准	得分
1	知识掌握	程序流指令与编程方法	30 分	（1）指令使用正确（10 分） （2）编程正确（20 分）	
2	程序设计	I/O 地址分配	15 分	分析系统控制要求，正确完成 I/O 地址分配	
		安装与接线	15 分	正确绘制系统接线图 按系统接线图在配线板上正确安装与接线	
		控制程序设计	15 分	按控制要求完成控制程序设计，梯形图正确、规范 熟练操作编程软件，将所编写的程序下载到 PLC	
		功能实现	15 分	按照被控设备的动作要求进行模拟调试，达到控制要求	
3	职业素养	6S 规范	共 10 分，从总分中扣	正确使用设备，具有安全用电意识，操作符合规范要求 操作过程中无不文明行为，具有良好的职业操守 作业完成后及时清理、清扫工作现场，工具完整归位	
合计			100 分		

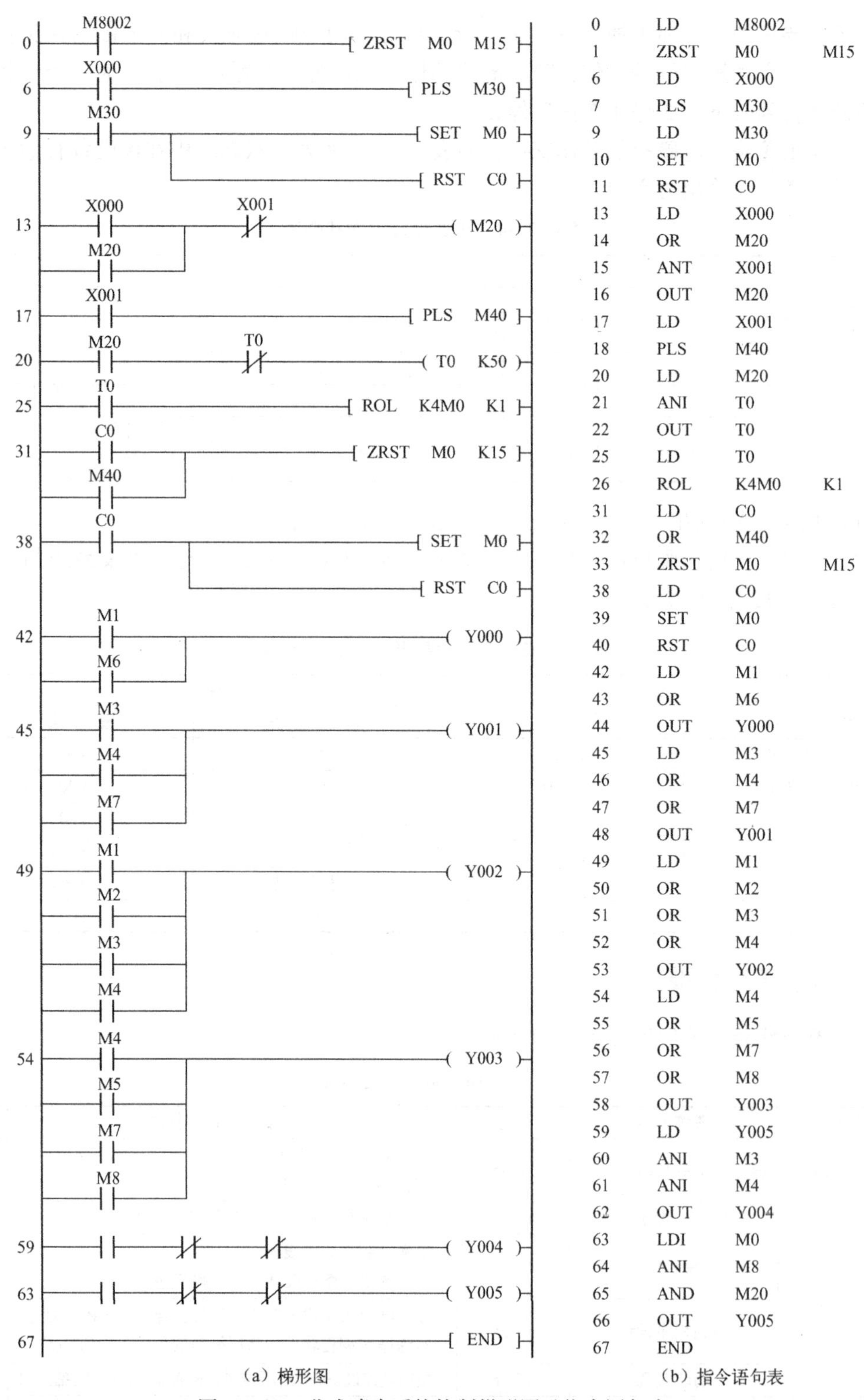

步号	指令	元件	
0	LD	M8002	
1	ZRST	M0	M15
6	LD	X000	
7	PLS	M30	
9	LD	M30	
10	SET	M0	
11	RST	C0	
13	LD	X000	
14	OR	M20	
15	ANT	X001	
16	OUT	M20	
17	LD	X001	
18	PLS	M40	
20	LD	M20	
21	ANI	T0	
22	OUT	T0	
25	LD	T0	
26	ROL	K4M0	K1
31	LD	C0	
32	OR	M40	
33	ZRST	M0	M15
38	LD	C0	
39	SET	M0	
40	RST	C0	
42	LD	M1	
43	OR	M6	
44	OUT	Y000	
45	LD	M3	
46	OR	M4	
47	OR	M7	
48	OUT	Y001	
49	LD	M1	
50	OR	M2	
51	OR	M3	
52	OR	M4	
53	OUT	Y002	
54	LD	M4	
55	OR	M5	
56	OR	M7	
57	OR	M8	
58	OUT	Y003	
59	LD	Y005	
60	ANI	M3	
61	ANI	M4	
62	OUT	Y004	
63	LDI	M0	
64	ANI	M8	
65	AND	M20	
66	OUT	Y005	
67	END		

（a）梯形图　　（b）指令语句表

图 4.5.12　花式喷泉系统控制梯形图及指令语句表

注意：每项内容的扣分不得超过该项的配分。

任务结束前，填写、核实制作和维修记录单并存档。

4.5.5　思考与练习

1. 设计循环右移的 16 位彩灯控制程序，移位的时间间隔为 1s，开机时用 X0 ~ X17 来设置彩灯的初值。T0 用来产生周期为 1s 的移位脉冲序列。

2. 移位指令包括哪些？各自的功能号及助记符是什么？

任务 4.6　高速处理指令及其应用

4.6.1　任务引入与分析

高速处理指令可以按最新的输入/输出信息进行程序控制，并能有效利用数据高速处理能力进行中断处理。高速处理指令如表 4.6.1 所列。

表 4.6.1　高速处理指令表

FNC No.	指令记号	符　　号	功　　能
50	REF	REF D n	输入/输出刷新
51	REFF	REFF n	输入刷新 （带滤波器设定）
52	MTR	MTR S D1 D2 n	矩阵输入
53	HSCS	HSCS S1 S2 D	比较置位 （高速计数器用）
54	HSCR	HSCR S1 S2 D	比较复位 （高速计数器用）
55	HSZ	HSZ S1 S2 S D	区间比较 （高速计数器用）
56	SPD	SPD S1 S2 D	脉冲密度
57	PLSY	PLSY S1 S2 D	脉冲输出
58	PWM	PWM S1 S2 D	脉宽调制
59	PLSR	PLSR S1 S2 S3 D	带加减速的脉冲输出

配有高速计数器的 PLC，一般都具有利用软件调节部分输入口滤波时间及对一定的输入/输出口进行即时刷新的功能。

4.6.2　基础知识

1. 输入/输出刷新指令

（1）输入/输出刷新指令的指令名称、助记符、功能号、操作数和程序步长如表 4.6.2 所列。

表 4.6.2　输入/输出刷新指令

指令名称	功能号与助记符	操作数		程序步长
		[D·]	n	
输入/输出刷新	FNC50　REF	K、Y	K、H n 为 8 的倍数	REF、REFP 7 步

（2）指令使用说明。该指令可用于对指定的输入及输出口立即刷新。在运行过程中，若需要最新的信息以及希望立即输出运算结果时，可以使用输入/输出刷新指令。

指令使用说明如图 4.6.1 所示，图 4.6.1（a）所示为输入刷新，对输入点 X010～X017 的 8 个点刷新。图 4.6.1（b）所示为输出刷新，对 Y000～Y007、Y010～Y017、Y020～Y027 的 24 个点刷新。

在指令中指定[D·]的元件首地址时，应为 X000、X010……，Y000、Y010、Y020……刷新点数应为 8 的倍数，此外的其他数值都是错误的。

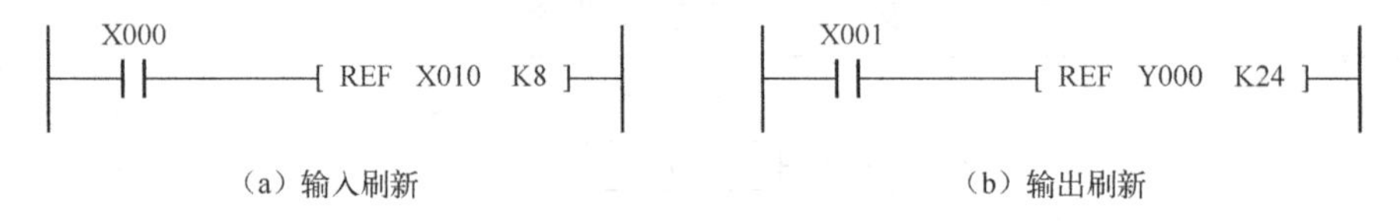

图 4.6.1　输入/输出刷新指令使用说明

2. 滤波调整指令

（1）该指令的指令名称、助记符、功能号、操作数和程序步长如表 4.6.3 所列。

表 4.6.3　滤波调整指令表

指令名称	功能号与助记符	操作数	程序步长
		n	
滤波调整指令	FNC51　REFF	K、H n = 1 ~ 60ms	REFF、REFFP 7 步

（2）指令使用说明。滤波调整指令可用于对 X000～X017 输入口的输入滤波器 D8020 的滤波时间进行调整。

① 当 X000～X017 的输入滤波器设定初值为 10ms 时，可用 REFF 指令改变滤波初值时间，也可以用 MOV 指令改写 D8020 滤波时间。

② 当 X000～X017 用做高速计数输入，或用于速度检测信号，或用做中断输入时，输入滤波器的时间常数自动设置为 50μs。

滤波调整指令使用说明如图 4.6.2 所示，当 X010 为 ON 时，将 X000～X017 输入滤波器 D8020 中滤波时间调整为 1ms。

3. 矩阵输入指令

（1）该指令的指令名称、助记符、功能号、操作数和程序步长如表 4.6.4 所列。

（2）指令使用说明。该指令可以将 8 点输入与 n 点输出构成 8 行 n 列的输入矩阵，从输入端快速、批量接收数据。

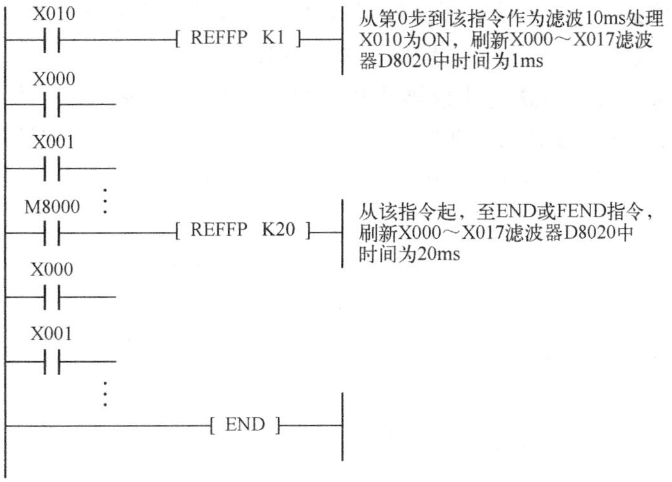

X010
REFFP K1
从第0步到该指令作为滤波10ms处理X010为ON，刷新X000～X017滤波器D8020中时间为1ms
X000
X001
M8000
REFFP K20
从该指令起，至END或FEND指令，刷新X000～X017滤波器D8020中时间为20ms
X000
X001
END

图 4.6.2　滤波调整指令使用说明

表 4.6.4　矩阵输入指令表

指令名称	功能号与助记符	操作数					程序步长
		[S·]	[D1·]	[D2·]	[D1·]	n	
矩阵输入指令	FNC52　WTR	X	Y	Y、M、S	K、H n=2~8		MTR 9 步

① 指令表中[S·]只能指定 X000、X010、X020……最低位为 0 的 X 作起始点，占用连续点输入，通常选用 X010 以后的输入点。若选用输入 X000×X017，虽可以加快存储速度，但会因输出晶体管还原时间长和输入灵敏度高而发生误输入，这时必须在晶体管输出端与 COM 之间接 3.3kΩ/0.5W 电阻。

② [D1·]只能指定 Y000、Y010、Y020……最低位为 0 的 Y 作起始点，占用 n 点晶体管型输出点。

③ [D2·]可指定 Y、M、S 作为储存单元，下标起点应为 0，数量为 8×n。因此，使用该指令最大可以用 8 点输入和 8 点输出存储 64 点输入信号。

4. 高速计数器比较置位和比较复位指令

（1）该指令的指令名称、助记符、功能号、操作数和程序步长如表 4.6.5 所列。

表 4.6.5　高速计数器比较置位和比较复位指令表

指令名称	功能号与助记符	操作数			程序步长
		[S1·]	M	[D·]	
比较置位	FNC53　HSCS	K、H、KnX、KnY、KnM、KnS、T、C、D、Z、U□\G□	C235~C255	Y、M、S I010~I060	(D) HSCS 13 步
比较复位	FNC54　HSCR	K、H、KnX、KnY、KnM、KnS、T、C、D、Z、U□\G□	C235~C255	Y、M、S C235~C255	(D) HSCR 13 步

（2）指令使用说明。高速计数器比较置位和比较复位指令用于需要立即向外输出高速计数器的当前值与设定值比较结果时置位，复位的场合。

如图 4.6.3（a）所示为高速计数器比较置位指令的梯形图，程序中当 C255 的当前值由 99 或 101 变为 100 时，Y010 立即置 1。如图 4.6.3（b）所示为高速计数器比较复位指令的梯形图，C255 的当前值由 199 或 201 变为 200 时 Y010 立即复位。

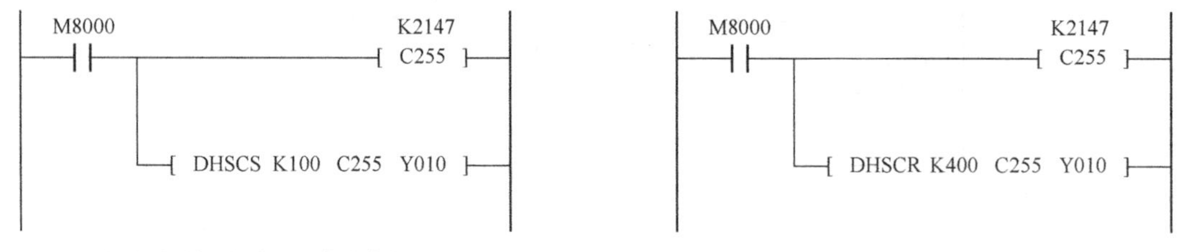

（a）高速计数器比较置位指令的梯形图　（b）高速计数器比较复位指令的梯形图

图 4.6.3　高速计数器比较置位和比较复位指令使用说明

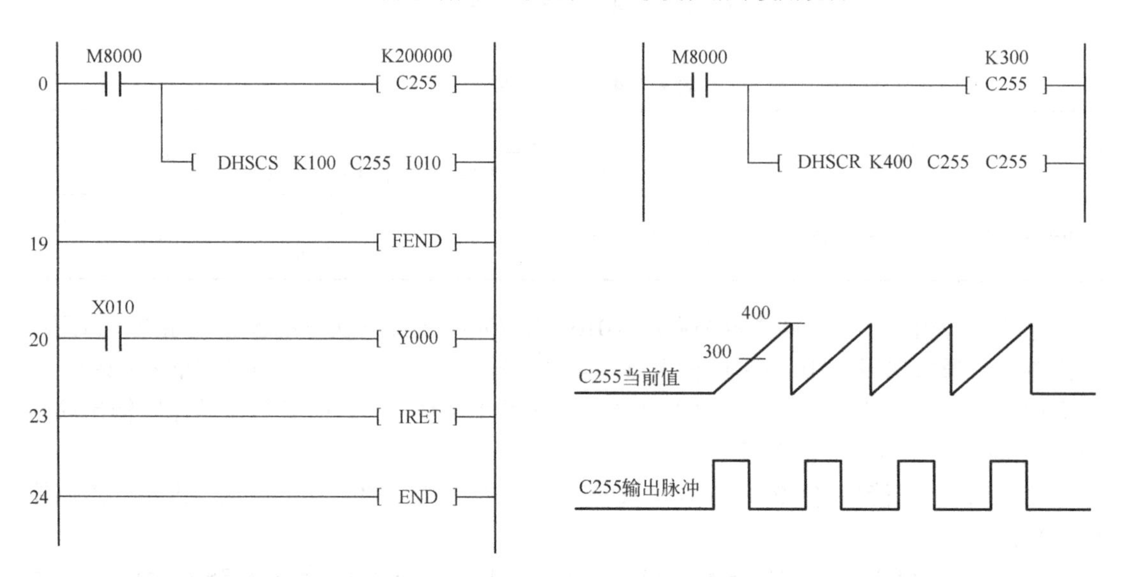

（a）高速计数器比较置位指令的中断操作　（b）高速计数器自复位用以产生脉冲

图 4.6.4　高速计数器比较置位、复位指令使用

说明：

（1）高速计数器比较置位指令中[D·]可以指定技术中断指针，如图 4.6.4（a）所示。如果计数中断禁止继电器 M8059 = OFF，图中高速计数器 C255 的当前值等于 100 时，执行 I010 中断程序；如果 M8059 = ON，则 I010 ~ I060 均中断禁止。

（2）高速计数器比较复位指令也可以用于高速计数器本身的复位。如图 4.6.4（b）所示的是用高速计数器产生脉冲，并能自行复位的梯形图。图中 C255 当前值为 300 时，接通，当前值为 400 时，C255 立即复位，这种采用一般控制方式和指令控制方式相结合的方法，使高速计数器的触点依一定的时间要求接通或复位便可形成脉冲波形。

5. 高速计数器区间比较指令

（1）该指令的指令名称、助记符、功能号、操作数和程序步长如表 4.6.6 所列。

表 4.6.6　高速计数器区间比较指令表

指令名称	功能号与助记符	操作数			程序步长
		[S1·]/[S2·]　[S1·]/≤[S2·]	[S·]	[D·]	
区间比较指令	FNC55　HSZ	K、H、KnX、KnY、KnM、KnS、T、C、D、Z、U□\G□	C C235~C255	Y、M、S	(D) HSZ 13 步

（2）指令使用说明。图 4.6.5 所示的是高速计数器区间比较指令的梯形图。该图中高速计数器 C251 的当前值小于 1000 时，Y000 置 1；大于等于 1000 小于等于 2000 时，Y001 置 1；大于 2000 时，Y002 置 1。

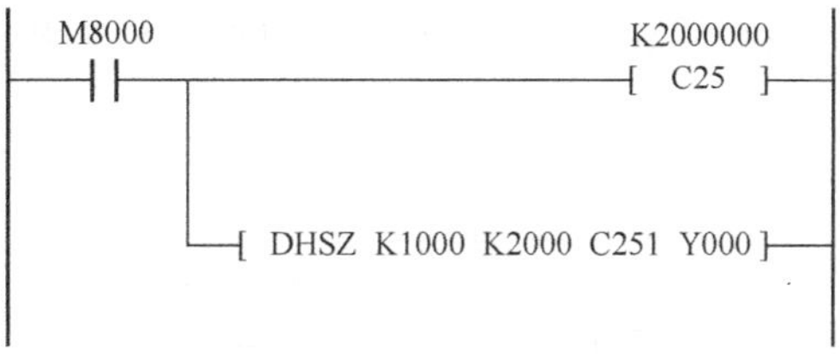

M8000　K2000000　C25

DHSZ K1000 K2000 C251 Y000

图 4.6.5　高速计数器区间比较指令的梯形图

6. 高速计数器比较指令

（1）高速计数器比较位置、比较复位和区间比较三条指令是高速计数器的 32 位专用控制指令，使用这些指令时，梯形图中应含有计数器设定值，明确被选用的计数器。当不涉及计数器触点控制时，计数器的设定值可设为计数器计数最大值或任意高于控制数值的数据。

（2）在同一程序中如有多处使用了高速计数器控制指令，其被控对象输出继电器的编码的高 2 位应相同，以便在同一中断处理过程中完成控制。例如，使用 Y000 时，应为 Y000~Y007；使用 Y010 时，应为 Y010~Y017 等。

（3）特殊辅助继电器 M8025 是高速计数器指令的外部复位标志。PLC 一运行，M8025 就置 1，高速计数器的外部复位端 X001 若输入复位脉冲，高速计数比较指令的高速计数器立即复位。因此，高速计数器的外部复位输入端 X001 在 M8025 置 1，且使用高速计数比较指令时，可作为计数器的计数起始控制。

（4）高速计数比较指令是在外来计数脉冲作用下以比较当前值与设定值的方式工作的。当不存在外来计数脉冲时，可使用传送类指令修改当前值或设定值，但指令所控制的触点状态不会发生变化。在存在外来脉冲时使用传送指令修改当前值或设定值，在修改的下一个扫描周期脉冲到来后执行比较操作。

7. 脉冲密度指令

（1）该指令的指令名称、助记符、功能号、操作数和程序步长如表 4.6.7 所列。

表 4.6.7　脉冲密度指令表

指令名称	功能号与助记符	操作数			程序步长
		[S1·]	[S2·]	[D·]	
脉冲密度指令	FNC56　SPD	X X=X0~X5	K、H、KnX、KnY、KnM、KnS、T、C、D、V、Z、U□\G□	T、C、D、V、Z	SPD 7 步

（2）指令使用说明。脉冲密度指令可用于从指令指定的输入口输入计数脉冲，在规定的计数时间里，统计输入脉冲数的场合，如统计转速脉冲等。

脉冲密度指令在X010由OFF变为ON时，在[S1·]指定的X000口输入计数脉冲，在[S2·]指定的100ms时间内，[D·]指定D1对输入脉冲计数，将计数结果存入[D·]指定的首地址单元D0中，随之D1复位，再对输入脉冲计数，D2用于测定剩余时间。D0中的脉冲值与旋转速度成比例，旋转速度与测定的脉冲数之间的关系为

$$N=\frac{60(D0)}{n\times t}\times 10^3(r/min)$$

式中，n——每转的脉冲数；t——[S2·]指定的时间，ms。

从X000~X005输入的最高计数频率与一相高速计数器处理相同。

8. 脉冲输出指令

（1）该指令的指令名称、助记符、功能号、操作数和程序步长如表4.6.8所列。

表4.6.8　脉冲输出指令表

指令名称	功能号与助记符	操作数			程序步长
		[S1·]	[S2·]	[D·]	
脉冲输出指令	FNC57　SLSY	K、H、KnX、KnY、KnM、KnS、T、C、D、V、Z、U□\G□		只能指定晶体管Y0或Y1	PLSY 7步 DPLSY 13步

（2）指令使用说明。该指令可用于指定频率、产生定量脉冲输出的场合。使用说明如图4.6.6所示，图中[S1·]用以指定频率，范围为2~20kHz；[S2·]用以指定产生脉冲数量，16位指令指定范围为1~32 767，32位指令指定范围为1~2 147 483 647。[D·]用以指定输出脉冲的Y号（仅限于指定晶体管型Y0、Y1），输出的脉冲高低电平各50%。在图4.6.6中，X010为OFF时，输出中断，再置为ON时，从初始状态开始动作。当发出连续脉冲，X010为OFF时，输出也为OFF。输出脉冲数量存于D8137、D8136中。

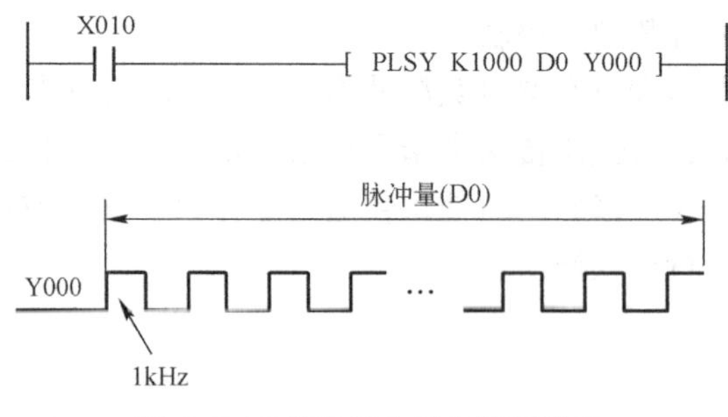

图4.6.6　脉冲输出指令使用说明

设定脉冲量输出结束时，指令执行结束标志M8029动作。[S1·]中的内容在指令执行中可以变更，但[S2·]中的内容不能变更。另外，当[S2·]的值为0时，则会连续输出脉冲，无数量限制。

9. 脉宽调制指令

（1）该指令的指令名称、助记符、功能号、操作数和程序步长如表 4.6.9 所列。

表 4.6.9 脉宽调制指令表

指令名称	功能号与助记符	操作数			程序步长
		[S1·]	[S2·]	[D·]	
脉冲调制指令	FNC58 PWM	K、H、KnX、KnY、KnM、KnS、T、C、D、V、Z、U□\G□		只能指定晶体管型 Y0 ~Y2 高速输出模块可用 Y3	PWM 7 步

（2）指令使用说明。该指令可用于指定脉冲宽度、脉冲周期、脉冲可调脉冲输出的场合。使用说明如图 4.6.7 所示，图中[S1·]指定 D10 存放脉冲宽度 t，t 可在 032 767ms 范围内选取，但不能大于其周期。其中 D10 的内容只能在[S2·]指定的脉冲周期 T0=50 内变化，否则会出现错误，T0 可在 0~32 767ms 范围内选取；[D·]指定脉冲输出 Y 号（仅限于指定晶体管型 Y0、Y1）为 Y000。当 X010 为 ON 时，Y000 输出为 ON/OFF 脉冲，脉冲调调制比为 t/T0，可进行中断处理。

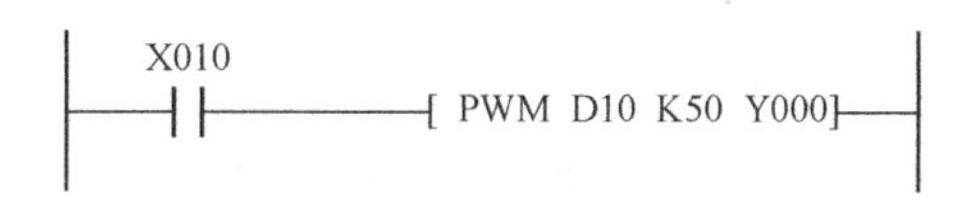

图 4.6.7 脉宽调制指令使用说明

10. 可调速脉冲输出指令

（1）该指令的指令名称、助记符、功能号、操作数和程序步长如表 4.6.10 所列。

表 4.6.10 可调速脉冲输出指令表

指令名称	功能号与助记符	操作数				程序步长
		[S1·]	[S2·]	[S3·]	[D·]	
脉宽调制指令	FNC59 PLSR	K、H、KnX、KnY、KnM、KnS、T、C、D、V、Z、U□\G□			只能指定晶体管型 Y0 或 Y1	PLSR 9 步 DPLSR 17 步

（2）指令使用说明。该指令是带有加减速功能的定量脉冲输出指令。其功能是对所指定的最高频率进行加速，直到达到所指定的输出脉冲数，再进行定减速。

在图 4.6.8（a）中，当 X010 置于 OFF 时，中断输出，再置为 ON 时，从初始动作开始定加速，达到所指定的输出脉冲数时，再进行定减速，其波形图如图 4.6.8（b）所示。

梯形图中各操作数的设定的内容如下：

① [S1·]为最高频率，设定范围为 10Hz~20kHz，并以 10 的倍数指定，若指定 1 位数时，则结束运行。在达到指定的脉冲数后进行定减速时，按指定的最高频率的 1/10 作为减速时的一次变速量，一次变速量应设定在步进电机不失调的范围。

② [S2·]为总输出脉冲数，设定范围为：16 位运算指令是 110~32 767；32 位运算指令是 110~2 147 483 647。若设定不满 110 时，脉冲不能正常输出。

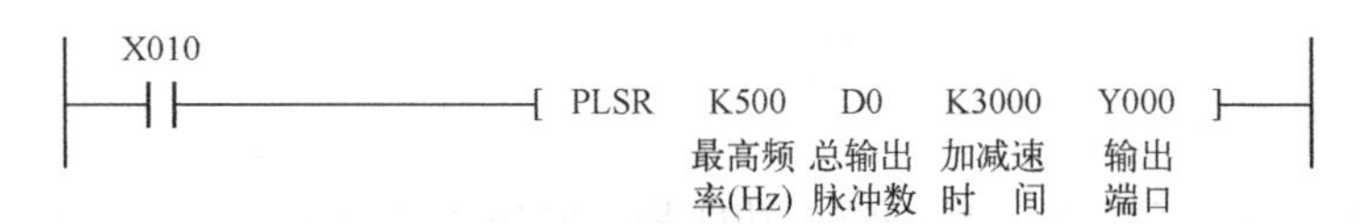

（a）可调速脉冲输出指令使用说明

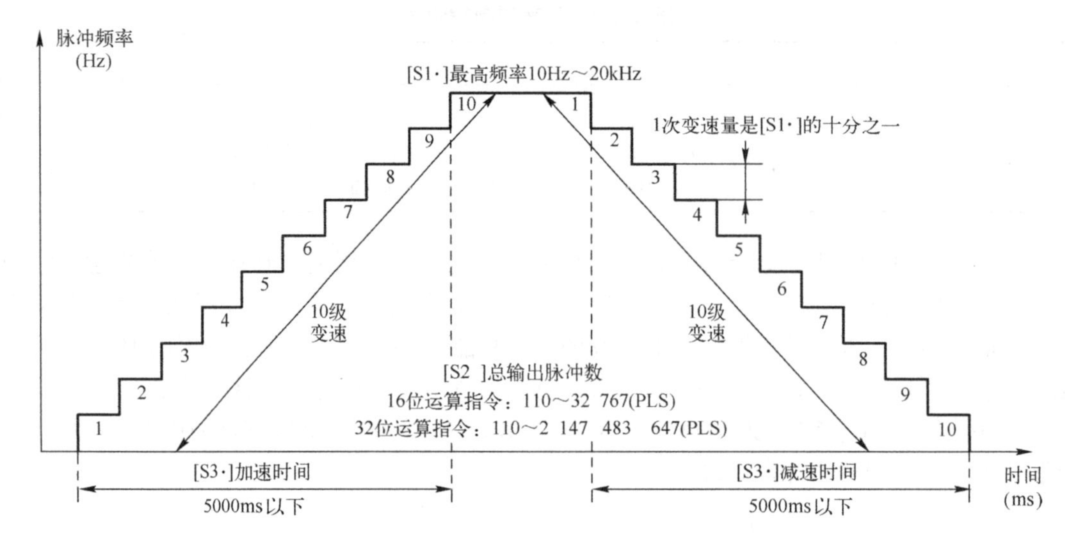

（b）可调速脉冲输出指令加减速原理

图 4.6.8　可调速脉冲输出指令使用说明

③ [S3·]为加/减速时间（ms）。加/减速时间相等，加/减速时间设定范围在 5000ms 以下时应按以下条件设定：

- 加/减速时间设定在 PLC 的扫描时间最大值（D8012 值以上）的 10 倍以上，若设定不足 10 倍时，加/减速不一定及时。
- 加/减速时间最小值设定应满足下式，即

$$[S3\cdot]>90\,000/[S1]\times5$$

若小于上式最小值，加/减速时间的误差增大，此外，设定不到 90 000/[S1·]值时，在 90 000/[S1·]值时结束运行。

- 加/减速时间最大值设定应满足下式，即

$$[S3\cdot]<[S2\cdot]/[S1\cdot]\times818$$

- 加/减数的变速次数按[S1·]/10 固定在 10 次。

若不能按以上条件设定时，应降低[S1·]设定的最高频率。

[D·]指定脉冲输出 Y 地址号，只能指定 Y0 或 Y1，并且 PLC 输出要为晶体管输出型。输出频率为 2~20kHz。若指令设定的最高频率、加减速时的变速速度超过此范围时，自动在该输出范围内调低或进位。

PLSR 指令输出的脉冲数存入以下特殊数据寄存器中：Y0 输出脉冲数存入 D8141（高位）、D8140（低位）中；Y1 输出脉冲数存入 D8143（高位）、D8142（低位）；PLSR、PLSY 两指令输出的总脉冲数对 Y0、Y1 输出脉冲的累计存入 D8137（高位）、D8136（低位）中。

4.6.3　任务实施

步进电动机出料控制系统的设计

某步进电动机出料控制系统的工作过程示意图，如图 4.6.9 所示。

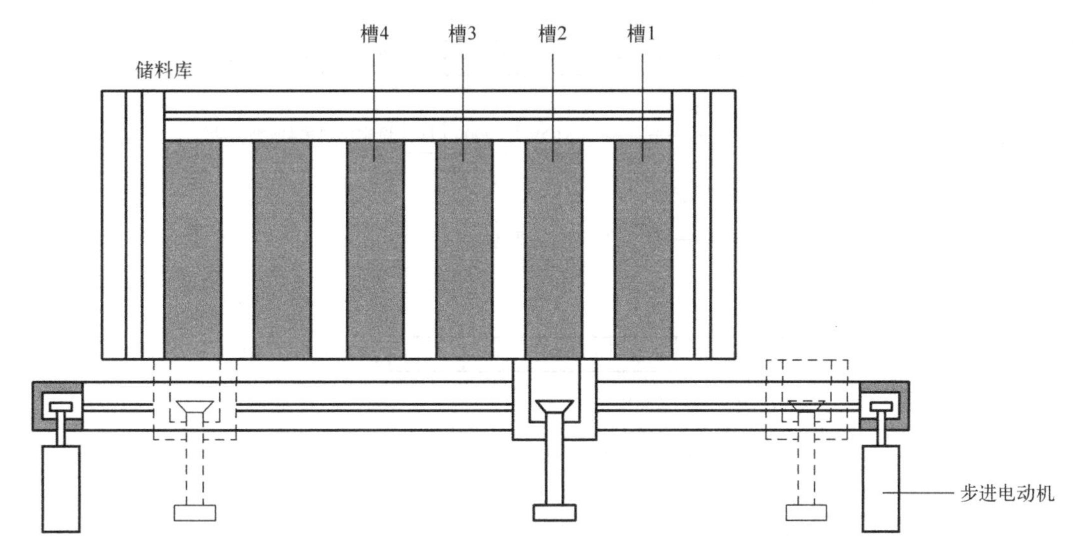

图 4.6.9　步进电动机出料控制系统的工作过程示意图

其控制要求如下：当上料检测传感器检测到有物料放入推料槽，延时 3s 后，步进电动机启动，将物料运送到对应的出料槽槽口，分拣气缸活塞推出物料到相应的出料槽内，然后分拣气缸活塞缩回，步进电动机反转，回到原点后停止，等待下一次上料。物料推入推料槽 1~4 根据选择按钮 SB1~SB4 选择。

（1）确定输入/输出（I/O）分配表，如表 4.6.11 所列。

（2）根据工艺要求画出状态转移图，如图 4.6.10 所示。根据状态转移图，读者可自行画出梯形图及指令语句表。

表 4.6.11　喷漆流水线系统 I/O 分配表

输　入		输　出	
输入设备	输入编号	输出设备	输出编号
上料检测光敏传感器	X000	PUL 步进电动机脉冲输入	Y000
出料槽 1 选择按钮 SB1	X001	DIR 步进电动机方向输入	Y001
出料槽 2 选择按钮 SB12	X002	分拣气缸电磁阀伸出	Y002
出料槽 3 选择按钮 SB3	X003	分拣气缸电磁阀缩回	Y003
出料槽 4 选择按钮 SB4	X004		
分拣气缸原位传感器	X005		
分拣气缸伸出传感器	X006		
原点限位开关	X007		

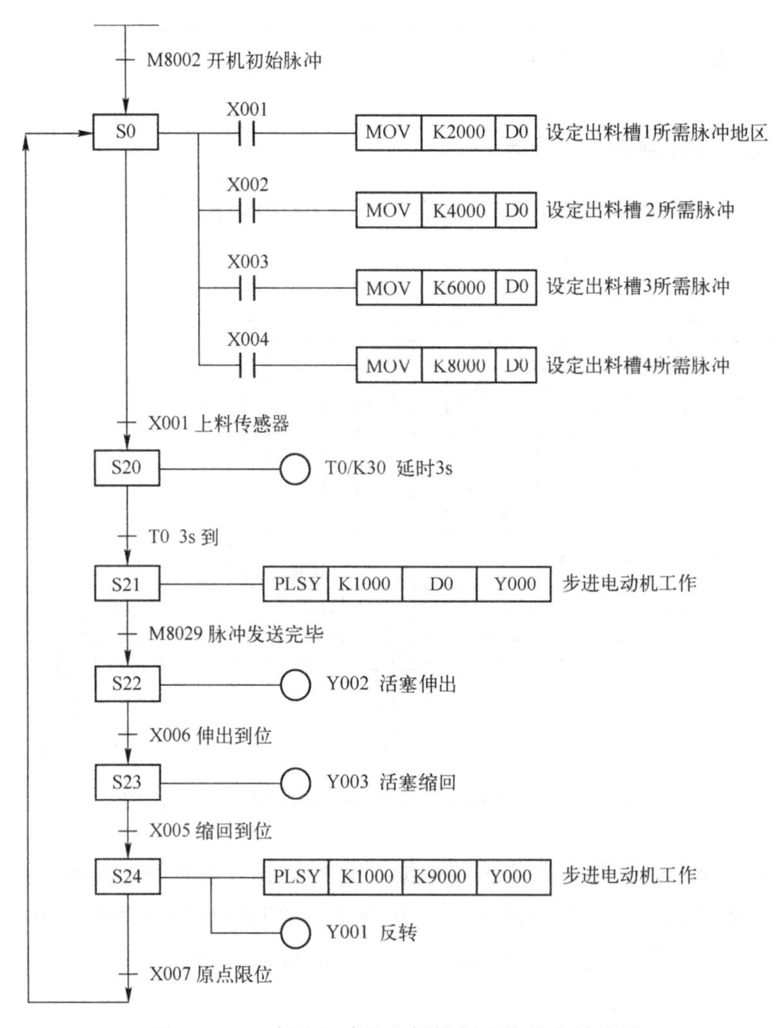

图 4.6.10　步进电动机出料控制系统状态转移图

4.6.4　考核标准

针对考核任务，相应的考核评分细则参见表 4.6.12。

表 4.6.12　考核评分细则

序号	考核项目	考核内容	配分	考核要求及评分标准	得分
1	知识掌握	程序流指令与编程方法	30 分	（1）指令使用正确（10 分） （2）编程正确（20 分）	
2	程序设计	I/O 地址分配	15 分	分析系统控制要求，正确完成 I/O 地址分配	
		安装与接线	15 分	正确绘制系统接线图 按系统接线图在配线板上正确安装与接线	
		控制程序设计	15 分	按控制要求完成控制程序设计，梯形图正确、规范 熟练操作编程软件，将所编写的程序下载到 PLC	
		功能实现	15 分	按照被控设备的动作要求进行模拟调试，达到控制要求	

续表

序号	考核项目	考核内容	配分	考核要求及评分标准	得分
3	职业素养	6S 规范	共 10 分，从总分中扣	正确使用设备，具有安全用电意识，操作符合规范要求 操作过程中无不文明行为，具有良好的职业操守 作业完成后及时清理、清扫工作现场，工具完整归位	
合计			100 分		

注意：每项内容的扣分不得超过该项的配分。

任务结束前，填写、核实制作和维修记录单并存档。

4.6.5　思考与练习

1. 用一编码器来检测一电动机的转速，若电动机每转一转编码器产生 2 个脉冲，试用 SPD 指令编写程序，计算电动机的转速。

2. 简述三菱 FX_{2N}系列 PLC 的高速计数器的工作方式、种类及特点。

项目 5　PLC 模拟量控制和通信

任务 5.1　模拟量控制及其应用

5.1.1　任务引入与分析

在工业控制系统中，PLC 采集到的有些输入量是连续变化的模拟量，如温度、压力、流量等，PLC 控制的有些执行机构也需要模拟量，如调节阀、伺服电动机等，但是 PLC 只能处理数字信号，所以采集到的模拟量必须首先经传感器和变送器转换成标准的电流或电压，如 4~20mA、1~5V、0~10V 等，然后通过 A/D 模拟量输入模块转换成数字量送给 PLC 的 CPU 处理，如果执行机构需要模拟量，则其运算结果须经 D/A 模块换为模拟信号供执行机构使用。

5.1.2　基础知识

FX_{3U}型 PLC 常用的模拟量模块有：FX_{3U}-4AD、FX_{3U}-4DA、FX_{2N}-8AD、FX_{2N}-4AD、FX_{2N}-2DA、FX_{2N}-4DA、FX_{2N}-5A、FX_{2N}-4AD-PT、FX_{2N}-4AD-TC 等。

1. 模拟量模块的使用

FX_{3U}型 PLC 最多可以连接 8 台特殊功能模块，从基本单元的左侧开始编号，依次编号为 0~7 号。如图 5.1.1 所示，其中输入输出扩展模块不占编号，只有特殊功能模块占用编号，分别编为 0、1、2 号。

	不占编号	单元0号	单元1号	不占编号	单元2号
基本单元（FX_{3U}可编程控制器）	输入输出扩展模块	特殊功能模块	特殊功能模块	输入输出扩展模块	特殊功能模块

图 5.1.1　FX_{3U}基本单元与特殊功能模块的连接及模块编号的确定

2. FX_{2N}-4AD 模拟量输入模块

1）FX_{2N}-4AD 模块的技术指标

FX_{2N}-4AD 模拟量输入模块获取的是 4 通道电压/电流数据，其技术指标如表 5.1.1 所列。

2）FX_{2N}-4AD 模块的缓冲存储区（BFM）分配表

模拟量模块采集到的输入信号转换成数字信号后，保存在模块的缓冲存储区（BFM），PLC 基本单元与模拟量模块之间的数据通信是由 FROM 指令和 TO 指令来执行的，实现对缓冲存储区的读出/写入。FROM 指令是将模拟量模块内的缓冲存储区的数据读入 PLC，TO 指令是将基本单元中的数据写到缓冲存储区中。实际上读写操作都是对模拟量输入或输出模块中的缓冲存储区进行的。FX_{2N}-4AD 模块的缓冲存储区（BFM）分配如表 5.1.2 所列。

表 5.1.1　FX_{2N}-4AD 模块技术指标

规　　格	FX_{2N}-4AD	
	电压输入	电流输入
输入点数	4 通道	
模拟量输入范围	DC　-10～+10V （输入电阻　200KΩ）	DC　-20～+20mA DC　4～20mA （输入电阻　250KΩ）
最大绝对输入	±15V	±32mA
数字量输出	12 位	
分辨率	5mV（10V×1/2000）	20μA（20mA×1/1000）
综合精度	±1%（对于-10～+10V 的范围）	±1%（对于-20～+20mA 的范围）
A/D 转换时间	15ms/通道（常速），6ms/通道（高速）	

表 5.1.2　FX_{2N}-4AD 模块的 BFM 分配表

<table>
<tr><th>BFM 编号</th><th colspan="9">内　　容</th><th>说　　明</th></tr>
<tr><td>* #0</td><td colspan="9">通道初始化，默认值=H0000</td><td rowspan="27">带 * 号的 BFM 可以使用 TO 指令，从 PLC 写入

不带 * 好的 BFM 可以使用 FROM 指令，从 PLC 读出

在从模拟量特殊功能模块读出数据之前，去报这些设置已经送入模拟量特殊功能模块中，否则，将使用模块里面以前保存的数据

BFM 提供了利用软件调整偏移和增益的手段

偏移（截距）：当数字输出为 0 时的模拟量输入值

增益（斜率）：当数字输出为+1000 时的模拟量输入值</td></tr>
<tr><td>* #1</td><td>CH1</td><td colspan="8" rowspan="4">包含采样数（1～4096），用于得到平均结果默认值设为 8——正常速度
高速操作可选择 1</td></tr>
<tr><td>* #2</td><td>CH2</td></tr>
<tr><td>* #3</td><td>CH3</td></tr>
<tr><td>* #4</td><td>CH4</td></tr>
<tr><td>#5</td><td>CH1</td><td colspan="8" rowspan="4">这些缓冲存储区包含采样的平均输入值：这些采样数是分别输入在#1～#4 缓冲区的通道数据</td></tr>
<tr><td>#6</td><td>CH2</td></tr>
<tr><td>#7</td><td>CH3</td></tr>
<tr><td>#8</td><td>CH4</td></tr>
<tr><td>#9</td><td>CH1</td><td colspan="8" rowspan="4">这些缓冲存储区包含每个输入通道采样的当前值</td></tr>
<tr><td>#10</td><td>CH2</td></tr>
<tr><td>#11</td><td>CH3</td></tr>
<tr><td>#12</td><td>CH4</td></tr>
<tr><td>#13、#14</td><td colspan="9">保留</td></tr>
<tr><td rowspan="2">#15</td><td rowspan="2">选择 A/D 转换速度</td><td colspan="8">如设为 0，则选择正常速度，15ms/通道（默认）</td></tr>
<tr><td colspan="8">如设为 1，则选择高速 6ms/通道</td></tr>
<tr><td>#16～#19</td><td colspan="9">保留</td></tr>
<tr><td>* #20</td><td colspan="9">复位到默认值和预设，默认值=0</td></tr>
<tr><td>* #21</td><td colspan="9">禁止调整偏移、增益值，默认值=(0,1)允许</td></tr>
<tr><td rowspan="2">* #22</td><td rowspan="2">偏移值（Offset）、增益（Gain）调整</td><td>b7</td><td>b6</td><td>b5</td><td>b4</td><td>b3</td><td>b2</td><td>b1</td><td>b0</td></tr>
<tr><td>G4</td><td>O4</td><td>G3</td><td>O3</td><td>G2</td><td>O2</td><td>G1</td><td>O1</td></tr>
<tr><td>* #23</td><td colspan="9">偏移值 默认值=0</td></tr>
<tr><td>* #24</td><td colspan="9">增益值　默认值=5000</td></tr>
<tr><td>#25、#28</td><td colspan="9">保留</td></tr>
<tr><td>#29</td><td colspan="9">错误状态</td></tr>
<tr><td>#30</td><td colspan="9">识别码 K2010</td></tr>
<tr><td>#31</td><td colspan="9">禁用</td></tr>
</table>

3) FX_{2N}-4AD 模块的缓冲存储区（BFM）的设置

（1）BFM#0 的设置。BFM 中的#0 用于通道的初始化，由 4 位十六进制 H□□□□设置，最低位数字控制通道 1，最高位控制通道 4，每位数字的含义如下

□=0：设定输入范围（-10～+10V）　　□=1：设定输入范围（-20～+20mA）

□=2：设定输入范围（4～20mA）　　□=3：关闭该输入通道

例如：BFM#0 设定为 H3210，则

CH1：设定输入范围（-10～+10V）

CH2：设定输入范围（-20～+20mA）

CH3：设定输入范围（4～20mA）

CH4：关闭该输入通道。

（2）BFM#1～#4 设定各通道平均采样次数，范围为 1～4096，默认值为 8。

（3）输入量的平均值送入 BFM#5～#8，输入量的当前值送入 BFM#9～#12。

（4）当 BFM#20 被置 1 时，所有 FX_{2N}-4AD 的设定值均恢复到默认值，可以快速地擦除零点和增益。

（5）如果 BFM#21 的 b1、b0 分别设置为 1、0，则增益/偏移的设定值禁止改动，若需改动增益/偏移，则 b1、b0 分别设置为 0、1。默认值为 0、1。

（6）BFM#23 和 BFM#24 中的增益/偏移量设定值会被送到相应输入通道的增益/偏移存储器中。需要调整的输入通道由 BFM#22 中的 G/O 来设定。例如：若 BFM#22 中的 G1、O1 位设为 1，则 BFM#23 和 BFM#24 的设定值送入通道 1 的增益/偏移存储器中。各通道的增益/偏移量可以单独或统一调整。

（7）BFM#23 和 BFM#24 中增益/偏移量的单位是 mV 或 μA，但受 FX_{2N}-4AD 分辨率影响，其实际响应是以 5mV/20μA 为最小精度的。

（8）BFM#29 为 FX_{2N}-4AD 运行正常与否的信息。BFM#29 的状态信息如表 5.1.3 所列。

表 5.1.3　BFM#29 的状态信息

BFM#29 的位	ON	OFF
b0：错误	b1～b3 中任何一个为 ON	无错误
b1：偏移/增益错误	在 EEPROM 中的偏移/增益数据不正常或者调整错误	偏移/增益正常
b2：电源故障	DC24V 电源故障	电源正常
b3：硬件故障	A/D 转换器或其他硬件故障	硬件正常
b4～b9	未定义	
b10：数字范围错误	数字输出小于-2048 或大于 2047	数字输出值正常
b11：平均采样错误	平均采样不小于 4.97，或者不大于 0（使用默认值 8）	平均正常（在 1～4097 之间）
b12：偏移/ 增益调整禁止	禁止 BFM#21 的（b1，b0）设为（1，0）	允许 BFM#21 的（b1，b0）设为（1，0）
b13～b15	未定义	

（9）BFM#30 识别码。FX_{2N}-4AD 的识别码为 K2010，PLC 可用 FROM 指令读入，以确认正在对此特殊功能模块进行操作。

3. FX$_{2N}$-2DA 模拟量输出模块

D/A 模块的功能是将 PLC 基本单元输出的数字信号转换为模拟信号，然后控制执行机构。FX$_{2N}$-2DA 是 FX$_{3U}$系列 PLC 常用的模拟量输出模块之一，有 2 个 12 位 D/A 转换通道，是一种高精度的输出模块，通过简单的调整或根据 PLC 的指令可改变模拟量输出的范围。

1）FX$_{2N}$-2DA 模块的技术指标

FX$_{2N}$-2DA 模块的技术指标如表 5.1.4 所列。

表 5.1.4　FX$_{2N}$-2DA 模块的技术指标

项　　目	输 出 电 压	输 出 电 流
输出点数	2 通道	
模拟量输出范围	0～10V 直流、0～5V 直流（外部负载电阻 2kΩ～1MΩ）	4～20mA（外部负载电阻不超过 500 欧）
数字输出	12 位	
分辨率	2.5mV（10V/4000） 1.25 mV（5V/4000）	4μA｛（20～4）mA/4000｝
整体精度标定点	±1%（满量程 0～10V）	±1%（满量程 4～20mA）
转换速度	4ms/通道（顺控程序和同步）	

2）FX$_{2N}$-2DA 模块的缓冲存储区（BFM）分配表

FX$_{2N}$-2DA 模块的缓冲存储区（BFM）分配如表 5.1.5 所列。

表 5.1.5　FX$_{2N}$-2DA 模块的 BFM 分配表

BFM 编号	b15～b8	b7～b3	b2	b1	b0
#0～#15	未定义				
#16	未定义	输出数据的当前值（8 位数据）			
#17	未定义		D/A 低 8 位数据保持	通道 1D/A 转换开始	通道 2D/A 转换开始
#18 或更大	未定义				

在表 5.1.5 中，BFM#16 中存储的是 BFM#17 指定通道的 D/A 转换数据，为二进制数，按先低 8 位后高 4 位的顺序存储。BFM#17 中 b0 由 1 变成 0 时通道 2 的 D/A 转换开始，b1 由 1 变成 0 时通道 1 的 D/A 转换开始，b2 由 1 变成 0 时低 8 位数据保持。FX$_{2N}$-2DA 无识别码，使用时只要程序中标明正确的特殊模块编号即可。

4. FX$_{2N}$-4AD-TC 模拟量输入模块

FX$_{2N}$-4AD-TC 模拟量输入模块是与热电偶型温度传感器匹配的特殊功能模块。

1）FX$_{2N}$-4AD-TC 模块的技术指标

FX$_{2N}$-4AD-TC 模块的技术指标如表 5.1.6 所列。

2）FX$_{2N}$-4AD-TC 模块的缓冲存储器（BFM）分配表

FX$_{2N}$-4AD-TC 模块的缓冲存储器（BFM）分配如表 5.1.7 所列。

表 5.1.6　FX_{2N}-4AD-TC 模块的技术指标

项　　目	摄氏度/℃		华氏度/℉	
标定温度范围	K 型	-100～+1200	K 型	-148～+2192
	J 型	-100～+600	J 型	-148～+1112
数字输出	以 12 位转换、16 位补码的形式存储			
	K 型	-1000～+12000	K 型	-1480～+21920
	J 型	-1000～+6000	J 型	-1480～+11120
分辨率	K 型	0.4	K 型	0.72
	J 型	0.3	J 型	0.54
整体精度标定点	±（0.5%满量程+1℃）纯水的凝固点 0℃/32 ℉			
转换速度	（240ms±2%）×（1～4）通道（没有使用的通道不转换）			
电源	5V、40mA 直流（基本单元提供的内部电源）24V±10%、60mA 直流			
占用的 I/O 点	FX_{2N}扩展总线 8 点（输入或输出均可）			

表 5.1.7　FX_{2N}-4AD-TC 模块的缓冲存储器（BFM）分配表

BFM	内　　容	说　　明
*#0	热电耦形式 K 或 J 的选择模式，默认值 H0000	带 * 号的缓冲存储器可以使用 TO 指令来写入，不带 * 号的缓冲存储器内的数据可以使用 FROM 指令读入 PLC 中 *#0 的默认值为 H0000，4 个通道由 4 位数字控制，最低位数字控制通道 1，最高位数字控制通道 4，4 位数字可以分别设置为 0（K 型）、1（J 型）、3（关闭），“H0000”的含义就是通道 1 到通道 4 均为 K 型，而“H3310”表示通道 1 为 K 型、通道 2 为 J 型、通道 3 和通道 4 均为关闭（不被使用）
*#1～#4	通道 1～通道 4 的平均温度取样，默认值为 8	
#5～#8	通道 1～通道 4 以 0.1℃为单位的平均温度	
#9～#12	通道 1～通道 4 以 0.1℃为单位的当前温度	
#13～#16	通道 1～通道 4 以 0.1 ℉为单位的平均温度	
#17～#20	通道 1～通道 4 以 0.1 ℉为单位的当前温度	
#21～#27	保留	
*#28	数字范围错误锁定	
#29	错误状态	
#30	识别码 K2030	
#31	保留	

BFM#29 为 FX_{2N}-4AD-TC 运行正常与否的信息。BFM#29 的状态信息如表 5.1.8 所列。

表 5.1.8　FX_{2N}-4AD-TC 模块 BFM#29 的状态信息

BFM#29 的位	ON	OFF
b0：错误	b2～b3 中任何一个为 ON，出错通道的 A/D 转换停止	无错误
b1	未定义	
b2：电源故障	DC24V 电源故障	电源正常
b3：硬件故障	A/D 转换器或其他硬件故障	硬件正常
b4～b9	未定义	
b10：数字范围错误	数字输出/模拟量输入值超出指定范围	正常
b11：平均采样错误	平均采样值超出可使用范围	平均正常（在 1～256 之间）
b12～b15	未定义	

5. 读特殊功能模块指令 FROM

FROM 指令的功能是将特殊功能模块缓冲存储器（BFM）中的内容读入到 PLC 的基本单元中，其目标操作数[D·]可以为 KnY、KnM、KnS、T、C、D、V、Z，当执行条件满足时，将编号为 m1 的特殊功能模块内，从缓冲存储器中编号为 m2 开始的 n 个数据读入 PLC 的基本单元，并存入[D·]开始的 n 个数据寄存器中。在图 5.1.2 中，当 X0 接通时，从编号为 NO.1 的特殊功能模块的 BFM #29 中读出 16 位数据传送到 PLC 的 K4M10 中；X0 为 OFF 时，不执行指令，[D·]中的数据不变。n 是待传递数据的点数，n=1~32767。

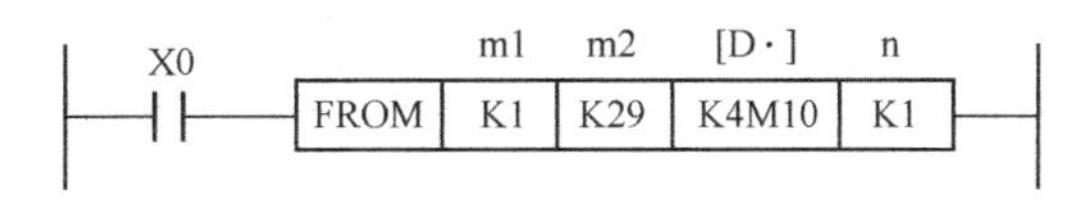

图 5.1.2　FROM 指令使用说明

6. 写特殊功能模块指令 TO

TO 指令的功能是将数据从可编程控制器写入到特殊功能模块缓冲存储器（BFM）中，其源操作数[S·]可取所有的数据类型，m1、m2、n 的取值范围与 FROM 指令的一样。当条件满足时，将可编程控制器中从[S·]指定元件开始的 n 个字的数据写到编号为 m1 的特殊功能模块中编号为 m2 开始的 n 个缓冲存储器中。在图 5.1.3 中，当 X1 为 ON 时，将 D11、D10 中的数据写入到编号为 NO.1 的特殊功能模块的 BFM#12、BFM #11 中。X1 为 OFF 时，不执行指令，传送目标的数据不变。

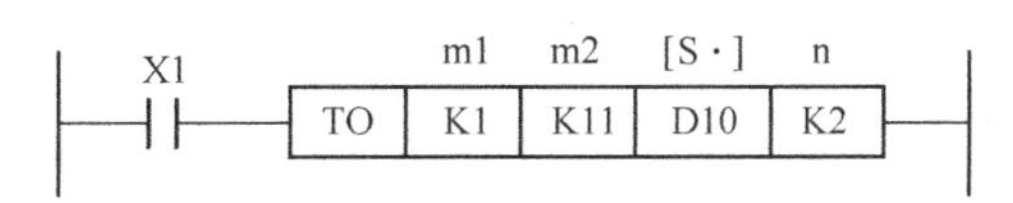

图 5.1.3　TO 指令使用说明

7. 比例积分微分控制指令 PID

PID 指令用于闭环控制中，其功能是接收一个输入数据后，根据 PID 算法计算输出值。其中，[S1·]是用于保存目标值的数据寄存器，[S2·]是用于保存当前测定值的数据寄存器，[S3·]是 PID 指令设定参数的首地址，需要占用 29 个连续的数据寄存器，其中[S3·]~[S3·] +6 用来设定控制参数。[D·]用于存放运算输出值。在图 5.1.4 中，X1 闭合时，PID 指令将 D10 中的目标值与 D20 中的当前值进行比较，再运用 PID 算法，得到输出值并存放在 D100 中。一个程序中可以使用多条 PID 指令，每条指令的数据寄存器都不能重复。PID 指令也可以在定时器中断、子程序、步进梯形图、跳转指令中使用，但其采样时间必须大于程序的扫描周期。当 PID 运算出错时，特殊辅助继电器 M8067 为 ON，错误代码保存在特殊数据寄存器 D8037 中。PID 指令参数设定如表 5.1.9 所列。

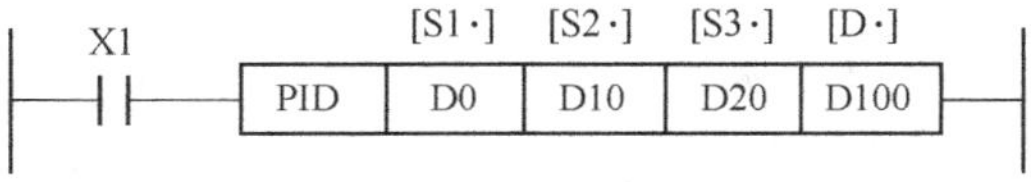

图 5.1.4　PID 指令使用说明

表 5.1.9　PID 指令参数设定

<table>
<tr><th>参数[S3·]+X</th><th>名称/功能</th><th colspan="2">设定范围及说明</th></tr>
<tr><td>[S3·]+0</td><td>采样时间</td><td colspan="2">1~32767ms</td></tr>
<tr><td>[S3·]+1</td><td>动作方向（ACT）</td><td colspan="2">bit0：0 为正动作，1 为逆动作
bit1：0、1 分别为输入变化量报警无、有效
bit2：0、1 分别为输出变化量报警无、有效
bit3：不可使用
bit4：0、1 分别为自动调谐不动作与执行
bit5：0、1 分别为输出值上下限无、有效
bit6：0、1 分别为阶跃响应法、极限循环法的自整定模式
bit7~ bit15：不可使用</td></tr>
<tr><td>[S3·]+2</td><td>输入滤波常数（α）</td><td colspan="2">0~99%，为 0 时没有输入滤波</td></tr>
<tr><td>[S3·]+3</td><td>比例增益（K_P）</td><td colspan="2">1%~32767%</td></tr>
<tr><td>[S3·]+4</td><td>积分时间（T_I）</td><td colspan="2">(0~32767)×100ms，0 时无积分</td></tr>
<tr><td>[S3·]+5</td><td>微分增益（K_D）</td><td colspan="2">0~100%，0 时无微分增益</td></tr>
<tr><td>[S3·]+6</td><td>微分时间（T_D）</td><td colspan="2">(0~32767)×10ms，0 时无微分</td></tr>
<tr><td>[S3·]+7~ [S3·]+19</td><td>PID 运算的内部处理占用</td><td colspan="2"></td></tr>
<tr><td>[S3·]+20</td><td>输入变化量（增侧）报警设定值</td><td colspan="2">0~32767（[S3·]+1 的 bit1=1 时有效）</td></tr>
<tr><td>[S3·]+21</td><td>输入变化量（减侧）报警设定值</td><td colspan="2">0~32767（[S3·]+1 的 bit1=1 时有效）</td></tr>
<tr><td>[S3·]+22</td><td>输出变化量（增侧）报警设定值
输出上限设定值</td><td colspan="2">0~32767（[S3·]+1 的 bit2=1、bit5=0 时有效）
-32768~32767（[S3·]+1 的 bit2=0、bit5=1 时有效）</td></tr>
<tr><td>[S3·]+23</td><td>输出变化量（减侧）报警设定值
输出下限设定值</td><td colspan="2">0~32767（[S3·]+1 的 bit2=1、bit5=0 时有效）
-32768~32767（[S3·]+1 的 bit2=0、bit5=1 时有效）</td></tr>
<tr><td>[S3·]+24</td><td>报警输出</td><td>bit0：输入变化量（增侧）溢出
bit1：输入变化量（减侧）溢出
bit2：输出变化量（增侧）溢出
bit3：输入变化量（减侧）溢出</td><td>[S3·]+1 的 bit1=1 或 bit2=1 时有效</td></tr>
<tr><td colspan="4">使用极限循环法需要设定一下参数（动作方向（ACT），bit6=1）</td></tr>
<tr><td>[S3·]+25</td><td>PV 值临界值（滞后）宽度（SHPV）</td><td>根据测量值（PV）的波动而设定</td><td rowspan="4">动作方向（ACT）bit6：选择极限循环法时占用</td></tr>
<tr><td>[S3·]+26</td><td>输出值上限（ULV）</td><td>设定输出值（MV）的最大输出值 ULV</td></tr>
<tr><td>[S3·]+27</td><td>输出值下限（LLV）</td><td>设定输出值（MV）的最小输出值 LLV</td></tr>
<tr><td>[S3·]+28</td><td>从自整定循环结束到品 ID 控制开始为止的等待设定参数（kW）</td><td>-50%~32717%</td></tr>
</table>

8. 触点比较指令

触点比较指令的源操作数可取所有的数据类型，以 LD 开始的触点比较指令接在左侧的母线上，其指令助记符和含义如表 5.1.10 所列。在图 5.1.5 中，当计数器 C0 的当前值等于 200 时驱动 Y0。

表 5.1.10　LD 触点比较指令助记符和含义表

功能号	指令助记符	导通条件	功能号	指令助记符	导通条件
224	LD=	[S1·]=[S2·]	228	LD<>	[S1·]≠[S2·]
225	LD>	[S1·]>[S2·]	229	LD≤	[S1·]≤[S2·]
226	LD<	[S1·]<[S2·]	230	LD≥	[S1·]≥[S2·]

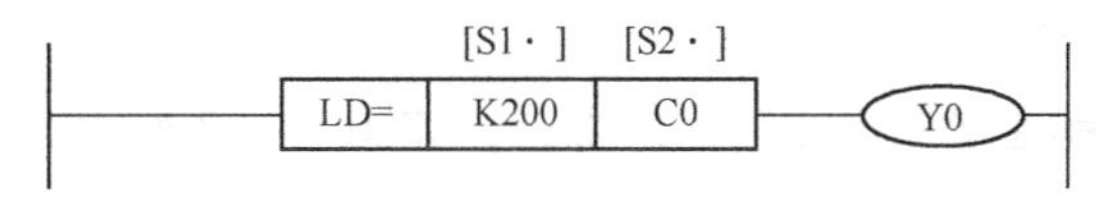

图 5.1.5 LD 触点比较指令使用说明

5.1.3 任务实施

1. 液压折板机压板的同步控制

液压折板机是常用的型材加工设备，在工作工程中需执行压板的同步控制，其控制系统原理如图 5.1.6 所示。液压缸 A 为主动缸，液压缸 B 为从动缸，A 缸的运动方向由换向电磁阀控制，运动速度由单向节流阀调节。液压缸 A 和液压缸 B 移动的位置是由位置传感器（滑杆电阻）1、2 来检测的，其输出范围在-10～+10V 之间。控制系统的目的是使两缸的位置在工作时尽量保持一致，当两液压缸的移动位置有差别时，位置传感器 1、2 分别检测到的电信号就会有差异，伺服放大器放大这种电差异信号输出相应的电流，驱动电液伺服阀，使液压缸 B 产生相应的运动，从而达到同步控制的目的。本系统中要求用 FX_{3U}-16MT 型 PLC、特殊功能模块 FX_{2N}-4AD 和 FX_{2N}-2DA 组成的系统来代替伺服放大器，并设计程序。

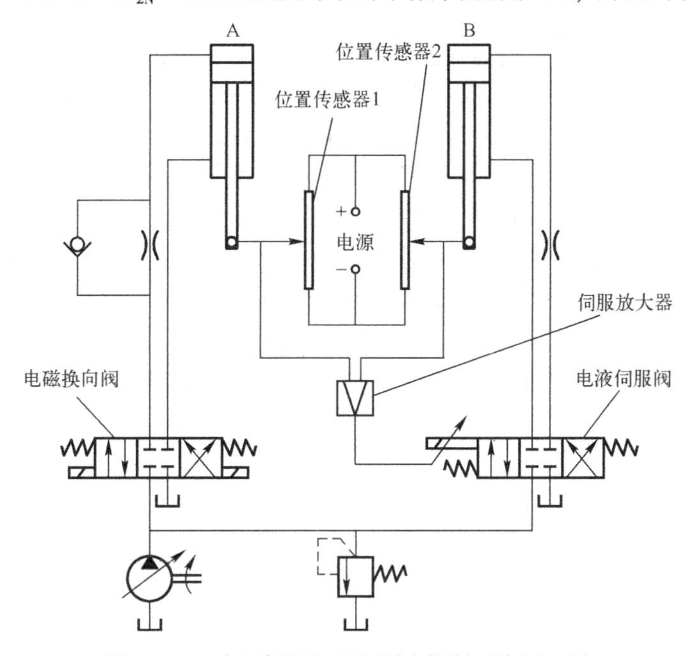

图 5.1.6 液压折板机压板同步控制系统原理图

1）模块的连接

位置传感器 1、2 的位置输出信号端分别用双绞线连接到特殊功能模块 FX_{2N}-4AD 的 CH1、CH2 端子上。

2）初始参数的设置

（1）输入通道选择和参数设置。因本系统中只有两个模拟量输入信号，且在-10～+10V 之间，所以只需选择 CH1 和 CH2 即可，BFM#0 的参数设置为 H3300。

（2）A/D 转换速度的选择。本系统 A/D 转换速度选择高速，BFM#15 设定为 1。

（3）增益/偏移量的调整。本系统不需要调整偏移量，将增益设定为 K2000（2V）。

3）FX_{2N}-2DA 的布线

将 FX_{2N}-2DA 输出端连接成电流输出的形式，如图 5.1.7 所示。

4）PLC 接线图

根据任务要求，该系统的 PLC 接线图如图 5.1.8 所示。

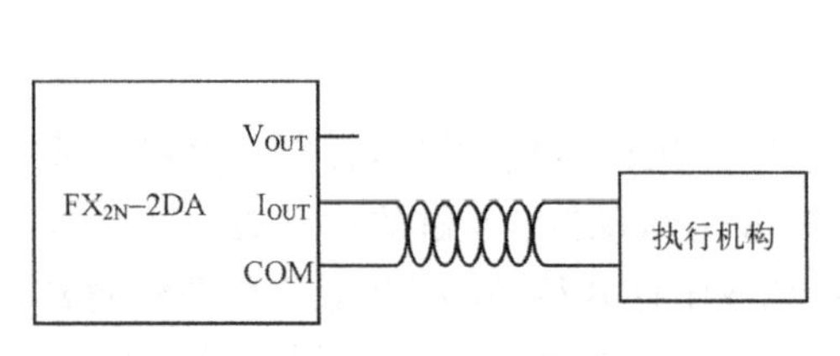

图 5.1.7　FX_{2N}-2DA 电流输出接线示意图

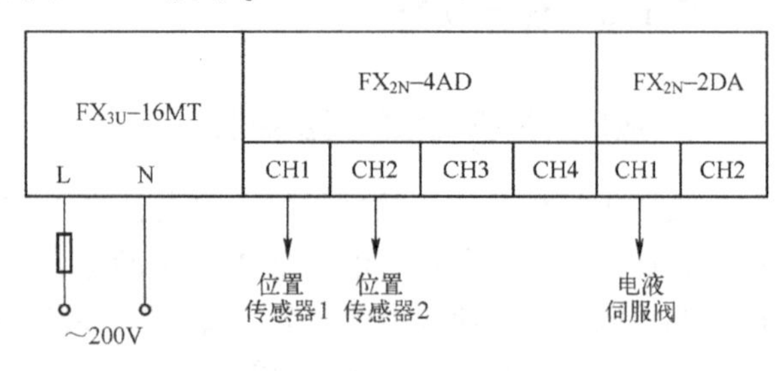

图 5.1.8　PLC 接线图

5）梯形图

该系统的梯形图如图 5.1.9 所示。

2. 恒温箱温度控制系统 PLC 控制

如图 5.1.10 所示为某恒温箱温度控制系统，恒温箱由电加热器加热，热电偶将检测到的温度转换成电信号，模拟量输入模块 FX_{2N}-4AD-TC 将电信号转换为数字量输出给 PLC，PLC 的 CPU 将检测到的温度与设定温度进行比较，然后通过 PLC 的 PID 控制改变加热器的加热时间，从而实现对恒温箱温度的闭环控制。控制系统中采用了自整定（阶跃响应法）和 PID 控制的两种控制方法，电加热器的工作状态如图 5.1.11 所示。自整定能够自动设定动作方向、比例增益、积分时间、微分时间这些重要参数，能获得最佳的 PID 控制效果。本控制系统的设定温度为 65℃，有关参数的设定内容如表 5.1.11 所列。

表 5.1.11　系统参数设定

			自整定中（设定值）	PID 控制中（设定值）
目标值	[S1·]		650（+65℃）	650（+65℃）
参数	采样时间[S3·]		3000ms	500ms
	输入滤波[S3·]+2		70%	70%
	微分增益[S3·]+5		0%	0%
	输出值上限[S3·]+22		2000（2秒）	2000（2秒）
	输出值下限[S3·]+23		0（0秒）	0（0秒）
	动作方向（ACT）	输入变化量报警[S3·]+1 的 bit1	0（无）	0（无）
		输出变化量报警[S3·]+1 的 bit2	0（无）	0（无）
		是否执行自整定[S3·]+1 的 bit4	1（执行）	0（不执行）
		输出值上下限设定[S3·]+1 的 bit5	1（有）	1（有）
		自整定的方法[S3·]+1 的 bit6	0（阶跃响应法）	无
输出值	[D·]		1800	根据运算

1）I/O 分配

I/O 分配如表 5.1.12 所示。

2）PLC 接线图

PLC 接线图如图 5.1.12 所示。

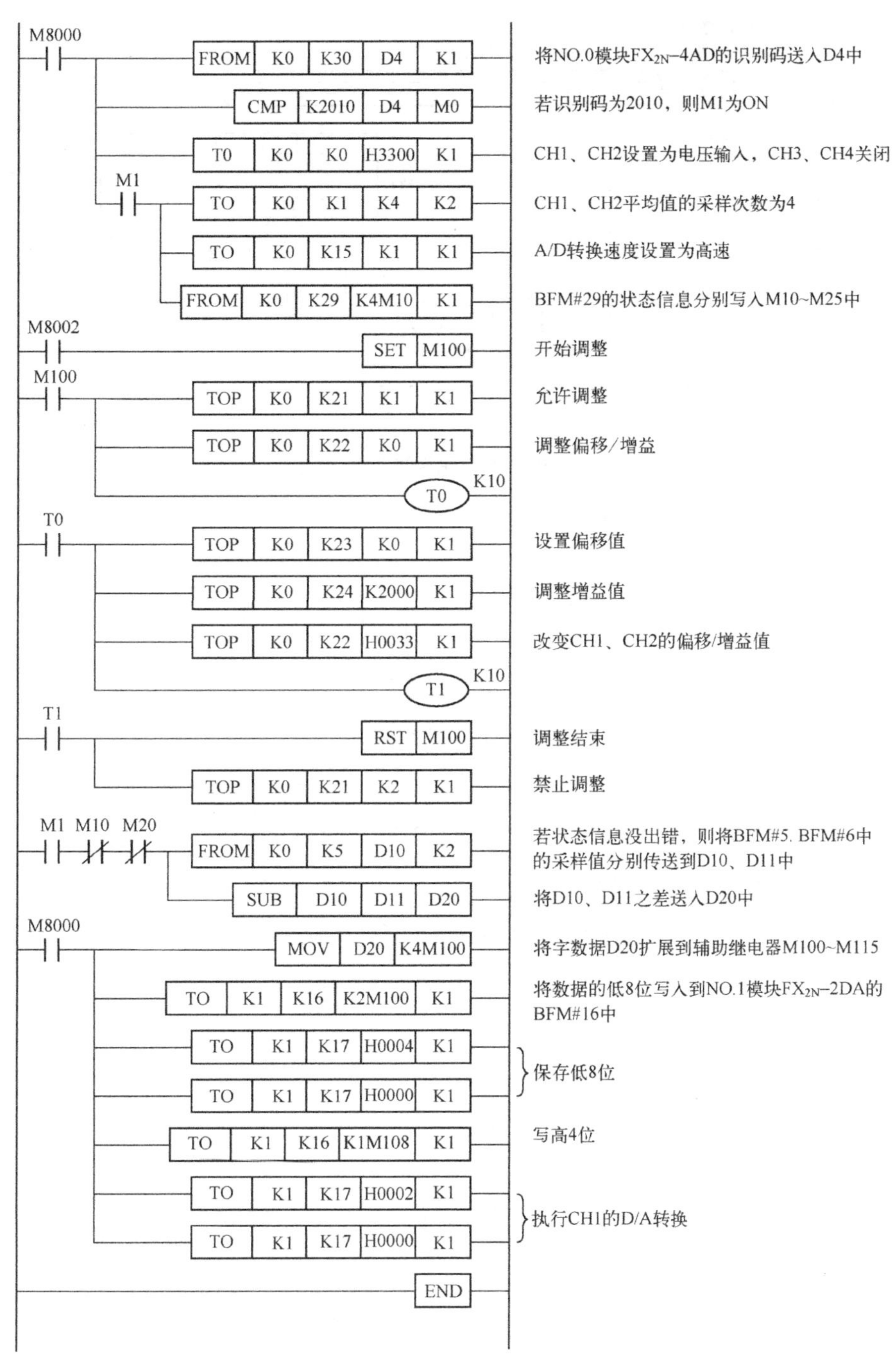

图 5.1.9　系统梯形图

表 5.1.12　I/O 分配表

输入信号			输出信号		
名称	代号	输入点编号	名称	代号	输出点编号
执行自整定开关	S	X0	故障显示灯	HL	Y0
PID 控制开关		X1	电加热器	D	Y1

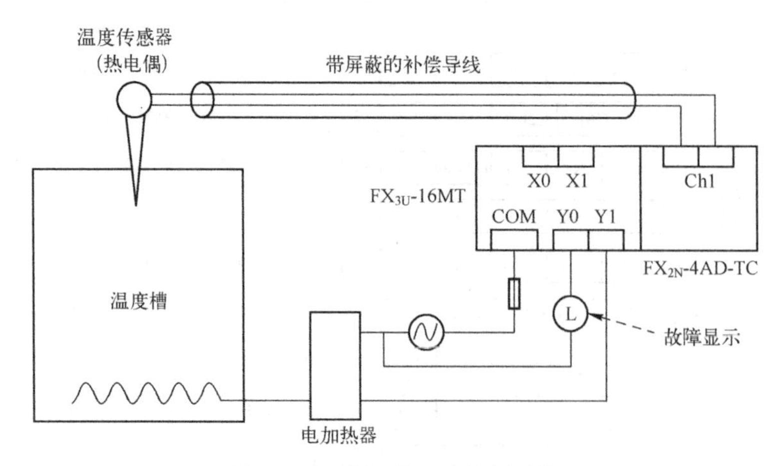

图 5.1.10　恒温箱温度控制系统

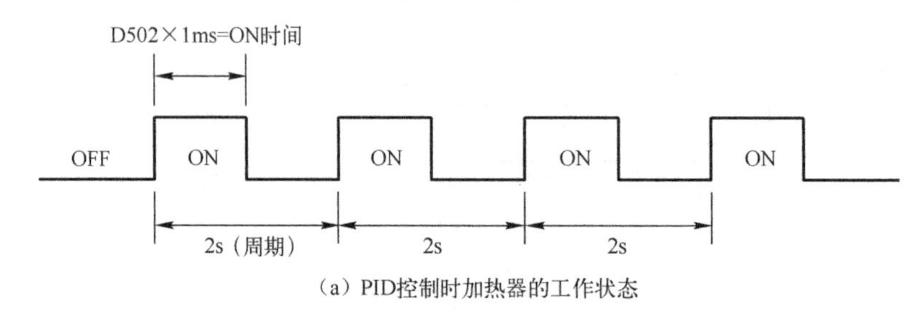

（a）PID控制时加热器的工作状态

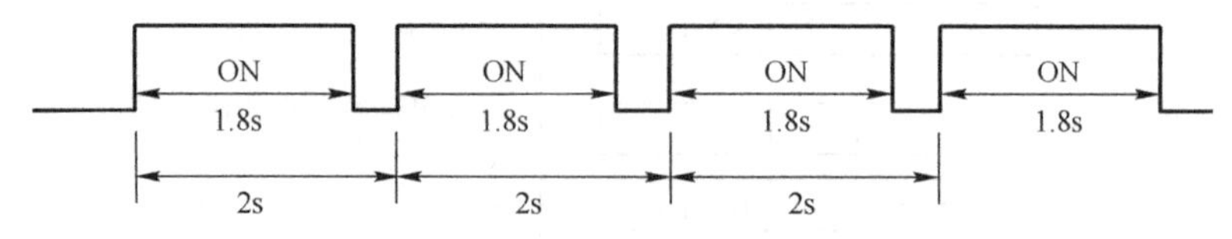

（b）自整定时最大输出的90%时电加热器的工作状态

图 5.1.11　电加热器的工作状态

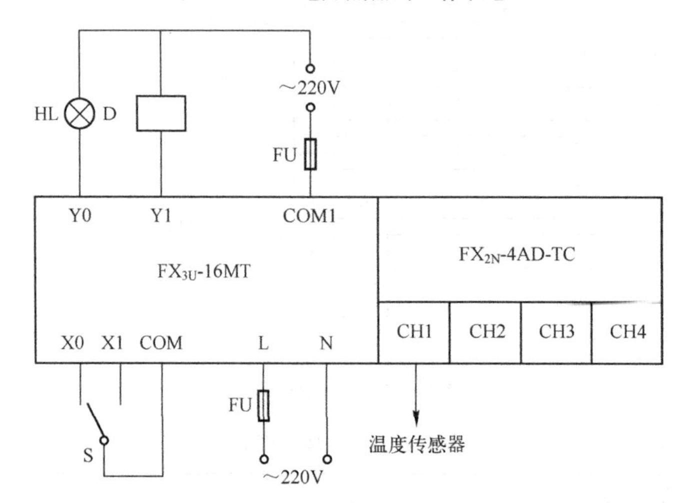

图 5.1.12　PLC 接线图

3）程序设计

系统的梯形图如图 5.1.13 所示。

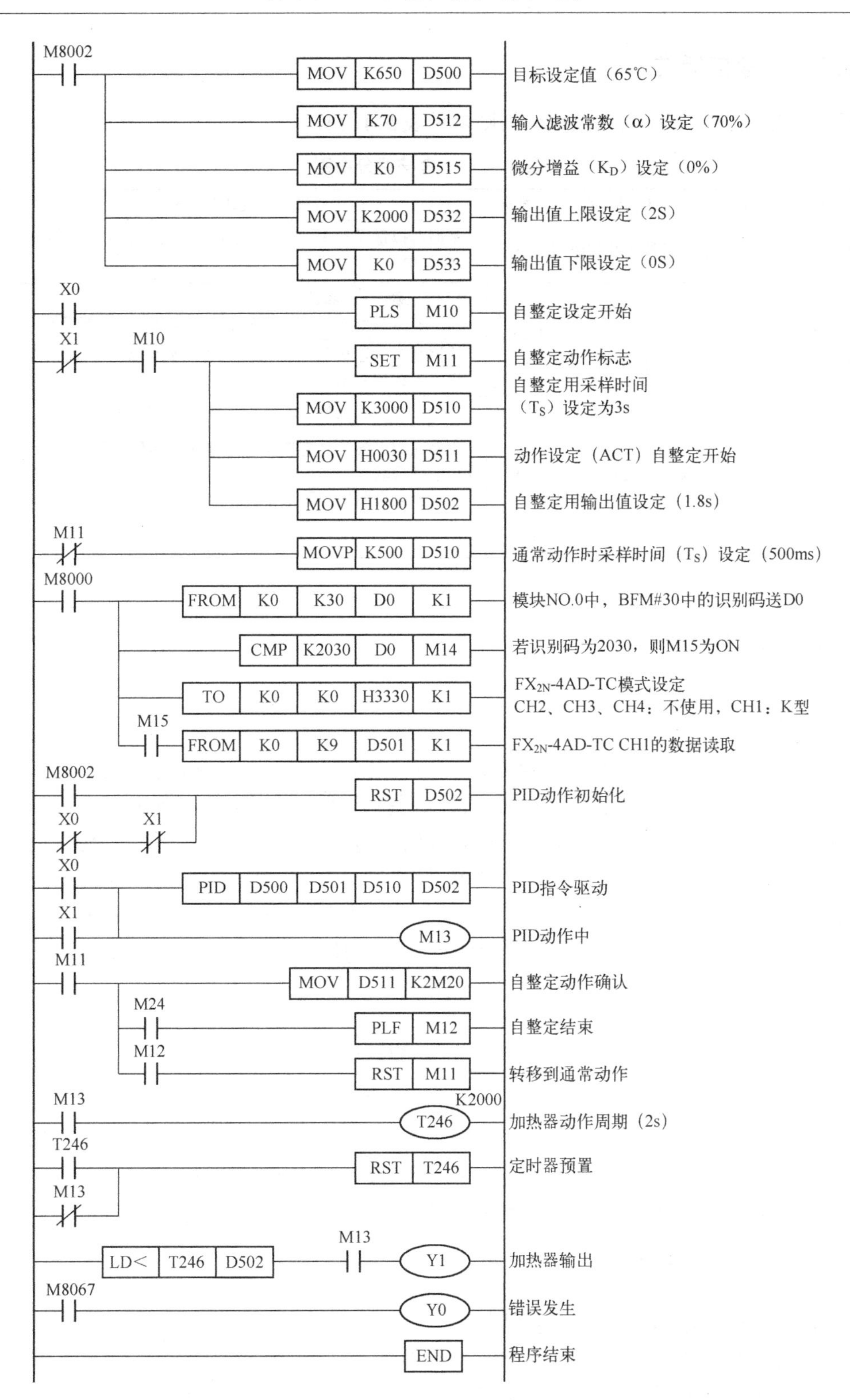

图 5.1.13　恒温箱温度控制系统梯形图

5.1.4　考核标准

针对考核任务，相应的考核评分细则参见表 5.1.13。

表 5.1.13　考核评分细则

序号	考 核 项 目	考 核 内 容	配分	考核要求及评分标准	得分
1	知识掌握	模拟量控制及其应用	30 分	掌握模拟量模块 FX_{2N}-4AD、FX_{2N}-2DA 和 FX_{2N}-4AD-TC 的应用	
2	程序设计	安装、接线	20 分	(1) 正确绘制接线图 (2) 按照接线图在实训设备上正确安装接线，规范操作	
		程序编写	25 分	按控制要求正确编写梯形图程序，熟练操作编程软件，将程序下载到 PLC	
		功能实现	15 分	按照控制要求进行调试，实现系统要求的功能	
3	安全文明生产	安全、文明生产	10 分	正确使用设备，具有安全用电意识，操作规范，作业完成后清理现场 违反安全文明生产酌情扣分，重者停止实训	
合计			100 分		

注：每项内容的扣分不得超过该项的配分。

5.1.5　拓展与提高

1. 项目描述

某高压锅炉控制系统如图 5.1.14 所示，通过电加热器加热炉内的水产生高压。当锅炉内的水位低至下限（液位传感器 1）时，进水阀打开注水；当水位达到上限（液位传感器 2）时停止注水；当锅炉内气压低于 0.12MPa 时，电加热器加热，达到 0.12MPa 时，电加热器停止加热。为保障安全，如果气压达到 0.15MPa，安全阀打开排气，直至气压降至 0.12MPa 才停止排气。其中，进水阀和安全阀均由单线圈电磁控制。

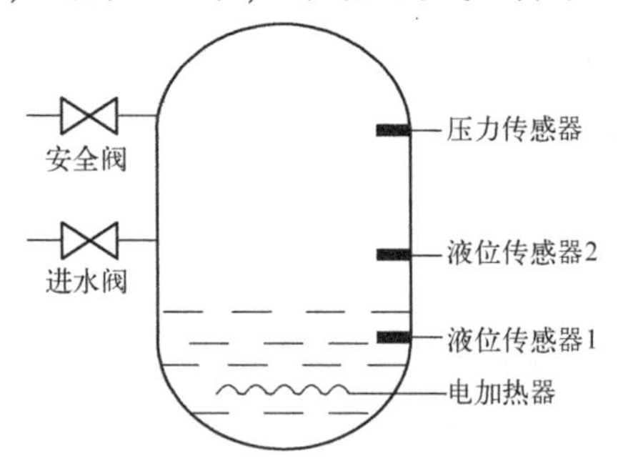

图 5.1.14　高压锅炉控制系统

2. 程序设计

首先明确系统的控制要求，然后确定输入输出对象并进行 I/O 地址分配，并编写程序进行调试。本系统中锅炉内的气压可以使用输出电流为 4~20mA 的压力传感器检测，其电流信号传输给模拟量输入模块，再转换成数字信号供 PLC 使用。

5.1.6　思考与练习

1. 自整定和普通 PID 控制有何区别？

2. 根据以下要求编写程序段：将 FX_{2N}-4AD 与 PLC 基本单元连接，其占用的特殊功能模块编号为 NO.1，开通 CH2 和 CH3 通道，其中 CH2 接电流信号（4~20mA），CH3 接电压信号，采集的均为实时信号，并将 CH2 的数据存入 D10 数据寄存器中，CH3 的数据存入 D11 中。

3. 根据以下要求编写程序段：将 FX_{2N}-2DA 与 PLC 基本单元连接，其占用的特殊功能模块号为 NO.0，开通 CH1 和 CH2 通道均为电压量输出，将数据寄存器 D0 的数据送至 CH1，D1 的送至 CH2。

任务 5.2　FX_{3U}系列 PLC 的联网通信

5.2.1　任务引入与分析

在较复杂的工业控制系统中，由于控制对象庞大，需要采集的输入/输出信号数量多、种类杂，即使是大型的 PLC 也难以实现有效的控制，必须采用多台 PLC 连接在一起组成网络系统来实现。本任务是使用多台 FX_{3U}型 PLC 组成一个 N：N 网络系统，并掌握通信方式和编程技巧。

5.2.2　基础知识

1. 基本通信方式

基本通信方式可以分为并行通信和串行通信两种。

并行通信方式一次同时传送 8 位二进制数（字节）或 16 位（字）二进制数，从发送端到接收端需要 8 根或 16 根传输线。这种方式的优点是传输速度快，处理简单。但是传输线多、成本高，主要用于近距离通信，如在计算机内部的数据通信通常以并行方式进行。

采用串行通信方式一次只传送一位二进制的数据，从发送端到接收端只需要一根传输线。串行方式虽然传输率低，但适合于远距离传输，在网络中普遍采用串行通信方式。

(1) 按照信号传送的方向，串行通信方式可分为单工、半双工及全双工通信三种。

在单工通信中，通信的信道是单向的，发送端与接收端也是固定的，即发送端只能发送信息，不能接收信息；接收端只能接收信息，不能发送信息，信息流是单方向的。

半双工通信可以实现双向的通信，但不能在两个方向上同时进行，必须轮流交替地进行。

全双工通信是指在通信的任意时刻，线路上存在 A 到 B 和 B 到 A 的双向信号传输。全双工通信允许数据同时在两个方向上传输，又称为双向同时通信，即通信的双方可以同时发送和接收数据。

(2) 按照信号传送的时间，串行通信方式可分同步传输和异步传输。

同步传输是一种以数据块为传输单位的数据传输方式，该方式下数据块与数据块之间的时间间隔是固定的，必须严格地规定它们的时间关系。每个数据块的头部和尾部都要附加一个特殊的字符或比特序列，标记一个数据块的开始和结束，一般还要附加一个校验序列，以便对数据块进行差错控制，其传输效率高，但是对硬件要求较高，主要用于高速通信。

异步通信在发送字符时，所发送的字符之间的时间间隔可以是任意的。异步通信的传输效率较低，但是通信设备简单、成本低，且可靠，主要用于低速通信，如 PLC 系统中的信号传输。

2. 串行通信接口标准

在工业控制网络中，串行通信使用的传输线少、成本较低，所以广泛用于远距离信号传输。PLC 通信主要采用串行异步通信方式，在通信时要求通信双方必须采用同一标准接口，如：RS-232，RS-422，RS-485 等标准通信接口。

1）RS-232 通信接口标准

RS-232 是 1969 年由美国电子工业协会（EIA）公布的串行通信接口标准，是 PLC 与计算机之间最常用的一种通信接口。

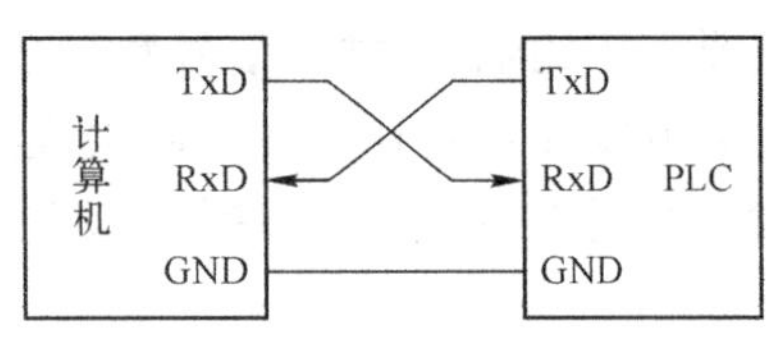

图 5.2.1　RS-232 信号线连接

RS-232 采用负逻辑，用-5～-15V 表示逻辑“1”，用+5～+15V 表示逻辑“0”。其最大传输距离为 15m，最高传输速率为 20Kbps，只能进行点对点的通信。RS-232 可以使用 9 针或 25 针的 D 型连接器，PLC 一般使用 9 针的连接器，如图 5.2.1 所示，距离较近时实际只需三根线。RS-232 接口使用一根信号线发送和一根信号线返回构成共地传输形式，容易产生共模干扰，因此抗干扰能力较差。

2）RS-422 通信接口标准

RS-422 接口采用平衡发送、差分接收电路，具有抑制共模干扰的能力。RS-422 以全双工的方式传输数据，传输速率可达 10Mbps，最大传输距离为 1200m，抗干扰能力强，适合远距离传输。

3）RS-485 通信接口标准

RS-485 是在 RS-422 的基础上发展起来的，许多电气规定都与 RS-422 相似，同样采用平衡发送和差分接收，传输速率 10Mbps，最大传输距离也为 1200m。RS-485 采用半双工工作方式，用于多点互连时非常方便，可以省掉许多信号线，可以联网构成分布式系统，其允许最多并联 32 台驱动器和 32 台接收器。接口具有良好的抗干扰能力、较高的传输速率、较长的传输距离和多站点能力等优点，成为串行接口的首选。PLC 与其他控制装置的通信大都采用 RS-485 串行通信接口标准。

4）FX_{3U}-485-BD 通信板

FX_{3U}-485-BD 是用于 RS-485 通信的特殊功能板，可连接到 FX_{3U} 系列 PLC 的基本单元内，应用于以下 4 个方面：

- 无协议的数据传送。
- 专用协议的数据传送。
- 并行连接的数据传送。
- N∶N 网络的数据传送。

5.2.3　任务实施

1. FX_{3U} 系列 PLC 的 N∶N 网络设置

FX_{3U} 系列 PLC 的 N∶N 网络以一台 PLC 作为主机进行网络控制，最多可连接 7 个从站，通过 RS-485 通信板进行连接，如图 5.2.2 所示，各站点之间的数据通过 FX_{3U}-485-BD 上的通信接口连接。

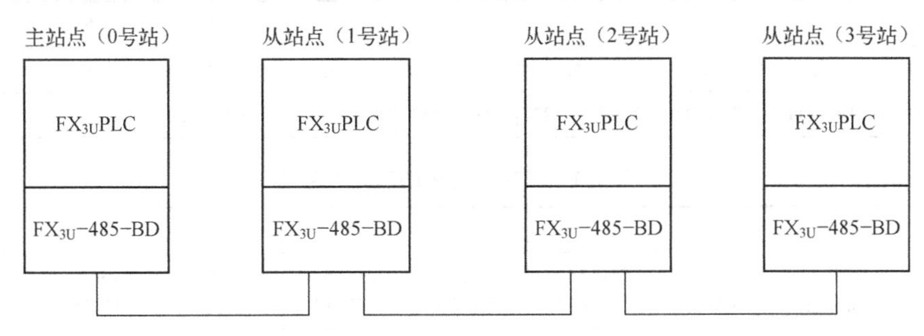

图 5.2.2　N : N 网络连接图

在图 5.2.2 中，主站点的编号为 0 号，其余从站点的编号为 1~7。N : N 网络的辅助继电器均为只读属性，其分配地址与功能如表 5.2.1 所列，寄存器的分配地址与功能如表 5.2.2 所列。

表 5.2.1　N : N 网络的分配地址与功能

辅助继电器	名　称	功　能	备　注
M8038	N : N 网络参数设定	设定通信参数用的标志位	主站、从站
M8179	通道的设定	设定所使用的通信口的通道 无程序：通道 1 有 OUT M8179 的程序：通道 2	主站、从站
M8183	主站通信错误	当主站通信错误时置 1	主站
M8184~M8190	从站通信错误	当各从站通错误信时置 1	从站
M8191	正在执行数据通信	正在进行 N : N 网络通信时置 1	主站、从站

表 5.2.2　N : N 网络的寄存器分配地址与功能

寄存器	名　称	功　能	设 定 值
D8176	相应站号的设定	N : N 网络设定使用时的站号 主站设定为 0，从站设定为 1~7［初始值：0］	0~7
D8177	从站总数设定	设定从站的总站数 从站中无须设定［初始值：7］	1~7
D8178	更新范围模式设定	选择要进行通信的软元件点数的模式 从站中无须设定［初始值：0］，当从站中有 FX_{0N}、FX_{1S}系列时，仅可以设定模式 0	0~2
D8179	重试次数	设定重试次数 从站中无须设定［初始值：3］	0~10
D8180	看门狗时间	设定用于判断通信异常的时间（50ms ~ 2550ms）。以 10ms 为单位进行设定。从站的可编程控制器中无须设定［初始值：5］	5~255

在表 5.2.1 中 M8184 ~ M8190 分别对应的从站为：M8184 对应站 1，M8185 对应站 2，……，M8190 对应站 7。

表 5.2.2 中，寄存器 D8178 所存放的数据表示更新范围的模式，共有 3 种模式，分别为：模式 0、模式 1、模式 2，如表 5.2.3 ~ 表 5.2.5 所列，初始值为 0。各模式通信数据更新范围如表 5.2.6 所列。

表 5.2.3　模式 0 使用的软元件编号

站　号	0	1	2	3	4	5	6	7
位软元件（M）	无	无	无	无	无	无	无	无
字软元件（D）	D0~D3	D10~D13	D20~D23	D30~D33	D40~D43	D50~D53	D60~D63	D70~D73

表 5.2.4　模式 1 使用的软元件编号

站　号	0	1	2	3	4	5	6	7
位软元件（M）	M1000~M1031	M1064~M1095	M1128~M1159	M1192~M1223	M1256~M1287	M1320~M1351	M1384~M1415	M1448~M1479
字软元件（D）	D0~D3	D10~D13	D20~D23	D30~D33	D40~D43	D50~D53	D60~D63	D70~D73

表 5.2.5　模式 2 使用的软元件编号

站　号	0	1	2	3	4	5	6	7
位软元件（M）	M1000~M1063	M1064~M1127	M1128~M1191	M1192~M1255	M1256~M1319	M1320~M1383	M1384~M1447	M1448~M1511
字软元件（D）	D0~D7	D10~D17	D20~D27	D30~D37	D40~D47	D50~D57	D60~D67	D70~D77

表 5.2.6　各模式通信数据更新范围

通信元件类型	模式 0	模式 1	模式 2
位软元件（M）	0 点	32 点	64 点
字软元件（D）	4 个	4 个	8 个

2. FX_{3U}系列 PLC 的 N : N 联网编程实例

由 3 台 FX_{3U}系列 PLC 组成的 N : N 网络，如图 5.2.3 所示，其中 1 台为主站点，其他 2 台为从站点。要求更新设置：各站点使用通道 2 通信口；通信数据更新采用模式 2，即 64 位寄存器和 8 字寄存器；重复次数为 3 次，看门狗定时 60ms。

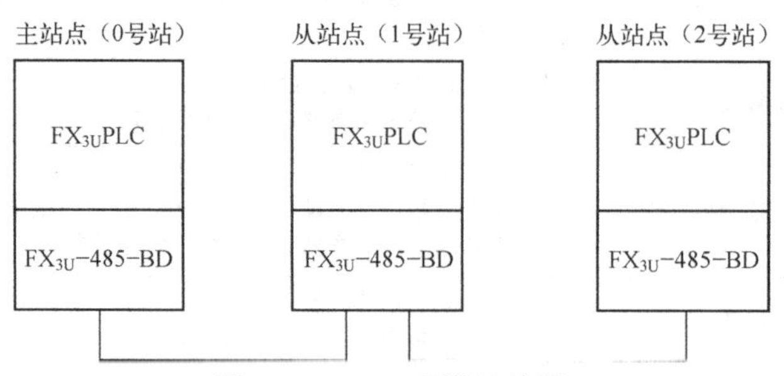

图 5.2.3　1 : N 网络连接图

具体控制要求如下：

（1）主站中的输入点 X0~X3（M1000~M1003）可以输出到从站 1 和从站 2 中的 Y10~Y13。

（2）从站 1 中的输入点 X0~X3（M1064~M1067）可以输出到主站和从站 2 中的 Y14~Y17。

（3）从站 2 中的输入点 X0~X3（M1128~M1131）可以输出到主站和从站 1 中的 Y20~Y23。

（4）主站中的数据寄存器 D1（K10）作为从站 1 中计数器的设置值。计数器 C1 的状态（M1070）控制主站点中输出点 Y4。从站点 1 中的 X0 作为计数器 C1 的输入，X1 作为 C1 的复位。

(5) 主站中的数据寄存器 D2 (K10) 作为从站 2 中计数器的设置值。计数器 C2 的状态 (M1140) 控制主站点中输出点 Y5。从站点 2 中的 X0 作为计数器 C2 的输入，X1 作为 C2 的复位。

(6) 将从站 1 中 D10 和从站 2 中 D20 中所存储的数值相加，再把结果存储在 D3 中。

(7) 将主站中 D0 和从站 2 中 D20 中所存储的数值相加，再把结果存储在 D11 中。

(8) 将主站中 D0 和从站 1 中 D10 中所存储的数值相加，再把结果存储在 D21 中。

根据以上控制要求，主站点、从站 1 和从站 2 的梯形图如图 5.2.4~图 5.2.6 所示。

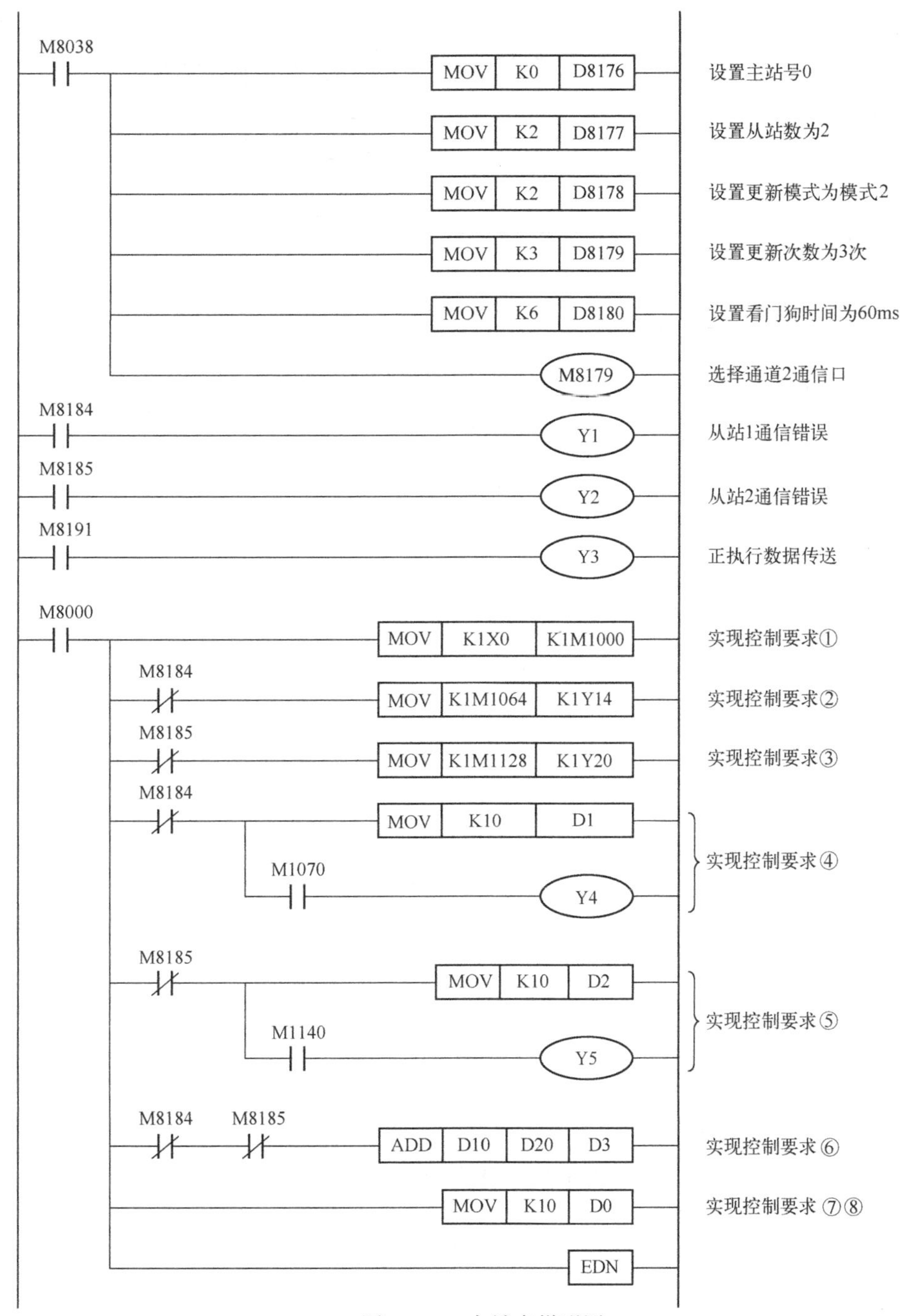

图 5.2.4　主站点梯形图

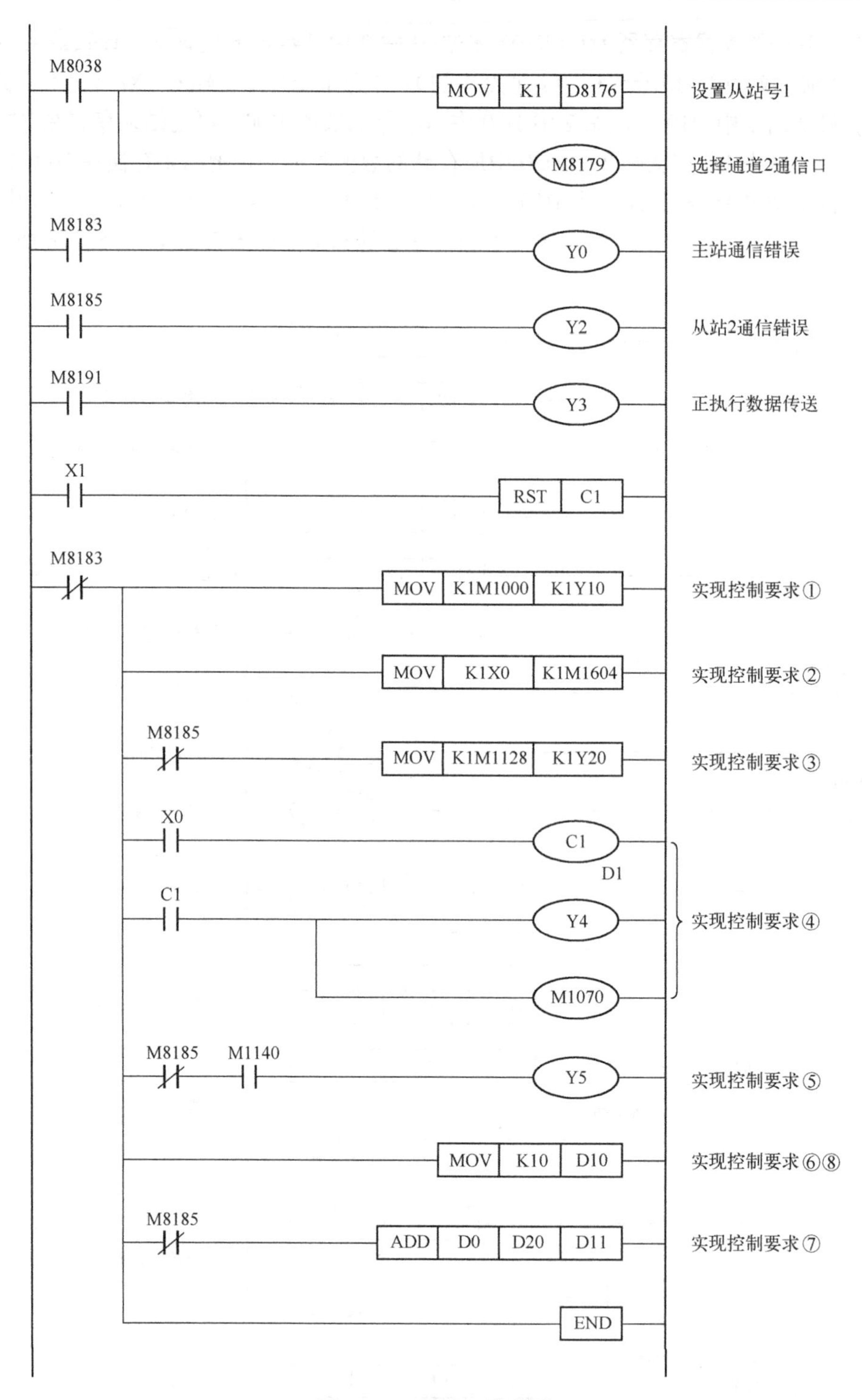
M8038
MOV K1 D8176
设置从站号1
M8179
选择通道2通信口
M8183
Y0
主站通信错误
M8185
Y2
从站2通信错误
M8191
Y3
正执行数据传送
X1
RST C1
M8183
MOV K1M1000 K1Y10
实现控制要求①
MOV K1X0 K1M1604
实现控制要求②
M8185
MOV K1M1128 K1Y20
实现控制要求③
X0
C1
D1
C1
Y4
M1070
实现控制要求④
M8185 M1140
Y5
实现控制要求⑤
MOV K10 D10
实现控制要求⑥⑧
M8185
ADD D0 D20 D11
实现控制要求⑦
END

图 5.2.5　从站 1 梯形图

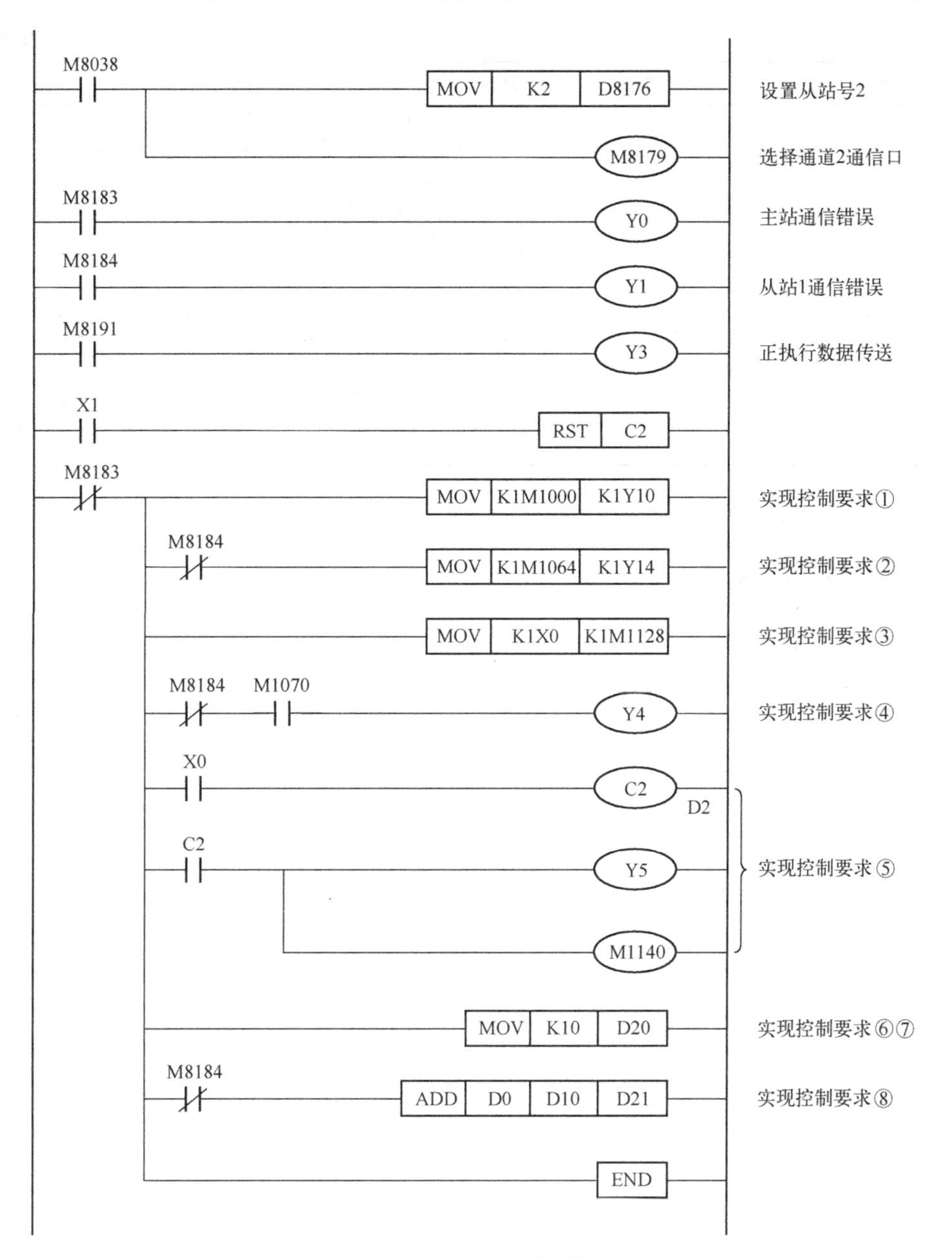

图 5.2.6　从站2梯形图

5.2.4　考核标准

针对考核任务，相应的考核评分细则参见表5.2.7。

表5.2.7　考核评分细则

序号	考核内容	考核项目	配分	评分标准	得分
1	知识掌握	FX_{3U}系列PLC的联网通信	30分	掌握FX_{3U}系列PLC联网通信的连接、设置和编程	

续表

序号	考核内容	考核项目	配分	评分标准	得分
2	程序设计	安装、接线	20分	(1) 正确绘制接线图 (2) 按照接线图在实训设备上正确安装接线，规范操作	
		程序编写	25分	按控制要求正确编写梯形图程序，熟练操作编程软件，将程序下载到PLC	
		功能实现	15分	按照控制要求进行调试，实现系统要求的功能	
3	安全文明生产	安全、文明生产	10分	正确使用设备，具有安全用电意识，操作规范，作业完成后清理现场 违反安全文明生产酌情扣分，重者停止实训	
合计			100分		

注意：每项内容的扣分不得超过该项的配分。

5.2.5　思考与练习

1. 什么是全双工通信方式？
2. 串行通信方式可分同步传输和异步传输，两者各有什么优缺点？

项目 6　PLC 应用系统设计案例

任务　PLC 应用系统设计

一、任务引入与分析

通过 PLC 基本工作原理及编程指令系统的学习，可以将理论与实际相结合，进行 PLC 的应用系统设计。PLC 的设计包括硬件系统和软件系统设计两部分。因此在生产过程中应根据不同的系统要求制定相应的系统设计方案，选择满足系统功能的硬件系统，制定实现系统功能的软件系统设计。

二、基础知识

硬件系统设计主要内容由电气控制系统的原理图设计、电气控制元器件的选择和控制柜的设计。电气控制系统原理图包括主电路和控制电路。控制电路中包括 PLC 的 I/O 接线和自动、手动部分的详细连接。电气元器件的选择主要是根据控制要求选择按钮、开关、传感器、保护电器、接触器、指示灯、电磁阀等。

软件系统设计主要内容由初始化程序、主程序、子程序、中断程序、故障应急措施和辅助程序的设计，小型开关量控制一般只有主程序。复杂的系统一般用顺序控制设计法设计。

1. PLC 应用系统的设计方法

1）PLC 系统的规划与设计

PLC 控制系统设计原则应从实用性、可靠性、经济性、扩展性、先进性等多个方面进行考虑。

（1）实用性：生产现场实地考察、生产工艺过程了解、设计操作人员沟通是充分发挥 PLC 的控制功能，最大限度地满足被控制的生产机械或生产过程的控制要求。

（2）可靠性：控制对象、控制范围、控制方案是保证 PLC 系统安全可靠性的前提。

（3）经济性：在满足控制要求的前提下，要求控制系统经济、简单、使用、维修方便。

（4）扩展性：考虑到生产发展及工艺的改进，在选用 PLC 的 I/O 点数和内存容量上应适当留有余地。

（5）先进性：软件设计要求程序结构清楚、可读性强、程序简短、占用内存少、扫描周期短。

2）PLC 控制系统设计流程

在理论与实践相结合的过程中，遵循并掌握一定的设计流程，有助于提高控制系统设计的高效率和准确度。PLC 控制系统的一般设计流程有以下几个步骤（见图 6.1.1）。

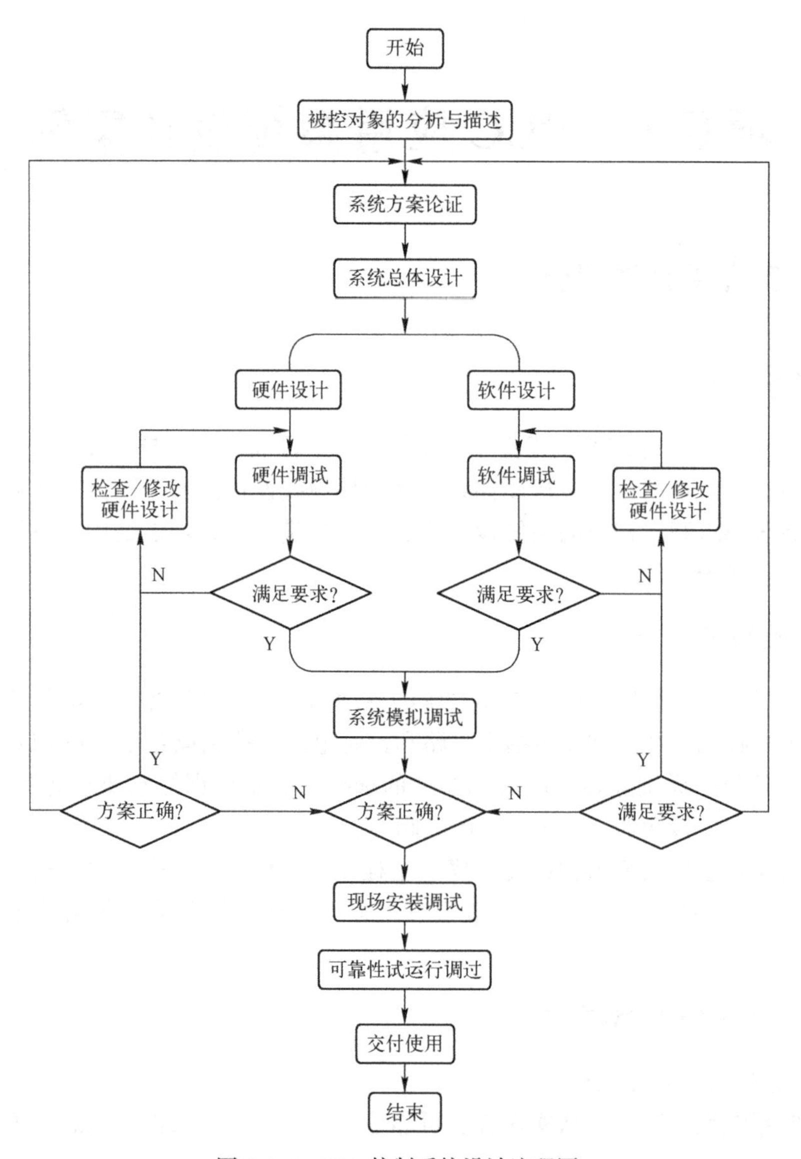

图 6.1.1　PLC 控制系统设计流程图

（1）被控对象的分析与描述。

分析被控对象、描述控制要求。在生产过程中要根据生产和工艺分析被控对象，确定控制对象及明确控制范围，采用不同的工作方式对比选择最优控制方案。

按控制系统的先进性分为全自动、半自动、手动。

按控制系统的工作方式分为单机运行、多机联合。

按控制系统的功能分为故障检测、诊断与显示报警、紧急情况处理、管理功能、联网通信功能。

（2）系统方案论证。系统方案认证应根据生产操作人员、工程师、设计人员三方对系统的需求进行总体论证。论证系统方案的可行性及采用硬件、软件的合理性。

(3) 系统总体设计。目前 PLC 机型生产厂家众多，生产过程中应根据系统的需求从以下 4 方面考虑：第一，CPU 功能强大，结构合理；第二，I/O 控制规范适中；第三，I/O 功能及负载能力要匹配，以及对通信、系统响应速度的要求；第四，电源匹配。根据生产过程中系统的 4 个考虑因素按机型分为小型机（单机自动化，机电一体化产品）、中型机（控制系统较大，I/O 点数较多）、大型机（控制系统较复杂，I/O 点数繁多）进行选择。

一台 PLC 整体系统功能的实现要从 I/O 设备的数量及种类，如按键、开关、接触器、电磁阀及信号灯等；根据所选的设备数量及种类，确定设备控制信号的电压电流大小、采用直流还是交流，是开关量还是模拟量及信号幅度等；I/O 点数选择必须在达到系统要求的基础上额外配置 20%~30%点数。

PLC 的 I/O 点的地址分配表是根据已确定的 I/O 设备和选定的可编程控制器列出的。因此分配 PLC 的 I/O 点地址，设计 I/O 连接图应便于编制控制程序、设计接线图及硬件安装。

硬件设计就是电气电路设计，其内容包括主电路（设备供电系统图）、控制电路（PLC 外部控制电路、电气控制柜结构）、辅助电路（PLC 的 I/O 接线图、电气设备安装图）等。软件设计就控制程序设计，其内容包括状态表、状态转换图、梯形图、指令表等。硬件设计是 PLC 应用系统的前提条件，而软件设计是 PLC 应用系统的核心。

(4) 系统模拟调试。系统模拟调试过程分为初调、细调、终调。初调是系统不带输出设备，根据 I/O 模块的指示灯显示进行调试的。细调是调试发现指示灯显示不正常时，根据问题性质从系统硬件、软件两方面着手，找出问题原因，直到完全符合设计要求。终调是先通过连接电气柜不带负载，各输出设备调试正常后，投入负载运行调试，最终达到完全符合设计要求为止。

(5) 现场安装调试。现场安装调试是将生产的产品运至运行现场安装后进行的调试工作。可以根据软件、硬件两部分进行现场安装后的调试。首先进行软件部分的数据检测，完全达到设计要求后，再进行硬件部分安装后的通电调试。

(6) 可靠性试运行通过。完成 PLC 控制系统设计及现场安装调试后，投入实际使用，实际使用过程中时刻监测产品的运行情况，做好试运行状态记录，通常可靠性运行必须达到产品通电后 24 小时，以检验设备、系统的可靠性。

(7) 交付使用。当 PLC 应用系统设计通过系统模拟调试、可靠性试运行后，归总设计说明书、电气原理图、安装图、材料明细表、状态表、梯形图、软件使用说明书等技术文件。完成 PLC 的系统总体设计，交付运营单位使用。

3) PLC 选型与硬件系统设计

(1) PLC 选型。PLC 机型选择基本原则要从功能选择、模块选择、编程方式等三方面考虑，结合生产运行过程中 PLC 机型的实用性、经济性、扩展性、先进行进行总体统筹。

- 功能选择。首先，根据开关量及模拟量的多少进行小型（低配）、中型（中配）、大型（高配）的选择，例如设备的控制主要以开关量为主，模拟量为辅，那么功能选择过程中我们应当选择小型（低配）的 PLC 机型。

其次，根据就地及远程控制方式，需要考虑 PLC 机型的统一，便于运行过程中模块的互换、零部件采购及材料台账的管理。

最后，根据编程方法，需要匹配功能与编程的合理性，此举有利于产品的升级扩展、运行过程中的总结、技术水平的提高。对于具有特殊要求的系统，在功能选择时应考虑相同或相似的 PLC 机型，选用特殊功能的 PLC 时，必须考虑到集中管理，相互通信的原则，以便多次分布的控制系统。

- 模块选择。模块选择时考虑的因素包括响应速度、模块结构、扩展能力。当选择小型（低配）PLC 机型时，PLC 的响应速度完全能满足控制需要，因此不需要特别地考虑响应速度；当选择大型（高配）PLC 机型时，则必须充分考虑到 PLC 机型的响应速度。

开关量为主小型（低配）PLC 机型与模拟量为主大型（高配）PLC 机型最主要的区别在于前者为整体式，后者为模块式；整体式价格相对便宜，模块式硬件配置灵活。而故障排除时间模块式远远优胜于整体式。因此实际过程中应关注模块式的扩展单元数量、种类及扩展占用的信道数和扩展口等。

- 编程方式。PLC 的编程分为在线编程、离线编程。对于大型（高配）PLC 机型适用于在线编程，而对于小型（低配）、中型（中配）PLC 机型一般适用于离线编程。在线编程与离线编辑的对比如表 6. 1. 1 所列。

表 6.1.1　在线编程与离线编程的对比

编程方式	CPU 数量		CPU 控制		扫描周期	辅件	价格
	主机 CPU	编程器 CUP	主机 CPU	编程器 CPU			
在线编程	1	1	控制现场	处理命令	智能周期扫描	多	高
离线编程	1		只能处于一种控制状态		开关选择	少	低

（2）PLC 硬件设计。硬件设计过程中应详细说明各个输入信息之间的关联、输出信息之间的关联，按照需求合理分配输入和输出的配置及输入和输出地址。

输入地址分配：输入配置和地址分配是将按钮、限位开关等设备按照相同类型尽量集中的配置、调剂到同一组，再按设备号的顺序定义输入点的地址。实际过程中存在多余输入点的情况时，可以将多余的输入点分配给一台设备，将对 CPU 模块有影响的输入模块尽量分配到远离 CPU 模块的插槽内。

输出地址分配：输出配置和地址大致情形与输入配置和地址相同，唯独对有关联的输出器件，如电动机，由于其存在正反转，因此输出地址应连续分配。

为了硬件升级以及系统调试，在进行硬件输入、输出地址分配时应结合软件设计以及系统调试，合理安排配置和地址分配步骤。

4）PLC 软件设计与程序调试

（1）PLC 软件设计。PLC 软件设计主要包括参数表定义，程序框图绘制，程序编制，程序说明书编写。

参数表是程序编写的前提要素。参数表定义的规范性直接影响程序的编写及程序的调试，参数表定义包括输入信号表、输出信号表、中间标志表和存储表等。参数表定义与格式总体原则是便于使用。

程序框图绘制表示了系统控制流程走向和系统功能的说明；反映了所有应用程序中各功能单元的结构形式，展示出所有控制功能在整个程序中的具体位置。因此合理的程序框图利于程序编写及调试。

程序编制反映了用户对软件程序的需求，它是控制功能的具体实现过程。

程序说明书是对程序编写的具体说明，说明的内容包括设计依据、程序结构、模块单元、公式原理、程序运用测试等。

（2）PLC程序调试。采用PLC中模拟开关、输出点指示灯仿真模拟被控对象的输入信号、输出信号，检查程序是否满足PLC系统运行的过程。

PLC程序调试流程，如图6.1.2所示。

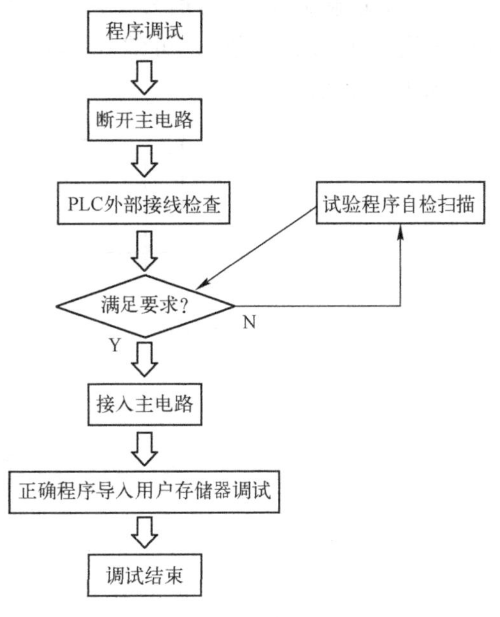

图6.1.2　PLC程序调试流程图

2. PLC节省I/O点数的方法

PLC控制系统在升级及设计过程中，经常会遇到输入点及输出点不够而需要进行扩展的问题。在被动的情况下增加I/O扩展单元或I/O模块来解决问题。因此为系统“瘦身”，应尽可能地优化系统，节省I/O点数是解决问题的关键。

1）节省输入点的方法

（1）分组矩形输入。PLC控制系统存在多种工作方式，各种工作方式不能同时运行。那么将多种工作方式分成若干组输入信号，PLC运行过程中只能接受到其中一组信号，这种常用于多种输入操作方式的场合。

如图6.1.3所示，系统有自动和手动两种工作方式，将这两种工作方式分成两组输入信号，自动组的输入信号为S1~S8、手动组输入信号Q1~Q8，两组输入信号共用PLC输入X0~X7，通过切换开关SA实现“自动”和“手动”信号输入电路，最终PLC识别X10的输入的为自动信号或手动信号，从而实现自动程序或手动程序。

（2）触点合并输入。PLC外部输入信号以“或与非”组合的整体形式出现在梯形图时，应将它们对应的触点在输入PLC前，进行串联或并联后分别作为整体输入PLC。

如图6.1.4所示，负载多处启动和停止时，将启动信号归类并联起来输入PLC一个接口，将停止信号串联起来输入PLC另一个接口，从而减少了输入点。

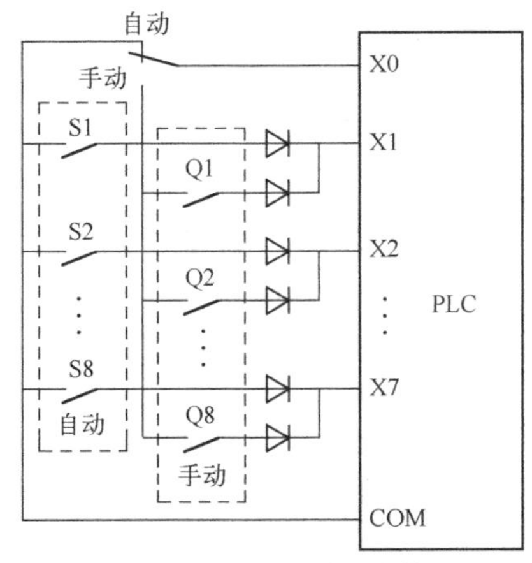

图6.1.3　8行2列矩形输入

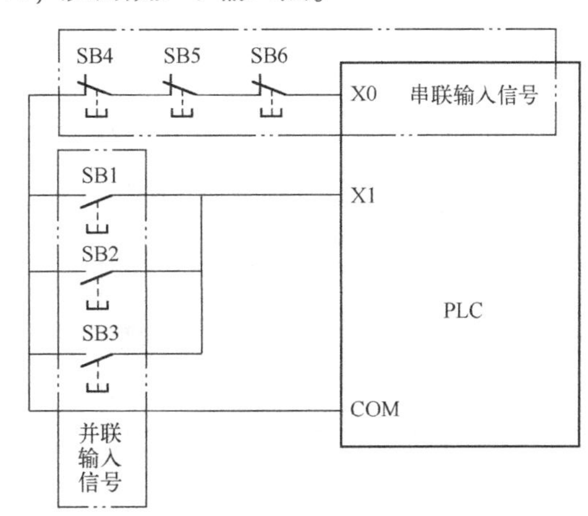

图6.1.4　触点合并输入

(3) 不设输入 PLC 的信号。系统中有用，但无须通过输入 PLC 信号执行（如手动操作按钮、手动复位等），可纳入 PLC 外部硬件电路中执行，以减少 PLC 的 I/O 节点，如图 6.1.5 所示。

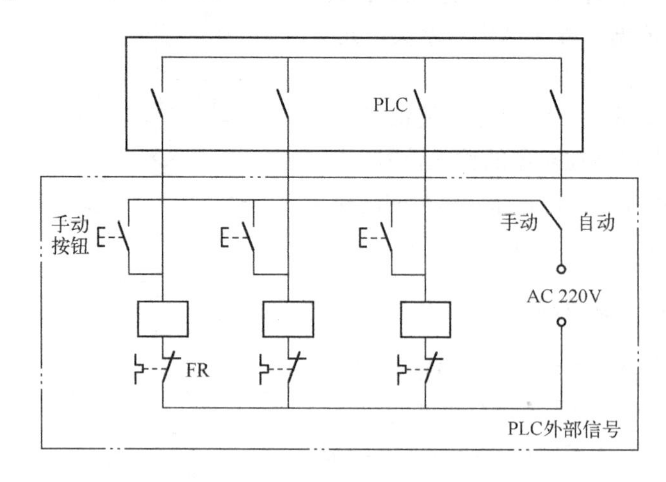

图 6.1.5　不设输入 PLC 的信号

进行不设输入 PLC 的信号时，应当综合考虑外部硬件联锁电路与 PLC 内部关联。

2) 节省输出点的方法

(1) 开关量输出（矩阵输出）。在 PLC 的额定输出功率范围内，通/断状态相同的数个负载并联后，可以共用输出点，通过外部的或 PLC 控制的转换开关切换，一个输出点可以控制两个或多个不同工作时的负载。

如图 6.1.6 所示，采用 8 个输出点组成 4 行 4 列矩阵，可控制 16 个输出设备。其中要

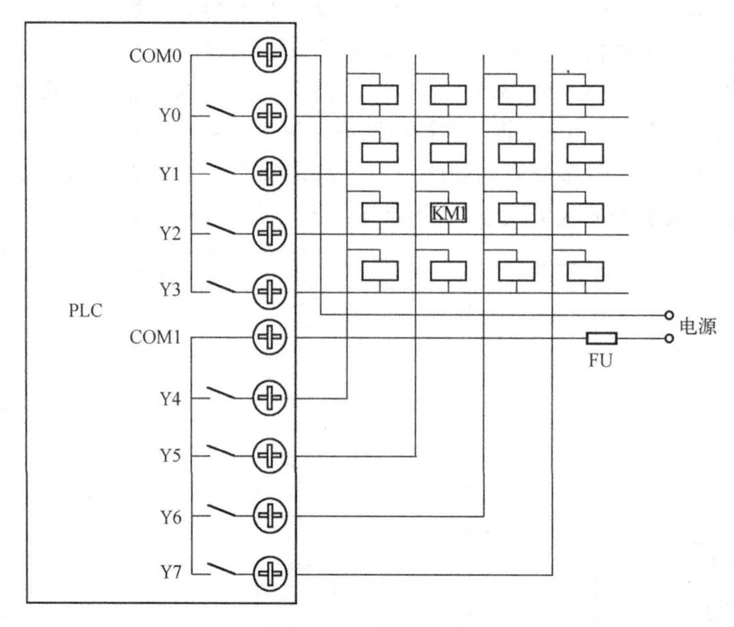

图 6.1.6　矩阵输出

使某个负载接通工作时，控制它所在的行与列的输出继电器 KM1 接通（通过行 Y2 和列 Y5 输出接通，使继电器 KM1 得电，驱使某个负载工作）。因此输出点减少为 8 个。

（2）数字显示输出（外部译码输出）。译码输出电路较为复杂。通过节省 I/O 输出点，可以减少输出端的数量。由如图 6.1.7 所示的七段数码管电路图可以看出通过 4 个输出点控制 1 个七段数码管；当使用 12 个输出点时，可以同时控制 8 个或以上七段数码管。

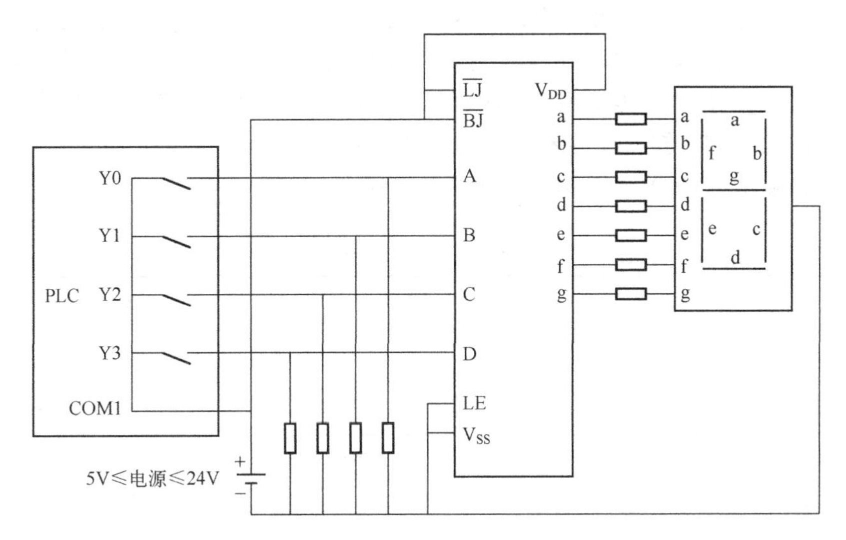

图 6.1.7　七段数码管电路图

三、任务实施

1. 布勒 AHHJ 单轴 3T 饲料混合机

图 6.1.8 所示为布勒 AHHJ 单轴饲料混合机的控制系统工作示意图。

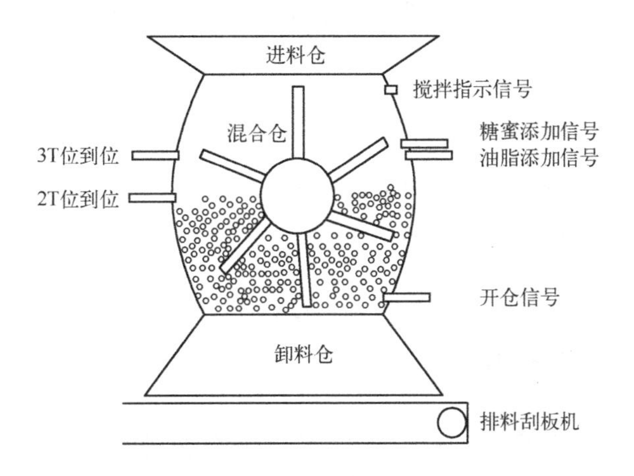

图 6.1.8　布勒 AHHJ 单轴饲料混合机的控制系统工作示意图

控制要求为：根据生产过程设计要求，扭动 S09 切换开关选择物料吨位（0 为 2T 位，1 为 3T 位），按启动按钮 S01 启动进料绞龙，物料到位后由 2T 到位传感器发出物料到位信号，关闭进料绞龙，启动油脂添加电动机，油脂添加到位后，关闭油脂添加电动机，启动搅拌电动机；如果是 3T 位，启动糖蜜添加电动机，糖蜜添加到位后，关闭糖蜜添加电动机，启动搅拌电动机。

搅拌电动机启动后延时 15s，关闭搅拌电动机，启动混合仓门，物料排空后，关闭混合仓门延时 1s，开启卸料仓门，物料自动下落，延时 4s 后关闭卸料仓门，此后再延时 2s，当卸料仓门开启<3 次时，继续进行上述流程；当卸料仓门开启 = 3 次时，启动排料刮板机运行 6s，将物料运走，排料刮板检测到无物料后再次循环整个作业流程。当遇到特殊情况时，按下停止按钮 S02，则在卸料仓关闭 2s 后，停止物料混合作业。

（1）输入/输出（I/O）分配表，如表 6.1.2 所列。

表 6.1.2　I/O 分配表

输　入		输　出	
输入设备	输入编号	输出设备	输出编号
启动按钮 S01	X000	进料绞龙	Y000
停止按钮 S02	X001	油脂添加电动机	Y001
物料到位	X002	糖蜜添加电动机	Y002
油脂添加到位	X003	搅拌电机	Y003
糖蜜添加到位	X004	混合仓门	Y004
卸料	X005	卸料仓门开	Y005
2T、3T 切换开关 S09	X006	排料刮板机	Y006

（2）根据流程工艺要求画出状态转移图，如图 6.1.9 所示。

（3）根据状态转移图画出梯形图，如图 6.1.10 所示，对应的指令语句如图 6.1.11 所示。

2. 宝佳饲料分装控制系统

物料传输、检测、机械手分拣控制系统工作示意图，如图 6.1.12 所示，该系统主要由饲料传输、检测、智能机械手和输送机等部件组成。

1）饲料成品包装区

由自动打包称和物料传输带组成，自动传输带由直流电动机驱动，自动传输带末端安培光敏传感器进行物料到位检测。

2）智能机械手搬运饲料

由光敏传感器、机械手臂、机械手臂气缸和摆动气缸等组成，手臂有光敏传感器、悬臂气缸和手臂气缸两端安装有磁性开关，机械手支架的两端装有检测气缸左右摆动位置的电容传感器。

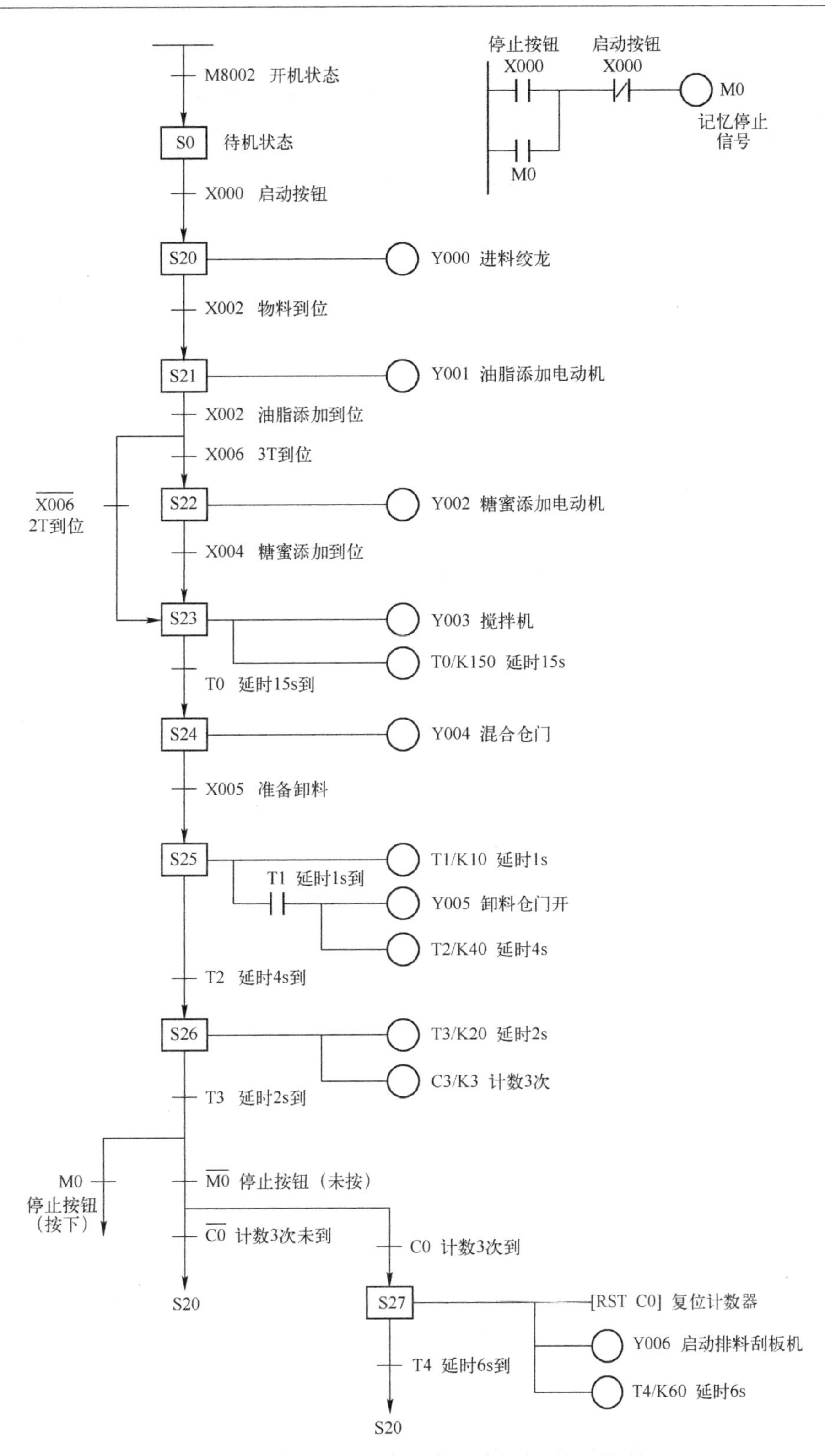

图 6.1.9　AHHJ 单轴 3T 饲料混合机系统状态转移图

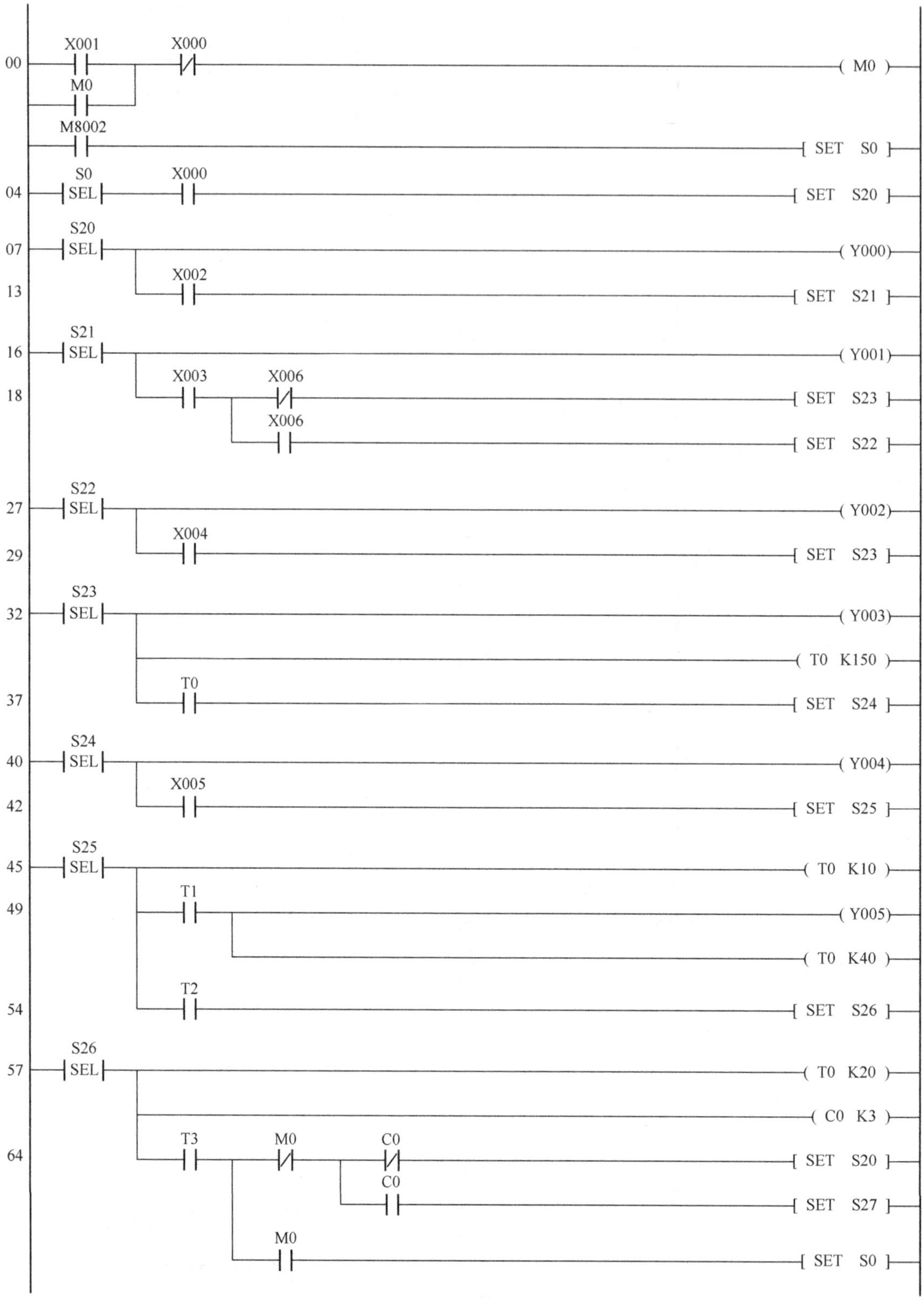

00 X001 M0 X000 (M0)
M8002 [SET S0]
04 S0 SEL X000 [SET S20]
07 S20 SEL (Y000)
13 X002 [SET S21]
16 S21 SEL (Y001)
18 X003 X006 [SET S23]
X006 [SET S22]
27 S22 SEL (Y002)
29 X004 [SET S23]
32 S23 SEL (Y003)
(T0 K150)
37 T0 [SET S24]
40 S24 SEL (Y004)
42 X005 [SET S25]
45 S25 SEL (T0 K10)
49 T1 (Y005)
(T0 K40)
54 T2 [SET S26]
57 S26 SEL (T0 K20)
(C0 K3)
64 T3 M0 C0 [SET S20]
C0 [SET S27]
M0 [SET S0]

图 6.1.10　AHHJ 单轴 3T 饲料混合机系统梯形图

```
79   S27 SEL ──────────────────── [ RST  C0 ]
              ├─────────────────── ( Y006 )
              ├─────────────────── ( T4  K150 )
86            ├── T4 ───────────── [ SET  S20 ]
89            └─────────────────── [ RET ]
90   ───────────────────────────── [ END ]
```

图 6.1.10　AHHJ 单轴 3T 饲料混合机系统梯形图（续）

步	指令	元件	常数
0	LD	X001	
1	OR	M0	
2	ANI	X000	
3	OUT	M0	
4	LD	M8002	
5	SET	S0	
7	STL	S0	
8	LD	X000	
9	SET	S20	
11	STL	S20	
12	OUT	Y000	
13	LD	X002	
14	SET	S21	
16	STL	S21	
17	OUT	Y001	
18	LD	X003	
19	MPS		
20	ANI	X006	
21	SET	S23	
23	MPP		
24	AND	X006	
25	SET	S22	
27	STL	S22	
28	OUT	Y002	
29	LD	X004	
30	SET	S23	
32	STL	S23	
33	OUT	Y003	
34	OUT	T0	K150
37	LD	T0	
38	SET	S24	
40	STL	S24	
41	OUT	Y004	
42	LD	X005	
43	SET	S25	
45	STL	S25	
46	OUT	T1	K10
49	LD	T1	
50	OUT	Y005	
51	OUT	T2	K40
54	LD	T2	
55	SET	S26	
57	STL	S26	
58	OUT	T3	K20
61	OUT	C0	K3
64	LD	T3	
65	MPS		
66	ANI	M0	
67	MPS		
68	ANI	C0	
69	SET	S20	
71	MPP		
72	AND	C0	
73	SET	S27	
75	MPP		
76	AND	M0	
77	SET	S0	
79	STL	S27	
80	RST	C0	
82	OUT	Y006	
83	OUT	T4	
86	LD	T4	K150
87	SET	S20	
89	RET		
90	END		

图 6.1.11　AHHJ 单轴 3T 饲料混合机系统指令语句

3）物料传送、检测与分拣、转输线

在传送带的位置 2 装有光敏传感器，在托盘一、托盘二、托盘三分别装有电感传感器和光纤传感器，气缸推动 A、B、C 都装有磁性开关及对应的成品出料区。

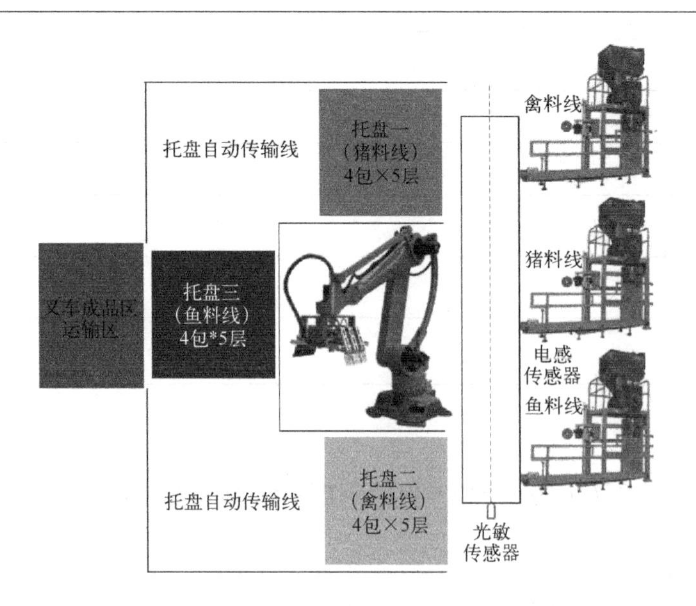

图 6.1.12　宝佳饲料分装控制系统工作示意图

4）控制工艺要求

整个工作流程自动完成三种不同种类的饲料的包装、分拣、传送。系统启动后，打包机包装饲料，当光敏传感器检测到饲料包装时，机械手臂动作，根据饲料种类的电感传感器，确定饲料种类进行分拣饲料，搬运到输送机位置 2 区域的相应托盘上。

不同种类的电感传感器动作，激发托盘接收饲料包装的光敏传感器，从而机械手能自动根据程序，将不同种类的饲料包装分类堆码在相应托盘上。托盘装满 4 包×5 层后，自动通过传输带传输到叉车作业线，叉车操作人员根据不同的种类饲料放置饲料堆入区域。

（1）输入/输出（I/O）分配表，如表 6.1.3 所列。

表 6.1.3　I/O 分配表

输　入		输　出	
输入设备	输入编号	输出设备	输出编号
启动按钮 S01	X000	自动传输带电动机	Y000
停止按钮 S02	X001	机械手伸出	Y001
位置 1 光敏传感器	X002	机械手下降	Y002
机械手伸出到位	X003	机械手夹紧	Y003
机械手下降到位	X004	机械手放松	Y004
机械手夹紧（放松）到位	X005	机械手上升	Y005
机械手上升到位	X006	机械手缩回	Y006
机械手缩回到位	X007	机械手右旋	Y007
机械手右旋到位	X010	机械手左旋	Y010

续表

输　入		输　出	
输入设备	输入编号	输出设备	输出编号
机械手左旋到位	X011	托盘输送带电动机	Y011
位置 2 光敏传感器	X012	托盘一自动输送	Y012
猪料传感器	X013	托盘二自动输送	Y013
托盘一自动输送到位	X014	托盘三自动输送	Y014
托盘一自动回位到侠	X015		
禽料传感器	X016		
托盘二自动输送到位	X017		
托盘二自动回位到位	X020		
鱼料传感器	X021		
托盘三自动输送到位	X022		
托盘三自动回位到位	X023		

(2) 根据工艺要求画出托盘输送带控制程序状态转移图，如图 6. 1. 13 所示，智能机械手控制程序状态转移图，如图 6. 1. 14 所示。

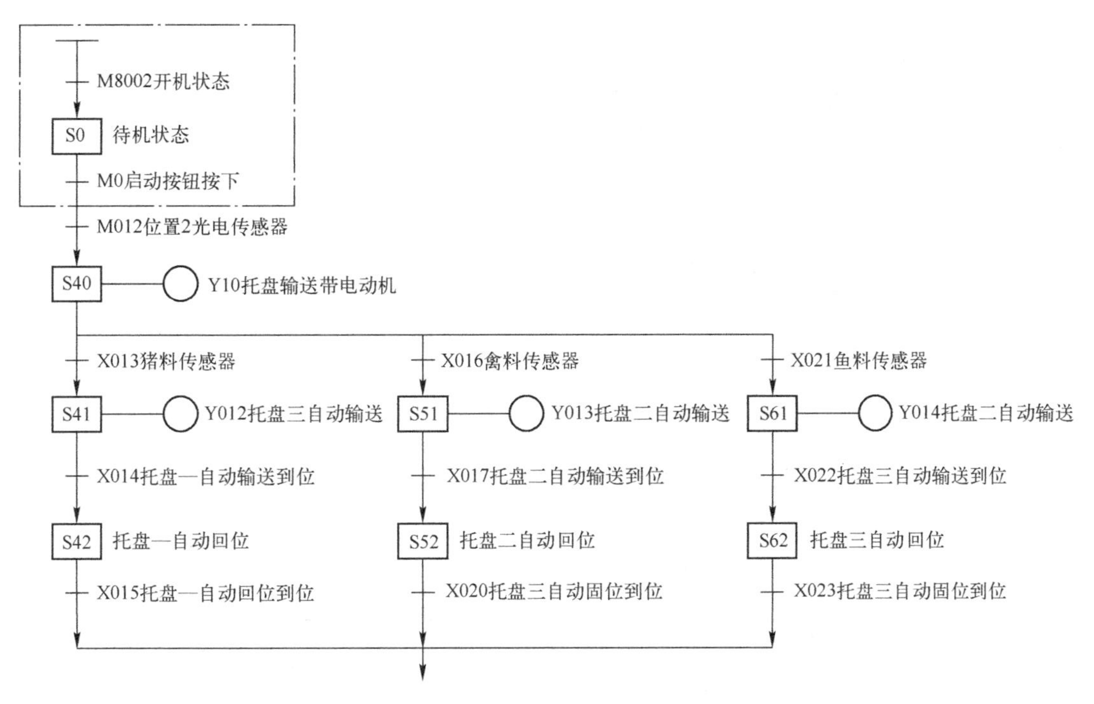

图 6. 1. 13　托盘输送带控制程序状态转移图

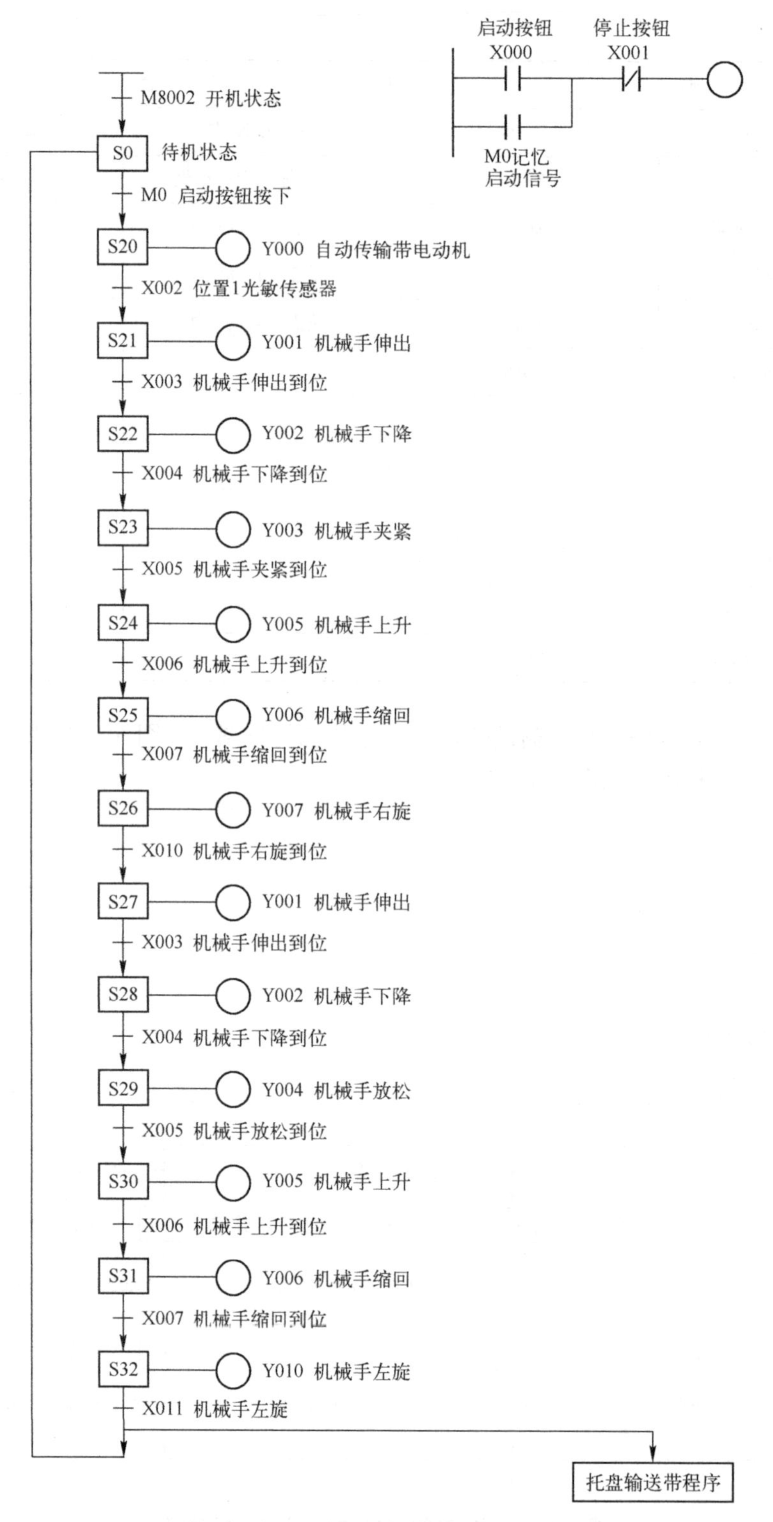

图 6.1.14　智能机械手控制程序状态转移图

四、考核标准

针对上述单轴饲料混合机控制系统设计与安装调试，制定相应的考核评分细则，如表6.1.4所列。

表6.1.4　考核评分细则

序号	考核内容	配分	评分标准	得　分
1	职业素养与操作规范	10	（1）未按要求着装，扣2分 （2）未清点工具、仪表等，扣2分 （3）操作过程中，工具、仪表随意摆放，乱丢杂物等，扣2分 （4）完成任务后不清理台位，扣2分 （5）出现人员受伤设备损坏事故，任务成绩为0分	
2	系统设计	20	（1）列出I/O元件分配表，画出系统接线图，每处错误扣2分 （2）写出控制程序，每处错误扣2分 （3）运行调试步骤，每处错误扣2分	
3	安装与接线	20	（1）安装时未关闭电源开关，用手触摸电器线路或带电进行电路连接或改接，本项成绩为0分 （2）线路布置不整齐、不合理，每处扣2分 （3）损坏元件扣5分 （4）接线不规范造成导线损坏，每根扣2分 （5）不按I/O接线图接线，每处扣2分	
4	系统调试	30	（1）不会熟练操作软件输入程序，扣5分 （2）不会进行程序删除、插入、修改等操作，每项扣2分 （3）不会联机下载调试程序，扣10分 （4）调试时造成元件损坏或熔断器熔断，每次扣5分	
5	功能实现	20	（1）不能按控制要求调试系统，扣5分 （2）不能达到系统功能要求，每处扣5分	
合计				

注意：

每项内容的扣分不得超过该项的配分。

任务结束前，填写、核实制作和维修记录单并存档。

五、拓展与提高

本任务主要讲述的是PLC应用系统设计，那么在实际过程中硬件、软件的主要设计思路是根据基础理论知识的理解，加以不断的项目化培训。课后可以多进行有关实例的练习，下面以实际应用的例子，阐述设计过程中软件部分的具体思考。

1. 总设计流程图部分思路（饲料行业自动配料）

通过学习课本，我们了解到PLC系统总体设计中主要包括硬件、软件两个部分。现在我们用饲料行业自动配料总设计流程图（见图6.1.15）及自动配料总设计流程图中启动程序流程图（见图6.1.16）为例。

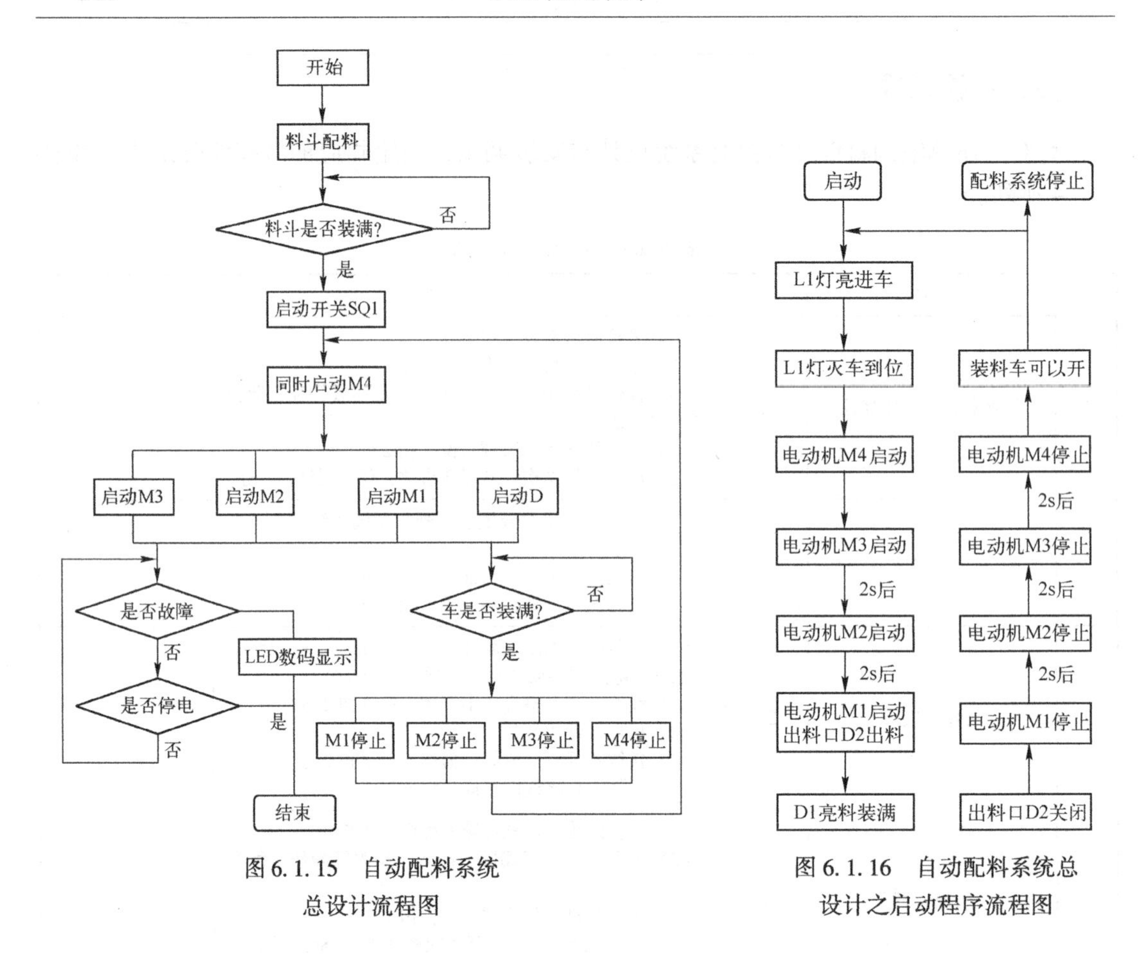

图 6.1.15　自动配料系统总设计流程图

图 6.1.16　自动配料系统总设计之启动程序流程图

2. 启动程序部分思路

根据现场要求启动时首先按下启动开关 SB1，进入初始状态，表明允许运料设备可进入配料区进行装料，料头出料口 D2 关闭，若料位传感器 S1 处于 OFF（表示料斗中的物料不满），进料阀开启进料 D4 模式（灯亮），当 S1 处于 ON（表示料斗中的物料已满）则停止进料 D4（灯灭），料斗装满后开始启动传送带，首先启动最末一条皮带机 D，经 3s 延时，再依次启动其他皮带机（D 至 C 至 B 至 A），最后 D2 灯亮，表示开始装车，启动程序流程图如图 6.1.15 所示。

综合上述的实例，我们在 PLC 应用系统设计时，必须对软件总设计程序流程及分步设计流程有初步的轮廓，便于在 PLC 应用系统软件设计过程中得心应手，对后期的总装调试有一定的参考价值，避免因为软件程序的错乱而影响的工作效率。

六、思考与练习

1. 填空题

（1）PLC 应用系统设计主要有____________、____________。

（2）节省 I/O 输入点数的方法有____________、____________、____________。

(3) 节省 I/O 输出点数的方法有__________、__________。

(4) PLC 选型时应考虑__________、__________、__________等方面的因素。

(5) PLC 控制系统设计投入运行时应提交的技术文件有__________、__________、__________、__________、__________、__________、__________。

2. 判断题

(1) PLC 应用系统设计时应先考虑经济性。 ( )

(2) PLC 系统输入信号，如手动操作按钮提供的信号，可以考虑设置在 PLC 外部的硬件电路中。 ( )

(3) PLC 系统节省输出点、输入点的主要目的是考虑降低系统硬件费用。 ( )

(4) PLC 的控制系统设计流程图中是否符合设计要求是通过调整硬件来确定的。 ( )

(5) 如果外部输入信号是以“或与非”组合的整体形式出现的，则可以将它们对应的触点在 PLC 外部串、并后作为一个整体输入 PLC。 ( )

3. 选择题

(1) PLC 控制系统设计原则应从（ ）等多个方面进行考虑。

A. 实用性 B. 经济性 C. 可靠性 D. 扩展性 E. 先进性

(2) 对于模拟量控制为主的系统和开关量控制为主的系统，模拟量必须考虑 PLC 的（ ）。

A. 结构形式 B. 响应速度 C. 扩展能力 D. 先进能力

(3) PLC 程序调试时有检查 PLC 外部接线、主电路断开预调、用输出点指示灯模拟被控对象、接主电路等流程。其中哪一项为 PLC 程序调试首先应进行的步骤（ ）。

A. 检查外部接线 B. 主电路断开调式

C. 输出点指示灯模拟被控对象 D. 接主电路

附录 A　FX 系列应用指令简表

分　类	指令编号	指令助记符	功　能
程序流程	00	CJ	条件跳转
	01	CALL	子程序调用
	02	SRET	子程序返回
	03	IRET	中断返回
	04	EI	中断许可
	05	DI	中断禁止
	06	FEND	主程序结束
	07	WDT	监控定时器
	08	FOR	循环范围开始
	09	NEXT	循环范围终了
传送与比较	10	CMP	比较
	11	ZCP	区域比较
	12	MOV	传送
	13	SMOV	移位传送
	14	CML	倒转传送
	15	BMOV	一并传送
	16	RMOV	多点传送
	17	XCH	交换
	18	BCD	BCD 转换
	19	BIN	BIN 转换
四则逻辑运算	20	ADD	BIN 加法
	21	SUB	BIN 减法
	22	MUL	BIN 乘法
	23	DIV	BIN 除法
	24	INC	BIN 加 1
	25	DEC	BIN 减 1
	26	WAND	逻辑字与
	27	WOR	逻辑字或
	28	WXOR	逻辑字异或
	29	NEG	求补码

续表

分　类	指令编号	指令助记符	功　能
循环移位	30	ROR	循环右移
	31	ROL	循环左移
	32	RCR	带进位循环右移
	33	RCL	带进位循环左移
	34	SFTR	位右移
	35	SFTL	位左移
	36	WSFR	字右移
	37	WSFL	字左移
	38	SFWR	位移写入
	39	SFRD	位移读出
数据处理	40	ZRST	批次复位
	41	DECO	译码
	42	ENCO	编码
	43	SUM	ON 位数
	44	BON	ON 位数判定
	45	MEAN	平均值
	46	ANS	信号报警置位
	47	ANR	信号报警复位
	48	SOR	BIN 开方
	49	FLT	BIN 整数→BIN 浮点数转换
高速处理	50	REF	输入输出刷新
	51	REFF	滤波器调整
	52	MTR	巨阵输入
	53	HSCS	比较置位（高速计数器）
	54	HSCR	比较复位（高速计数器）
	55	HSZ	区间比较（高速计数器）
	56	SPD	脉冲密度
	57	RLSY	脉冲输出
	58	PWM	脉冲调制
	59	PLSR	带加减速的脉冲输出
方便指令	60	IST	初始化状态
	61	SER	数据查找
	62	ABSD	凸轮控制（绝对方式）
	63	INCD	凸轮控制（增量方式）
	64	TTMR	示教定时器
	65	STMR	特殊定时器

续表

分　类	指令编号	指令助记符	功　能
方便指令	66	ALT	交替输出
	67	RAMP	斜坡信号
	68	ROTC	旋转工作台控制
	69	SORT	数据排列
外围设备 I/O	70	TKY	数字键输入
	71	HKY	16 键输入
	72	DSW	数字式开关
	73	SEGD	7 段译码
	74	SEGL	7 段码按时间分割显示
	75	ARWS	箭头开关
	76	ASC	ASCⅡ码变换
	77	PR	ASCⅡ码打印输出
	78	FROM	BFM 读出
	79	TO	BFM 写入
外围设备 SER	80	RS	串行数据传送
	81	PRUN	八进制传送
	82	ASCI	HEX-ASCⅡ转换
	83	HEX	ASC-HEXⅡ转换
	84	CCD	校验码
	85	VRPD	电位器读出
	86	VRSC	电位器刻度
	87		
	88	PID	PIC 运算
	89		
浮点数	110	ECMP	二进制浮点数比较
	111	EZCP	二进制浮点数区间比较
	118	EBCD	二进制浮点数-十进制浮点数转换
	119	EBIN	十进制浮点数-二进制浮点数转换
	120	EADD	二进制浮点数加法
	121	ESUB	二进制浮点数减法
	122	EMUL	二进制浮点数乘法
	123	EDIV	二进制浮点数除法
	127	ESOR	二进制浮点数开方
	129	INT	二进制浮点数-BIN 整数转换
	130	SIN	浮点数 SIN 运算
	131	COS	浮点数 COS 运算

续表

分　类	指令编号	指令助记符	功　能
浮点数	132	TAN	浮点数 TAN 运算
	147	SWAP	上下字节变换
定位	155	ABS	ABS 当前值读出
	156	ZRN	原点回归
	157	PLSY	可变度的脉冲输出
	158	DRVI	相对定位
	159	DRVA	绝对定位
时钟连算	160	TCMP	时钟数据比较
	161	TZCP	时钟数据区间比较
	162	TADD	时钟数据加法
	163	TSUB	时钟数据减法
	166	TRD	时钟数据读出
	167	TWR	时钟数据写入
	169	HOUR	计时仪
外围设备	170	GRY	格雷码变换
	171	GBIN	格雷码逆变换
	176	RD3A	模拟块读出
	177	WR3A	模拟块写入
接点比较	224	LD=	(S1)=(S2)
	225	LD>	(S1)>(S2)
	226	LD<	(S1)<(S2)
	228	LD<>	(S1)≠(S2)
	229	LD≤	(S1)<(S2)
	230	LD≥	(S1)≥(S2)
	232	AND=	(S1)=(S2)
	233	AND>	(S1)>(S2)
	234	AND<	(S1)<(S2)
	236	AND<>	(S1)≠(S2)
	237	AND≤	(S1)≤(S2)
	238	AND≥	(S1)≥(S2)
	240	OR=	(S1)=(S2)
	241	OR>	(S1)>(S2)
	242	OR<	(S1)<(S2)
	244	OR<>	(S1)≠(S2)
	245	OR≤	(S1)≤(S2)
	246	OR≥	(S1)≥(S2)

附录B　常用特殊辅助继电器

编　　号	动作功能
M8000	上电接通
M8001	上电断开
M8002	初始化脉冲（首次扫描接通）
M8003	初始化脉冲（首次扫描断开）
M8004	错误发生（FX_{3UC}时 M8060，M8061，M8064，M8065，M8066，M8067 其中哪一个 ON 时动作；FX_{3UC}以外 M8060，M8061，M8063，M8064，M8065，M8066，M8067 其中哪一个 ON 时动作）
M8005	电池电压降低（电池电压异常降低时动作）
M8006	电池电压降低锁存（电池电压异常降低时动作保持）
M8007	瞬间停止检测（当 M8007 为 ON 的时间小于 D8008，PLC 将继续运行）
M8008	停电检测（当 M8008 电源关闭时，M8000 也关闭）
M8009	DC24V 故障 M8011：10ms 时钟脉冲 M8012：100ms 时钟脉冲 M8013：1s 时钟脉冲
M8014	1min 时钟脉冲
M8015	内存实时脉冲（计时停止以及预先装置）
M8016	内存实时脉冲（显示停止，时刻读出显示的停止）
M8017	内存实时脉冲（补正，±30s 补正）
M8018	内存实时脉冲（安装，安装检测）
M8019	内存实时脉冲错误
M8020	零位标志，加减演算结果为 0
M8021	借位标志，演算结果成为最大的负数值以下时
M8022	进位标志，进位发生在 ADD（FNC20）指令期间或当数据移位操作的结果发生溢出时
M8023	小数点演算标志，ON：进行浮点运算
M8024	BMOV 方向指定，转送方向替换，数据从终点到源的方向转送。M8029：指令结束，DSW（FNC72）等等的动作结束时动作
M8025	HSC 模式（FNC53～55）
M8026	RAMP 模式（FNC67）
M8027	PR 模式（FNC77）
M8028	在执行 FROM/TO（FNC78/79）过程中中断允许
M8029	当 DSW（FNC72）等执行结束时动作
M8030	使锂电池欠压指示灯（BALL LED）熄灭
M8031	电池 LED 消灯指令，当驱动 M8030 时，及时电池电压降低，PLC 面板的 LED 也不会点亮

续表

编　　号	动作功能
M8033	非锁存内存全部清除 M8032：锁存内存全部清除
M8034	所有输出禁止
M8035	强制 RUN 模式
M8036	强制 RUN 指令
M8037	强制 STOP 指令
M8038	参数设定
M8038	ON 时，通信参数被设定；在 FX2、FX2C 里，作为 RAM 文件寄存器全部删除动作。M8074=1，M8038=1，D6000-D7999 文件寄存器被删除
M8039	=0 常规扫描模式；=1 恒定扫描模式，PLC 等到在 D8039 里被指定的时间为止，进行循环操作
M8040	状态间的传送被禁止
M8041	传送开始
M8042	启动脉冲
M8043	回归完成
M8044	原点条件
M8045	所有输出重定禁止
M8046	动作状态中
M8047	STL 监视有效
M8048	信号报警器动作
M8049	信号报警器有效
M8050	禁止中断 100□（输入中断）
M8051	禁止中断 110□（输入中断）
M8052	禁止中断 120□（输入中断）
M8053	禁止中断 130□（输入中断）
M8054	禁止中断 140□（输入中断）
M8055	禁止中断 150□（输入中断）
M8056	禁止中断 16□□（计时器中断）
M8057	禁止中断 17□□（计时器中断）
M8058	禁止中断 18□□（计时器中断）
M8059	禁止计数器中断（禁止来自 1010~1060 的中断）
M8060	I/O 配置错误（如果 M8060~M8067 其中之一为 ON，最低位的数字被存入 D8004 并且 M8004 被设置为 ON）
M8061	PLC 硬件错误
M8062	PLC/PP 通信错误
M8063	串行口通讯错误
M8064	参数错误
M8065	语法错误

续表

编　号	动作功能
M8066	回路错误
M8067	操作错误
M8068	操作错误锁存
M8069	I/O 总线检查（驱动这个继电器时，执行 I/O 总线检查。如果发生错误，错误代码 6103 被写入并且 M8061 被设置为 ON）
M8070	并行连接主站（驱动 M8070 成为并行连接的主站，序列器 STOP→RUN 是删除）
M8071	并行连接从站（驱动 M8071 成为并行连接的从站，序列器 STOP→RUN 是删除）
M8072	并行连接运行中为 ON（当 PLC 处于并行连接操作时 ON）M8073：并行连接设置错误（当 M8070/M8071 在并行连接操作中被错误设置时为 ON
M8074	活动的 RAM 文件存储器（仅用于 FX2C）
M8075	取样跟踪，准备开始指令
M8076	取样跟踪，准备完成，执行开始指令
M8077	取样跟踪，执行中监控
M8078	取样跟踪，执行完成监控
M8079	跟踪次数超过 512 次时 ON
M8099	高速环形计数器动作
M8109	输出刷新错误
M8121	RS-232C 发送等待中
M8122	RS-232C 发送标志
M8123	RS-232C 接收完成标志
M8124	RS-232C 载波接收中
M8126	全局信号
M8127	请求式握手信号
M8128	请求式错误信号
M8129	请求式字/位元组切换，或超时判断
M8130	FNC55(HSZ) 指令平台比较模式
M8131	同上执行完成标志
M8132	FNC55(HSZ)/FNC57(PLSY) 速度模型模式
M8145	Y000 脉冲输出立即停止
M8146	Y001 脉冲输出立即停止
M8147	Y000 脉冲输出监控
M8148	Y001 脉冲输出监控
M8160	FNC17(XCH) 的 SWAP 功能
M8161	8 位元处理模式
M8162	高速并联连接模式
M8164	FNC79(FROM)/FNC80(TO) 传送点数可变模式
M8167	FNC71(HEY) 的 HEY 资料处理功能

续表

编　号	动作功能
M8168	FNC13(SMOV) 的 HEY 处理功能
M8183	资料传送可编程控制器出错（主站）
M8184	数据传送顺序错误（1号站）
M8185	数据传送顺序错误（2号站）
M8186	数据传送顺序错误（3号站）
M8187	数据传送顺序错误（4号站）
M8188	数据传送顺序错误（5号站）
M8189	数据传送顺序错误（6号站）
M8190	数据传送顺序错误（7号站）
M8191	数据传送顺序执行中 ON
M8198	（C251/C252/C254）1倍增/4倍增切换（OFF，1倍增；ON，4倍增）
M8199	[C253/C254/C255(H/W)] 1倍增/4倍增切换
M8200	C200加减计数器方向（OFF：加模式，ON：减模式）
M8234	C234加减计数器方向（OFF：加模式，ON：减模式）
M8235	C235高速计数器方向（OFF：加模式，ON：减模式）
M8245	C245高速计数器方向（OFF：加模式，ON：减模式）
M8246	C246高速计数监视器（OFF：加模式，ON：减模式）
M8255	C255高速计数监视器（OFF：加模式，ON：减模式）
M8316	I/O非安装指定错误
M8329	指令执行异常结束时 ON

附录 C　FX_{3U} 系列 PLC 系统寄存器表

地址编号	动作功能
D9000	保险丝断
D9001	保险丝断
D9002	I/O 组件校验出错
D9003	SUM 指令检测位数
D9004	MINI 网主通信组件出错
D9005	AC 掉电计数
D9006	电池不足
D9008	自诊断出错
D9009	信号报警器检测
D9010	出错步
D9011	出错步
D9014	I/O 控制模式
D9015	CPU 运行状态
D9016	ROM/RAM 设置
D9017	最小扫描时间
D9018	当前扫描时间
D9019	最大扫描时间
D9020	恒定扫描
D9021	扫描时间
D9022	1 秒计数器
D9025	时钟数据（年，月）
D9026	时钟数据（日，时）
D9027	时钟数据（分，秒）
D9028	时钟数据（星期）
D9021～D9034	远程终端组件参数设置
D9035	远程 I/O 组件的通信属性
D9035	扩展文件寄存器
D9036	总的站数
D9036～9037	供指定扩展文件寄存器软件地址
D9038～9039	LED 显示优先级
D9044	采样跟踪

续表

地址编号	动作功能
D9050	SFC 程序出错代码
D9051	出错块
D9052	出错步
D9053	转移出错
D9054	出错顺控步
D9055	状态锁存步序号
D9061	通信出错代码
D9072	PC 通信检测
D9081	对远程终端模块的，已执行的通信请求数
D9082	最后的站号
D9090	微机子程序输入数据区首软元件号
D9091	指令出错
D9094	待更换的 I/O 组件的首地址
D9095	A3VTS 系统和 A3V，CPU 的运行状态
D9096	A3VCPU A 自检出错
D9097	A3VCPU B 自检出错
D9098	A3VCPU C 自检出错
D9099	A3VTU 自检测出错
D9100~D9107	断保险丝的组件
D9100	保险丝熔断的组件
D9108~D9114	步转移监控定时器设置
D9116~D9123	I/O 组件校验出错
D9124	信号器报警数量检测
D9125~D9132	信号报警器地址号
D9133~D9140	远程终端卡信息
D9141~D9172	通信重发次数
D9173	模式设置
D9174	设置重发次数
D9175	线缆出错模块出错代码
D9180~9193	远程终端模块出错代码
D9180	轴 1 和轴 2 的限位开关，输出状态存储区
D9181	轴 3 和轴 4 的限位开关，输出状态存储区
D9182	轴 5 和轴 6 的限位开关，输出状态存储区
D9183	轴 7 和轴 8 的限位开关，输出状态存储区
D9184	CPU 出错的原因
D9185	伺服放大器接线数据

续表

地址编号	动作功能
D9187	手动脉冲发生器轴设置出错
D9188	在 TEST 模式下启动轴号请求出错
D9189	出错程序号
D9190	数据设置出错
D9191	伺服放大器类型
D9196~9199	故障站检测
D9200	LRDP 处理结果
D9201	LWTP 处理结果
D9204	通信状态
D9205	执行回送的站
D9206	执行回送的站
D9207	通信扫描时间（最大值）
D9208	通信扫描时间（最小值）
D9209	通信扫描时间（当前值）
D9210	重发次数
D9211	环路切换计数
D9212	就地站运行状态（1~16）
D9213	就地站运行状态（17~32）
D9214	就地站运行状态（33~48）
D9215	就地站运行状态（49~64）
D9216	就地站出错检测（1~16）
D9217	就地站出错检测（17~32）
D9218	就地站出错检测（33~48）
D9219	就地站出错检测（49~64）
D9220	就地站参数不匹配或（1~16）　远程站 I/O 分配出错
D9221	就地站参数不匹配或（17~32）　远程站 I/O 分配出错
D9222	就地站参数不匹配或（33~48）　远程站 I/O 分配出错
D9223	就地站参数不匹配或（49~64）　远程站 I/O 分配出错
D9224	主站与从站和远程 I/O 站之间的初始通信（1~16）
D9225	主站与从站和远程 I/O 站之间的初始通信（17~32）
D9226	主站与从站和远程 I/O 站之间的初始通信（33~48）
D9227	主站与从站和远程 I/O 站之间的初始通信（49~64）
D9228	就地站或远程 I/O 站出错（1~16）
D9229	就地站或远程 I/O 站出错（17~32）
D9230	就地站或远程 I/O 站出错（33~48）
D9231	就地站或远程 I/O 站出错（49~64）

续表

地址编号	动作功能
D9232~D9239	就地站或远程I/O站环路出错
D9240	检测到接收出错的次数
D9243	本站站号检测
D9244	从站的总数
D9245	检测到的接收出错次数
D9248~D9251	就地站运行状态
D9252~D9255	就地站出错检测

附录D　参考答案

任务 1.1

1. 填空题

（1）编程控制器按硬件结构分为整体式、模块式和叠装式三类。

（2）工业控制计算机，其硬件系统都大体相同，主要由中央处理器模块、存储器模块、输入输出模块、编程器和电源等几部分构成。

（3）PLC 有两种基本的工作模式，即运行（RUN）模式与停止（STOP）模式。

2. 问答题

（1）可编程控制器常用的编程语言有哪些？各有何特点？

答：（1）梯形图编程语言。该语言习惯上叫梯形图。梯形图在形式上沿袭了传统的继电器控制电路的形式，或者说，梯形图编程语言是在电气控制系统中常用的继电器、接触器逻辑控制基础上简化了符号演变而来的，它形象、直观、实用，电气技术人员容易接受，是目前用得最多的一种 PLC 编程语言。

（2）助记符语言。助记符语言又称指令语句表达式语言，它常用一些助记符来表示 PLC 的某种操作。

（3）顺序功能图编程语言。顺序功能图（SFC）常用来编制顺序控制程序，它主要由步、有向连线、转换、转换条件和动作（或命令）组成。顺序功能图法可以将一个复杂的控制过程分解为一些小的工作状态。对于这些小状态的功能依次处理后再把这些小状态依一定顺序控制要求连接成组合整体的控制程序。

（4）功能块图编程语言。功能块图是一种类似于数字逻辑电路的编程语言，用类似与门、或门的方框来表示逻辑运算关系，方块左侧为逻辑运算的输入变量，右侧为输出变量，输入端、输出端的小圆点表示“非”运算，信号自左向右流动。

任务 1.2

1. 填空题

（1）可编程控制器内部有许多具有不同功能的器件，实际上这些器件是由电子电路和储存器组成的，为了把他们和通常的硬件区分开来，通常把这些器件称为虚拟软元件，并非实际的物理器件。

（2）输入继电器（X）与 PLC 的输入端相连，是 PLC 接受外部开关信号的接口。

2. 问答题

（1）FX_{3U}PLC 有哪些软元件？与实际物理器件有何区别？

答：（1）输入继电器 X 是由输入电路和映像输入接点的存储器组成的；输出继电器 Y 是由输出电路和映像输出接点的存储器组成的；定时器 T、计数器 C、辅助继电器 M、状态继电器 S、数据寄存器 D、变址寄存器 V/Z 等都是有存储器组成的。

（2）可编程控制器内部有许多具有不同功能的器件，实际上这些器件是由电子电路和储存器组成的，为了把他们和通常的硬件区分开来，通常把上面的器件称为虚拟软元件，并非实际的物理器件。

任务 2.1

1. 填空题

（1）输入继电器、输出继电器、定时器、计数器、辅助继电器、状态元件、数据寄存器

（2）光电耦合器

（3）八、十

（4）线圈、输入继电器

（5）动合、动断、动断、动合、1、0、无数多

（6）直流输入（直流 12V 或 24V），交流输入（交流 100～120V 或 200～240V）

（7）输入接口电路

2. 判断题

（1）√　（2）×　（3）×　（4）√　（5）√

3. 选择题

（1）C　（2）C　（3）B　（4）A　（5）A

任务 2.2

1. 填空题

（1）辅助继电器、断电保持辅助继电器、特殊辅助继电器

（2）8

（3）上部、母线

（4）M8002、PLC 由 STOP 工作模式进入 RUN 工作模式、ON

2. 判断题

(1) √　　(2) √　　(3) ×　　(4) √　　(5) √

3. 选择题

(1) B　　(2) B　　(3) C　　(4) B

4. 分析题

(1) 对应的指令语句表如下：

```
0  LD   X000      0  LD   X000      0  LD   X000
1  OR   X001      1  AND  X001      1  LD   X001
2  LD   X002      2  LD   X002      2  LD   X002
3  ANB            3  AND  X003      3  AND  X003
4  OR   X003      4  ORB            4  ORB
5  ANI  X004      5  OR   X004      5  ANB
6  OUT  Y000      6  AND  X005      6  OUT  Y002
                  7  OUT  Y001
```

(2) 参考梯形图

①

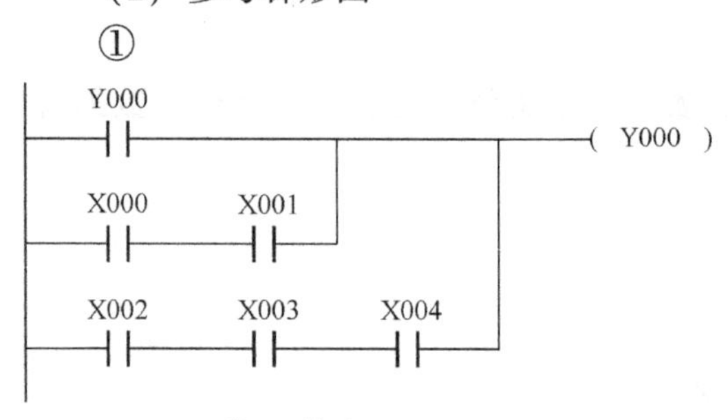

②

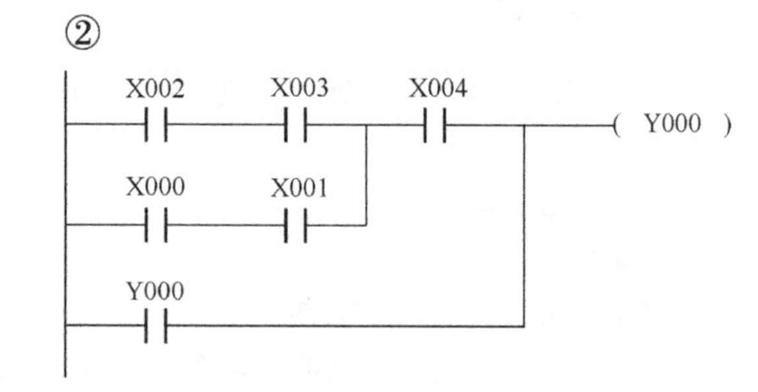

显然，②比①合理。

(3) 梯形图

0　X000　X002　X003　X007　Y002

X001　X004　X005

M0

(4) 电动机正反转 PLC 控制

① 根据要求，写出 I/O 元件地址分配表，并画出接线图。

输入（I）			输出（O）		
元　件	功　能	地址编号	元　件	功　能	地址编号
按钮 SB1	停止按钮	X0	接触器 KM1	正转控制	Y0
按钮 SB2	正转启动	X1	接触器 KM2	反转控制	Y1
按钮 SB3	反转启动	X2			

② 完成梯形图控制程序编写。

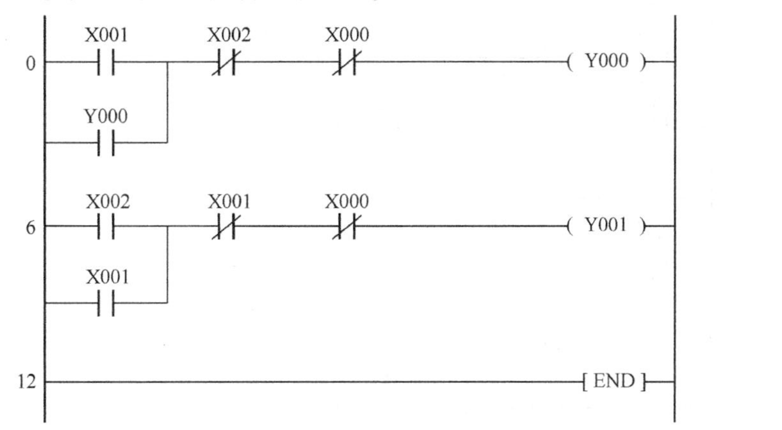


```
0	LD	X001
1	OR	Y000
2	LDI	X002
3	ANB
4	ANI	X000
5	OUT	Y000
6	LD	X002
7	OR	Y001
8	LDI	X001
9	ANB
10	ANI	X000
11	OUT	Y001
12	END
```

任务 2.3

1. 填空题

(1) PLC、PLC

(2) 1ms、10ms、100ms

(3) 8

(4) 500、5000

(5) MPS、MRD 和 MPP、MPS 和 MPP、11 次

2. 判断题

(1) × (2) × (3) √ (4) × (5) ×

3. 选择题

(1) D (2) C (3) B (4) A (5) C

4. 分析题

(1) 参考指令表程序

```
0	LD	X000
1	OR	X002
2	LD	X001
3	ANB
4	OUT	Y000
5	LDI	X003
6	AND	X004
7	OR	X006
8	LD	X005
9	OR	X007
10	ANB
11	OUT	T1	K10
```

(2) 参考梯形图

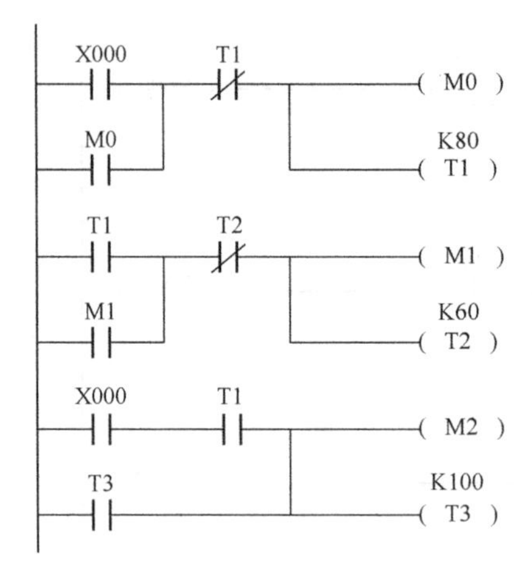

(3) 参考梯形图

X0：启动

X1：停止

Y1：驱动引风机

Y2：驱动鼓风机

X000
T2
Y001
Y001
T1
K100
T1
T1
M1
Y002
Y002
X001
Y001
M1
M1
K50
T2
X000
PLS MO
M0
T2
Y001
Y001
K100
T1
T1
M1
Y002
Y002
X001
Y001
M1
M1
K50
T2

(4) 电动机控制

① 系统I/O地址分配表

输入信号(I)			输出信号(O)		
元　件	功　能	地址编号	元　件	功　能	地址编号
FR	过载保护	X0	接触器KM1	正转	Y0
按钮SB2	启动	X2	接触器KM2	反转	Y1
按钮SB1	停止	X1			

② 控制程序

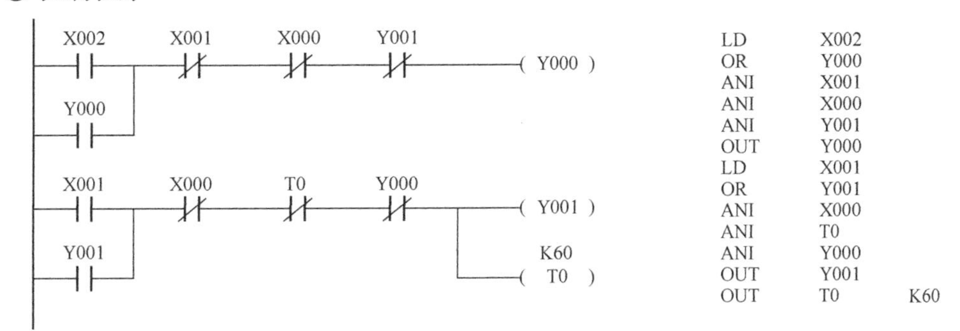

(5) 参考梯形图

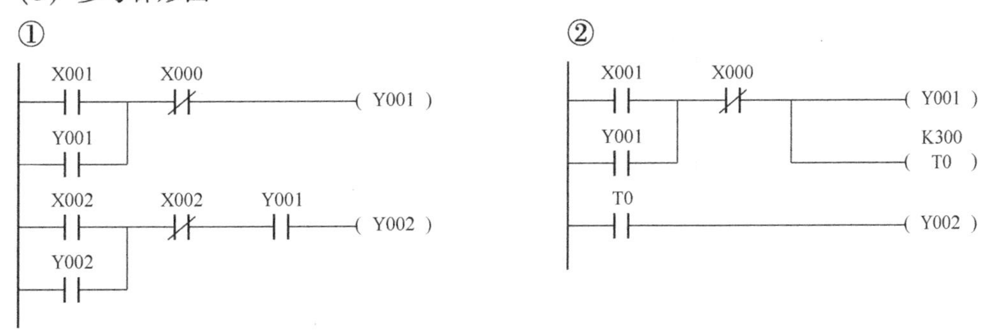

任务2.4

1. 填空题

(1) 上升沿触发还是下降沿触发　　(2) Y、M

(3) 1000V、1ns、1μs

(4) -2147483648 、+2147483647、循环

(5) 32、M8200、减、加

(6) M8002、PLC由STOP工作模式进入RUN工作模式、ON

2. 选择题

(1) B　(2) B　(3) A　(4) C　(5) B

3. 分析题

(1) 参考梯形图

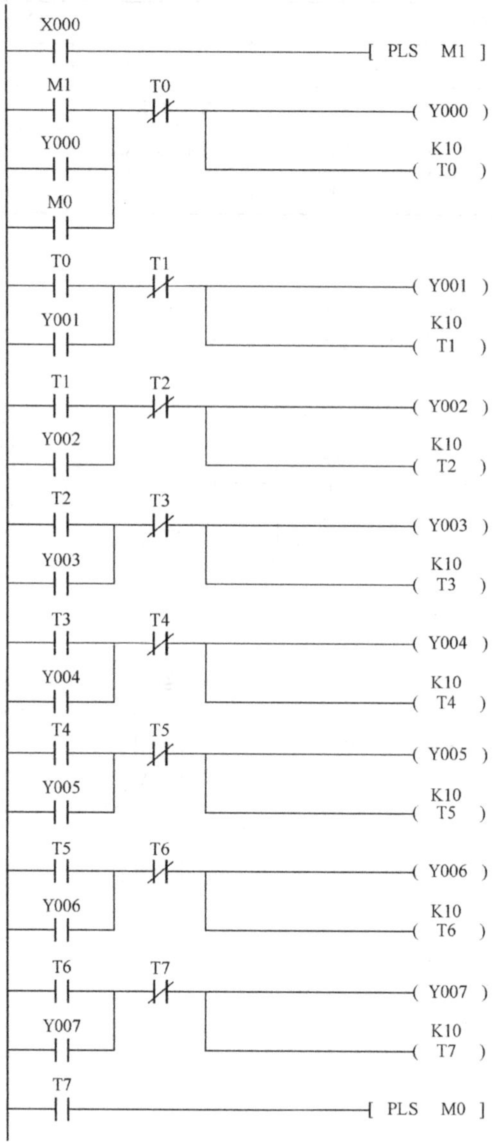

X000　[PLS　M1]
M1　T0　(Y000)
Y000　K10 (T0)
M0
T0　T1　(Y001)
Y001　K10 (T1)
T1　T2　(Y002)
Y002　K10 (T2)
T2　T3　(Y003)
Y003　K10 (T3)
T3　T4　(Y004)
Y004　K10 (T4)
T4　T5　(Y005)
Y005　K10 (T5)
T5　T6　(Y006)
Y006　K10 (T6)
T6　T7　(Y007)
Y007　K10 (T7)
T7　[PLS　M0]

(2) 参考梯形图

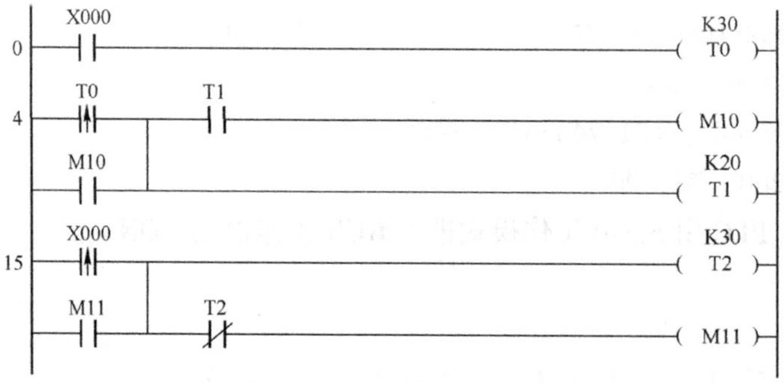

0　X000　K30 (T0)
4　T0　T1　(M10)
M10　K20 (T1)
15　X000　K30 (T2)
M11　T2　(M11)

25 M10 (Y000)
M11
28 [END]

(3) 参考梯形图

0 X003 X002 C0 Y001 (Y000)
T2
Y000
8 X002 K40 (T1)
12 T1 X000 Y000 (Y001)
T3
Y001
19 X000 K60 (T2)
23 X001 K3 (C0)
27 C0 K50 (T3)
31 [END]

任务2.5

分析题

(1) 参考梯形图

0 X000 C0 (Y000)
Y000
5 Y000 K70 (T0)
9 X001 T0 K4 (C0)
14 M8002 [RST C0]
Y000
18 [END]

（2）元件 I/O 地址分配表及梯形图如下：

输入（I）			输出（O）		
元　件	作　用	地址编号	元　件	作　用	地址编号
SB0	高速启动	X0	接触器 KM1	高速运行	Y0
SB1	低速启动	X1	接触器 KM2	低速运行	Y1
SB2	停止按钮	X2			

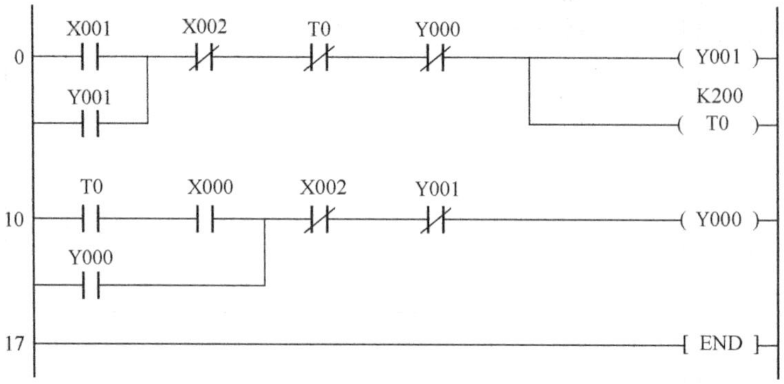

```
      X001      X002      T0        Y000
 0 ──┤ ├──┬────┤/├──────┤/├──────┤/├────┬──────────( Y001 )─
      Y001 │                               │           K200
   ──┤ ├──┘                               └──────────( T0   )─

      T0        X000      X002      Y001
10 ──┤ ├──────┤ ├──┬────┤/├──────┤/├──────────────( Y000 )─
      Y000          │
   ──┤ ├────────────┘

17 ────────────────────────────────────────────────[ END  ]─
```

（3）元件 I/O 地址分配表及梯形图如下：

输入（I）			输出（O）		
元　件	功　能	地址编号	元　件	功　能	地址编号
按钮 SB0	抢答开始	X0	指示灯 L0	抢答开始指示	Y0
按钮 SB1	恢复原状	X1	指示灯 L1	儿童抢答成功	Y1
按钮 SB11	儿童抢答	X11	指示灯 L2	学生抢答成功	Y2
按钮 SB12	儿童抢答	X12	指示灯 L3	成人抢答成功	Y3
按钮 SB21	学生抢答	X21	铃	抢答时间已过	Y4
按钮 SB31	成人抢答	X31			
按钮 SB32	成人抢答	X32			

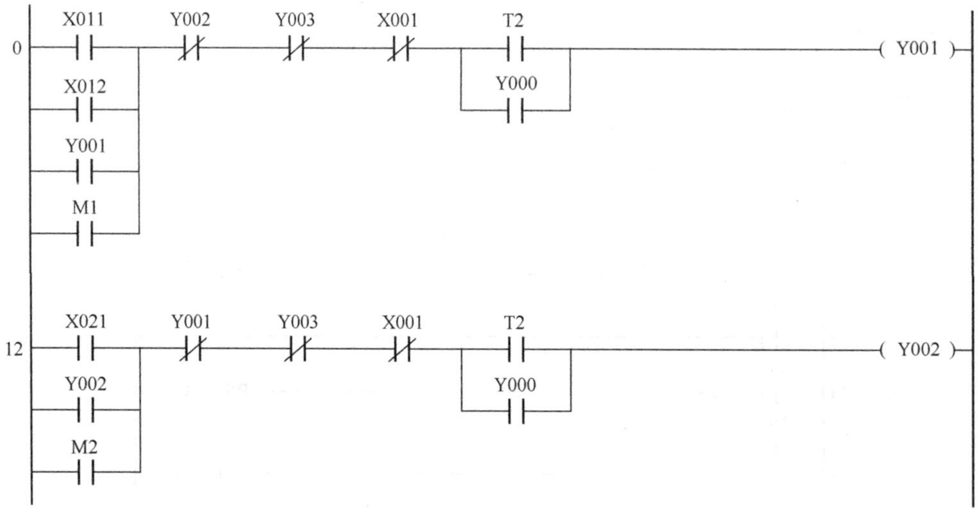

```
      X011      Y002      Y003      X001      T2
 0 ──┤ ├──┬────┤/├──────┤/├──────┤/├──┬───┤ ├───┬──────( Y001 )─
      X012 │                              │  Y000   │
   ──┤ ├──┤                              └──┤ ├───┘
      Y001 │
   ──┤ ├──┤
      M1   │
   ──┤ ├──┘

      X021      Y001      Y003      X001      T2
12 ──┤ ├──┬────┤/├──────┤/├──────┤/├──┬───┤ ├───┬──────( Y002 )─
      Y002 │                              │  Y000   │
   ──┤ ├──┤                              └──┤ ├───┘
      M2   │
   ──┤ ├──┘
```

23 X031 X032 Y002 Y001 X001 T2 (Y003)
M3 Y000
Y003

35 X000 X001 (Y000)
Y000 K30 (T0)

43 T0 Y001 Y002 Y003 X001 (Y004)
49 T2 K2 (T1)
53 T1 K2 (T2)

57 X011 Y000 X001 (M1)
X012
M1

64 X021 Y000 Y001 (M2)
M2

70 X031 Y000 X001 (M3)
X032
M3

77 (END)

任务3.1

1. 梯形图如下：

```
0   M8002                          [SET S0]
3                                  [STL S0]
4   S0     X000                    [SET S20]
8                                  [STL S20]
9   S20    Y002                    (Y000)
           X001                    [SET S21]
17                                 [STL S21]
18  S21    Y000                    (Y002)
           X002                    [SET S22]
26                                 [STL S22]
27  S22    Y001                    (Y000)
           X003                    [SET S23]
35                                 [STL S23]
36  S23    Y000                    (Y001)
           X004                    [SET S20]
44                                 [RET]
45                                 [END]
```

2. I/O 分配表：

输入元件	输入地址	输出元件	输出地址
启停开关	X0	“彩”灯	Y10
		“云”灯	Y11
		“间”灯	Y12

顺序功能图：

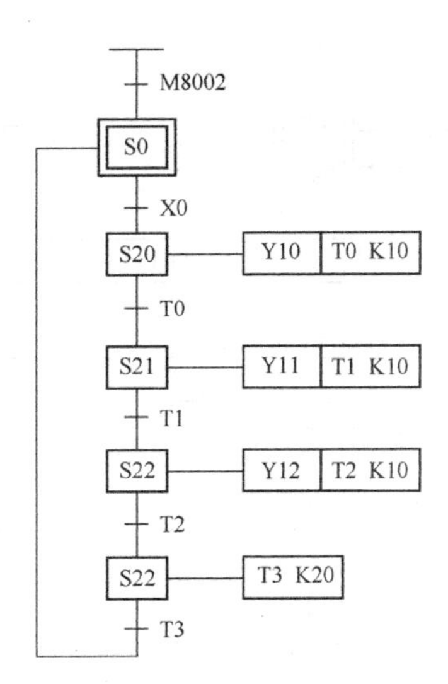

3. I/O 分配表：

输入元件	输入地址	输出元件	输出地址
启停开关	X0	M1 电动机接触器 KM1	Y10
		M2 电动机接触器 KM2	Y11
		M3 电动机接触器 KM3	Y12

顺序功能图：

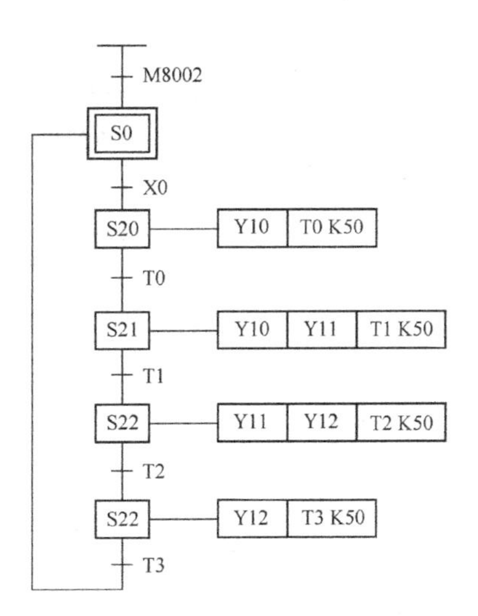

任务 3. 2

1. I/O 分配表：

输入元件	输入地址	输出元件	输出地址
启动按钮	X0	M1 电动机接触器 KM1	Y10
停止按钮	X1	M2 电动机接触器 KM2	Y11
		M3 电动机接触器 KM3	Y12

顺序功能图：

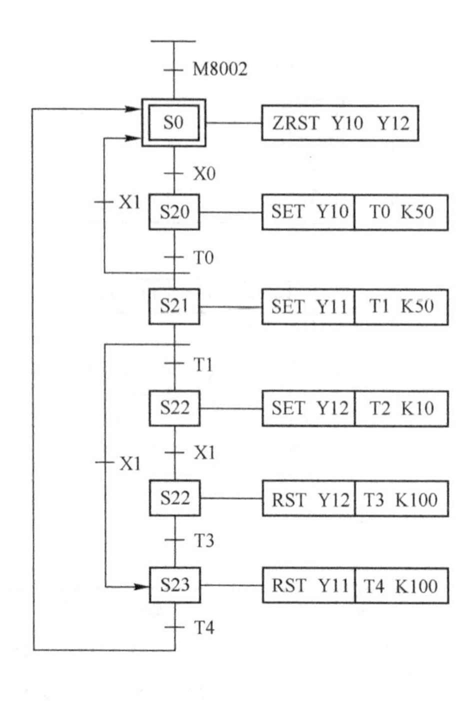

2. I/O 分配表：

输入元件	输入地址	输出元件	输出地址
启停开关	X0	东西绿灯	Y10
		东西黄灯	Y11
		东西红灯	Y12
		南北绿灯	Y13
		南北黄灯	Y14
		南北红灯	Y15

顺序功能图：

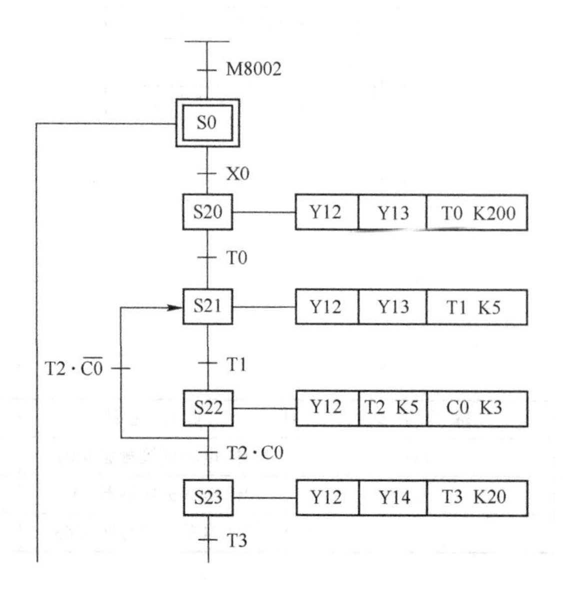

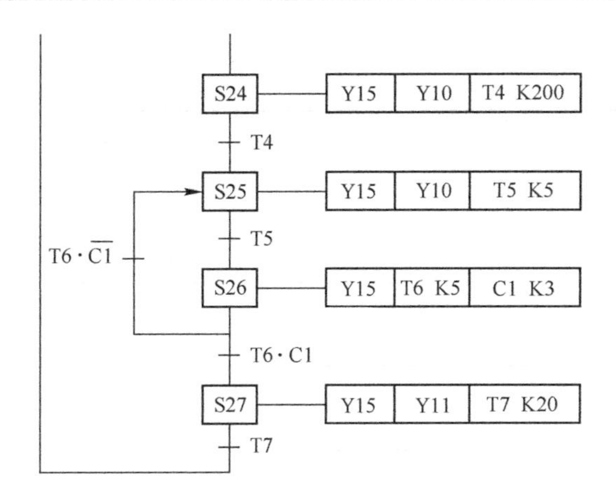

任务3.3

1. I/O分配表：

输入元件	输入地址	输出元件	输出地址
SB1	X0	主干道红灯	Y11
SB2	X1	主干道黄灯	Y12
		主干道绿灯	Y13
		人行道红灯	Y15
		人行道绿灯	Y16

顺序功能图：

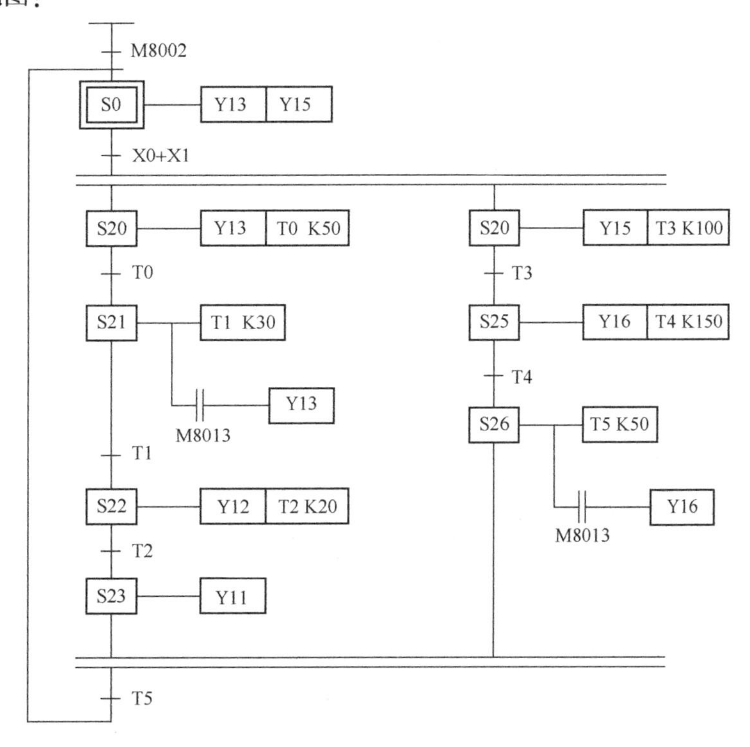

2. 梯形图如下：

```
0    M8002                                    [SET S0]
3                                             [STL S0]
4    S0 ── X000                               [SET S20]
        └─ X002                               [SET S22]
        └─ X004                               [SET S24]
17                                            [STL S20]
18   S20                                      (Y000)
        └─ X001                               [SET S21]
23                                            [STL S21]
24   S21                                      (Y001)
        └─ X006 ── X010                       [SET S26]
                └─ X013                       [SET S28]
35                                            [STL S22]
36   S22                                      (Y002)
        └─ X003                               [SET S23]
41                                            [STL S23]
42   S23                                      (Y003)
        └─ X007 ── X010                       [SET S26]
                └─ X013                       [SET S28]
```

```
53 ─────────────────────────────────[ STL S24 ]
   S24
54 ─┤├─┬──────────────────────────────( Y004 )
       │ X005
       └─┤├───────────────────────────[ SET S25 ]

59 ─────────────────────────────────[ STL S25 ]
   S25
60 ─┤├─┬──────────────────────────────( Y005 )
       │ X020   X010
       └─┤├──┬─┤├─────────────────────[ SET S26 ]
             │ X013
             └─┤├─────────────────────[ SET S28 ]

71 ─────────────────────────────────[ STL S26 ]
   S26
72 ─┤├─┬──────────────────────────────( Y006 )
       │ X011
       └─┤├───────────────────────────[ SET S27 ]

77 ─────────────────────────────────[ STL S27 ]
   S27
78 ─┤├─┬──────────────────────────────( Y007 )
       │ X012
       └─┤├───────────────────────────[ SET S30 ]

83 ─────────────────────────────────[ STL S28 ]
   S28
84 ─┤├─┬──────────────────────────────( Y010 )
       │ X014
       └─┤├───────────────────────────[ SET S29 ]

89 ─────────────────────────────────[ STL S29 ]
   S29
90 ─┤├─┬──────────────────────────────( Y011 )
       │ X015
       └─┤├───────────────────────────[ SET S30 ]

95 ─────────────────────────────────[ STL S30 ]
   S30
96 ─┤├────────────────────────────────( Y012 )

98 ───────────────────────────────────[ END ]
```

任务 4.2

1. 分析控制要求，我们可以采用跳转指令来编写控制程序，当 X0 为 OFF 时，把自动程序跳过，只执行手动程序；当 X0 为 ON 时，把手动程序跳过，只执行自动程序。设计程序如下图所示。

```
       0   X000 ─┤├─────────────[ CJ P0 ]
       4   X001 ─┤├─────────────( Y000 )
       6   X002 ─┤├─────────────( Y001 )
P0     8   X000 ─┤/├────────────[ CJ P1 ]
      13   M8000 ─┤├── T1 ─┤/├──( T0 K10 )
      18   T0 ─┤├───────────────( T1 K10 )
      22   T0 ─┤/├──────────────[ Y000 ]
      24   T0 ─┤├───────────────[ Y001 ]
P1    26
      27   ─────────────────────[ END ]
```

2. 程序结构示意图如下图所示。

```
       ─┤├──────────[反应物比例送入控制程序]
       X010 ─┤├─────[生成物均衡输出控制程序]
       X011 ─┤├─────[ CALL P10 ]
       ─┤├──────────[ CALL P11 ]
       ─┤├──────────[ FEND ]
P10    ─────────────[降温控制程序]
       ─────────────[ SRET ]
P11    ─────────────[升温控制程序]
       ─────────────[ SRET ]
```

任务 4.3

1. 控制程序如下图所示。

```
     X000
0  ──┤├──────────────[ MOV K3 K1Y000 ]
     Y000                        K60
6  ──┤├──────┬───────────────( T0 )
             │                   K70
             └───────────────( T1 )
     T0
13 ──┤├──────────────[ MOV K1 K1Y000 ]
     T1
19 ──┤├──────────────[ MOV K5 K1Y000 ]

25 ──┤├──────────────[ MOV K0 K1Y000 ]

31 ──────────────────────────[ END ]
```

2. 使用时，在启动定时器编写控制程序如下图所示。X000 为启/停开关，X001 为 15min 快速调整与实验开关。时间设定值为钟点数乘以 4。

```
     X000    M8013                  K900
0  ──┤├──────┤├──────┬──────────( C0 )        15min为一设定格
     X000    M8011   │                        X000为定时启动
   ──┤├──────┤├──────┘                        X001为快速调整
     X002    M8012                  K96
8  ──┤├──────┤├──────┬──────────( C1 )        X002格数设定调整
     C0              │                        格数计数
   ──┤├──────────────┘
     C0
14 ──┤├──────────────────────[ RST C0 ]
     C1
17 ──┤├──────────────────────[ RST C1 ]
     M8000
20 ──┤├──────┬───────────[ CMP C1 K26 M1 ]    早上6:30设定
             ├───────────[ CMP C1 K72 M4 ]    晚6:00设定
             ├───────────[ CMP C1 K88 M7 ]    晚10:00设定
             └───────[ ZCP K36 K68 C1 M10 ]   9:00到17:00设定
     M2                             K60
51 ──┤├──────┬──────────────────( T0 )
             │  T0     M8013
             └──┤/├────┤├───────( Y000 )      每隔1s响6次
     M5
58 ──┤├──────────────────────[ SET Y002 ]     校内照明开启
     M8
60 ──┤├──────────────────────[ RST Y002 ]     校内照明关闭
     M11
62 ──┤├─────────────────────────( Y001 )      报警系统开启

64 ─────────────────────────────[ END ]
```

任务4.4

1. 首先把从K4X0输入的BCD码数转换成二进制数，再通过乘法指令、除法指令及加法指令进行运算，运算结果再转化为BCD码送至K4Y0。梯形图如下图（a）所示。

2. 该程序利用乘2、除2实现目标数据中“1”的移位。程序如下图（b）所示。

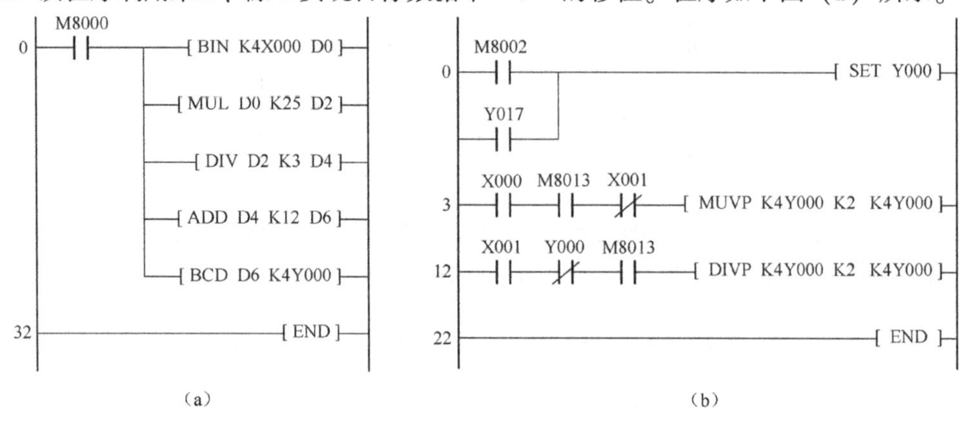

(a)　　(b)

任务4.5

1. 控制程序如下所示。

```
LD      M8002                   //首次扫描时
MOV     K4Y0      K4Y0          //用X0~X17为彩灯设置初始值
LDI     T0
OUT     T0        K10           //产生周期为1s的移位脉冲
ROR     K4Y0      K1            //彩灯右移1位
END
```

2. 移位指令包括循环移位指令（循环右移：FN30 ROR；循环左移：FNC31 ROL）、带进位循环移位指令（带进位循环右移：FNC32 RCR；带进位循环左移：FNC33 RCL）、位移位指令（位右移：FNC34 SFTR；位左移：FNC35 SFTL）、字移位指令（安右移：FNC36 WFTR；字左移：FNC37 WFTL）。

任务4.6

1. 把编码器产生的高速脉冲从X000口输入。在上述的转速公式中，n = 2，可令 t = 100ms（当然也可设成其他值），计算得出的转速值数据存于D10。

(D10) = 300(D0)　单位 r/min

控制程序如下图所示。

M8000

SPD X000 K100 D0

MUL K300 D0 D10

2. 高速计数器采用独立于扫描周期的中断方式工作。三菱 FX_{2N} 系列 PLC 提供了 21 个高速计数器，元件编号为 C235～C255。这 21 个高速计数器在 PLC 中共享 X0～X5 这 6 个高速计数器的输入端。当高速计数器的一个输入端被某个高速计数器使用时，则不能同时再用于另一个高速计数器，也不能再作为其他信号输入使用，即最多只能同时使用 6 个高速计数器。

任务 5.1

1. PLC 的自整定实际上也是属于 PID 控制的一种，只是其程序由生产厂家预先设置了，能根据被控对象的变化情况，自动设定动作方向、比例增益、积分时间、微分时间这些重要参数，能获得最佳的 PID 控制效果。普通 PID 控制是由使用者来设置这些参数，达到自己想要的效果。

2. 参考程序

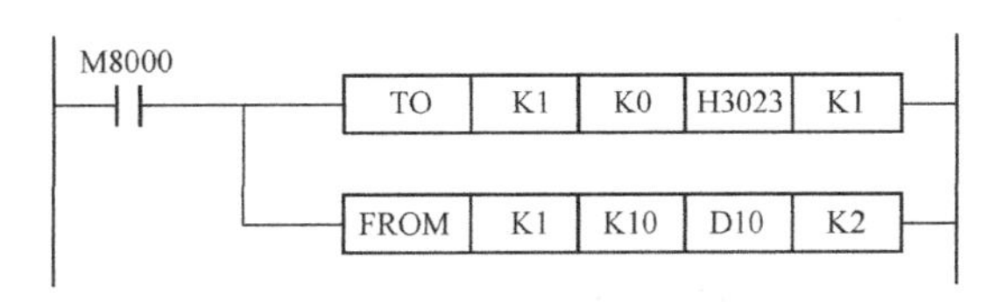

3. 参考程序

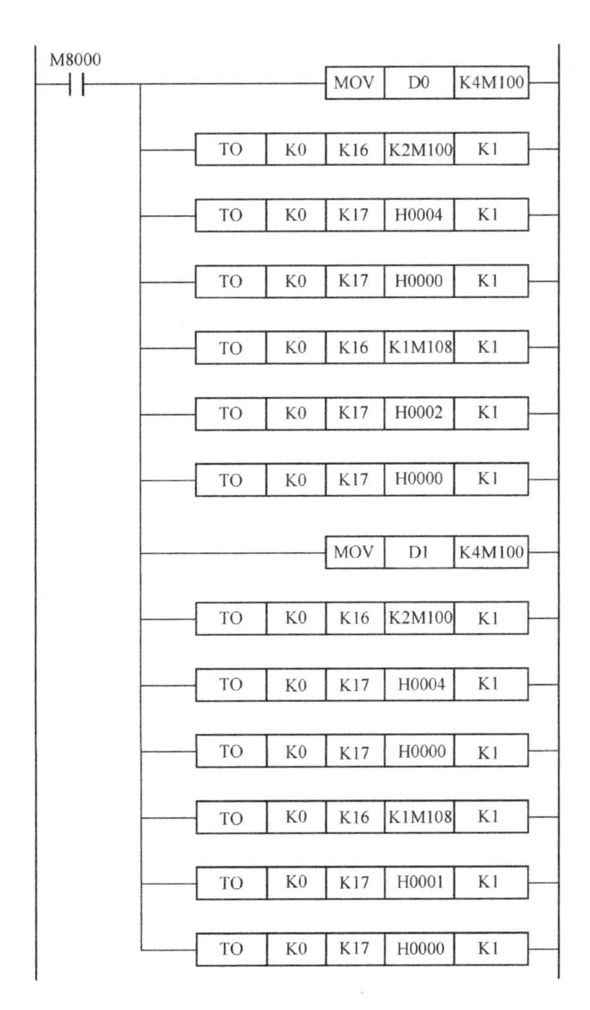

首先把 FX_{2N}-2DA 模块的输出通道接成电压输出形式，然后编写程序。

任务 5. 2

1. 全双工通信是指在通信的任意时刻，线路上存在 A 到 B 和 B 到 A 的双向信号传输。全双工通信允许数据同时在两个方向上传输，又称为双向同时通信，即通信的双方可以同时发送和接收数据。

2. 同步传输的优点是传输效率高，缺点是对硬件要求较高。异步通信的优点是通信设备简单、成本低、可靠性高。缺点是传输效率较低。

项目 6

1. 填空题

（1）硬件设计、软件设计。

（2）分组矩形输入法、触点合并输入、不设输入 PLC 的信号。

（3）开关量输出、数字显示输出。

（4）功能选择、模块选择、编程方式。

（5）设计说明书、电气原理图、安装图、材料明细表、状态表、梯形图、软件使用说明书

2. 判断题

（1）×　　（2）√　　（3）√　　（4）×　　（5）√

3. 选择题

（1）ABCDE　　（2）B　　（3）C

参 考 文 献

[1] 汤光华，徐伟杰．PLC 应用技术项目化教程[M]．北京：化学工业出版社，2014.
[2] 廖常初．PLC 基础及应用[M]．3 版．北京：机械工业出版社，2015.
[3] 刘建华，张静之．三菱 FX_{2N}系列 PLC 应用技术[M]．北京：机械工业出版社，2010.
[4] 李俊秀，赵黎明．可编程控制器应用技术实训指导[M]．北京：化学工业出版社，2002.
[5] 汤自春，许建平．PLC 技术应用（三菱机型）[M]．北京：高等教育出版社，2006.
[6] 方凤玲．PLC 技术及应用一体化教程[M]．北京：清华大学出版社，2015.
[7] 祝红芳，熊必诚．可编程控制器应用技术[M]．北京：化学工业出版社，2012.
[8] 李海波，徐瑾瑜．PLC 应用技术项目化教程[M]．北京：机械工业出版社，2014.
[9] 李金城．三菱 FX_{3U}PLC 应用基础与编程入门[M]．北京：电子工业出版社，2016.
[10] 杨后川．三菱 PLC 应用 100 例[M]．3 版．北京：电子工业出版社，2017.
[11] 蔡杏山．学 PLC 技术步步高[M]．北京：机械工业出版社，2015.
[12] 阮友德．三菱 PLC 控制系统设计及应用实例[M]．北京：中国电力出版社，2017.
[13] 王晰、王阿根．PLC 应用指令编程实例与技巧[M]．北京：中国电力出版社，2016.
[14] 咸庆信、类延法．PLC 技术与应用：专业技能入门与精通[M]．北京：机械工业出版社，2013.
[15] 阳胜峰．三菱 FX 系列 PLC[M]．北京：电子工业出版社，2015.
[16] 蔡杏山．图解 PLC 技术一看就懂[M]．北京：化学工业出版社，2015.
[17] 蒋鹏飞．学会三菱系列 PLC 应用[M]．北京：中国电力出版社，2015.
[18] 肖雪耀．三菱 PLC 快速入门及其应用实例[M]．北京：化学工业出版社，2017.
[19] 高勤．可编程控制原理及应用（三菱机型）[M]．2 版．北京：电子工业出版社，2009.
[20] 李锁牢．PLC 应用技术项目教程（三菱 FX_{2N}）[M]．西安：西安电子科技大学出版社，2013.
[21] 罗庚兴．PLC 应用技术（三菱 FX_{3U}）项目化教程[M]．北京：化学工业出版社，2017.
[22] 吴明亮，蔡夕忠．可编程控制器实训教程[M]．北京：化学工业出版社，2016.
[23] FX_{3U}/FX_{3UC}编程手册（基本、应用指令说明书）[M]．2014.
[24] FX_{3U}系列微型可编程控制器 硬件手册．2014.
[25] FX_{3G}·FX_{3U}·FX_{3UC}系列微型可编程控制器用户手册（模拟量控制篇）．2014.

反侵权盗版声明